中等职业学校教学用书（计算机技术专业）

Photoshop CS2 中文版 案 例 教 程

崔建成　主　编

禹　青　范佳琪　副主编

電子工業出版社

Publishing House of Electronics Industry

北京 • BEIJING

内 容 简 介

本教材介绍 Photoshop CS2 在平面艺术设计工作中的应用，书中以案例分析、知识卡片、案例制作、常用小技巧及相关知识链接为线索，分别介绍绘图工具的应用，文本与图层的应用，选择区域的应用，路径工具与编辑命令的应用，多边形工具的应用，图像、通道、蒙版的应用，动作的应用，滤镜命令综合运用等。

本书从图案设计、字体设计、标志设计、广告设计、商业插图设计、数码影像设计、装帧设计、企业 VI 设计、网页设计、包装设计 10 个方面，运用典型案例进行分析、解剖，对如何运用计算机进行创意设计作了较详尽的叙述，使读者较全面地学习和了解 Photoshop CS2 在平面艺术设计中的灵活应用。

本书可作为中等职业学校电脑美术专业的教材，也可作为高等院校相关专业的教学参考书。

本书还配有电子教学参考资料包（包括教学指南、电子教案及习题答案），详见前言。

图书在版编目（CIP）数据

Photoshop CS2 中文版案例教程/ 崔建成主编. —北京：电子工业出版社，2008.1
中等职业学校教学用书. 计算机技术专业
ISBN 978-7-121-04957-6

Ⅰ. P… Ⅱ. 崔… Ⅲ. 图形软件，Photoshop CS2—专业学校—教材 Ⅳ. TP391.41

中国版本图书馆 CIP 数据核字（2007）第 135920 号

策划编辑：关雅莉
责任编辑：宋兆武
印　　刷：北京七彩京通数码快印有限公司
装　　订：北京七彩京通数码快印有限公司
出版发行：电子工业出版社
　　　　　北京市海淀区万寿路 173 信箱　邮编　100036
开　　本：787×1 092　1/16　印张：14　字数：349 千字
版　　次：2008 年 1 月第 1 版
印　　次：2023 年 8 月第 17 次印刷
定　　价：28.00 元

凡所购买电子工业出版社图书有缺损问题，请向购买书店调换。若书店售缺，请与本社发行部联系，联系及邮购电话：（010）88254888，88258888。

质量投诉请发邮件至 zlts@phei.com.cn，盗版侵权举报请发邮件至 dbqq@phei.com.cn。

本书咨询联系方式：（010）88254617，luomn@phei.com.cn。

中等职业学校教材工作领导小组

Photoshop CS2 是 Adobe 公司新近推出的一款图形图像处理应用软件，在平面广告设计、字体设计、标志设计、产品包装、网页设计、图案设计、企业 VI 设计、插图设计等多个领域发挥着重要的作用。Photoshop CS2 不仅使人们告别了手工对图片进行修正的传统方式，还可以通过自己的创意制作出现实世界里无法拍摄到的图像。无论对于设计师还是摄像师来说，Photoshop CS2 提供的几乎是无限的创作空间，为图像处理开辟了极富弹性且易于控制的世界。而对于普通用户来说，Photoshop CS2 同样提供了前所未有的表现自我的舞台，用户可以尽情发挥想象力，充分显示自己的艺术才能，创造出令人赞叹的图像作品。

本书采用由浅入深、循序渐进的讲述方法，在内容编排上充分考虑到初学者的实际阅读需求，通过大量实用的操作指导和有代表性的实例，让读者直观、迅速地了解 Photoshop CS2 的主要功能。每一章都从一个典型的平面设计案例入手，首先介绍本案例的创意定位及相关知识点，然后对案例中涉及的操作命令和工具进行详细的分析，再给出本案例完整的制作步骤，最后在相关知识链接中向用户提供艺术设计的理论知识。这样不仅掌握了 Photoshop CS2 软件中相关工具的使用，还加深了对平面设计的理解。各章还提供适量的习题，让读者能够及时地巩固书中学到的知识。

全书共分为 12 章：第 1 章，介绍 Photoshop CS2 中文版操作基础；第 2~12 章，都是按照案例分析、知识卡片、案例制作、常用小技巧及相关知识链接的思路，分别讲述：绘图工具的应用，文本与图层的应用，选择区域的应用，路径工具与编辑命令的应用，多边形工具的应用，图像、通道、蒙版的应用，动作的应用，滤镜命令综合运用等知识。

本书突出理论与实践相结合的特点，内容全面、语言通俗、结构清晰，将知识点融入每个案例中，使每个读者在学习后都能有所收获。

特别声明：为使文章更具说服力，书中引用的有关作品仅供教学分析使用，版权归原作者所有。

本书由青岛科技大学崔建成主编，禹青、范佳琪担任副主编，参加编写的还有刘帅、张一帆、张蓬蓬、朱大伟、尤琨、李飒。在此对他们表示感谢。

由于时间紧迫，加之作者水平有限，书中难免不妥之处，恳请广大读者批评指正。

为了方便教师教学，本书还配有教学指南、电子教案和习题答案（电子版）。请有此需要的教师登录华信教育资源网（www.huaxin.edu.cn或 www.hxedu.com.cn）免费注册后再进行下载，有问题时请在网站留言板留言或与电子工业出版社联系（E-mail:hxedu@phei.com.cn）。

编　者

2007 年 12 月

目　录

第1章　Photoshop CS2中文版操作基础

本章描述了在安装完 Photoshop CS2 后，用户所需掌握的基本使用方法，诸如打开、命名、存储和关闭文件。同时本章还对 Photoshop CS2 界面进行了介绍，使用户能够对诸如属性栏、浮动面板、工具箱等对象有更多了解。

1.1　浏览界面

打开了 Photoshop CS2 后首先看到的是一个欢迎界面，如图 1-1 所示，在界面的下方有“启动时显示此对话框”选项，选择此项后，每次打开 Photoshop CS2，首先出现该画面，否则进入一个默认界面，如图 1-2 所示。

图 1-1　欢迎界面

1．标题栏

显示该应用程序的名称（Adobe Photoshop），当图像窗口最大化显示时，会显示该图像的文件名、色彩模式和当前显示比例。其右上角的 3 个按钮从左到右依次为最小化、最大化、关闭按钮，分别用于缩小、放大、关闭应用程序窗口。

2．Photoshop CS2 桌面

显示工具栏、浮动面板和图像窗口，还可以双击桌面打开图像文件，如图 1-2 所示。

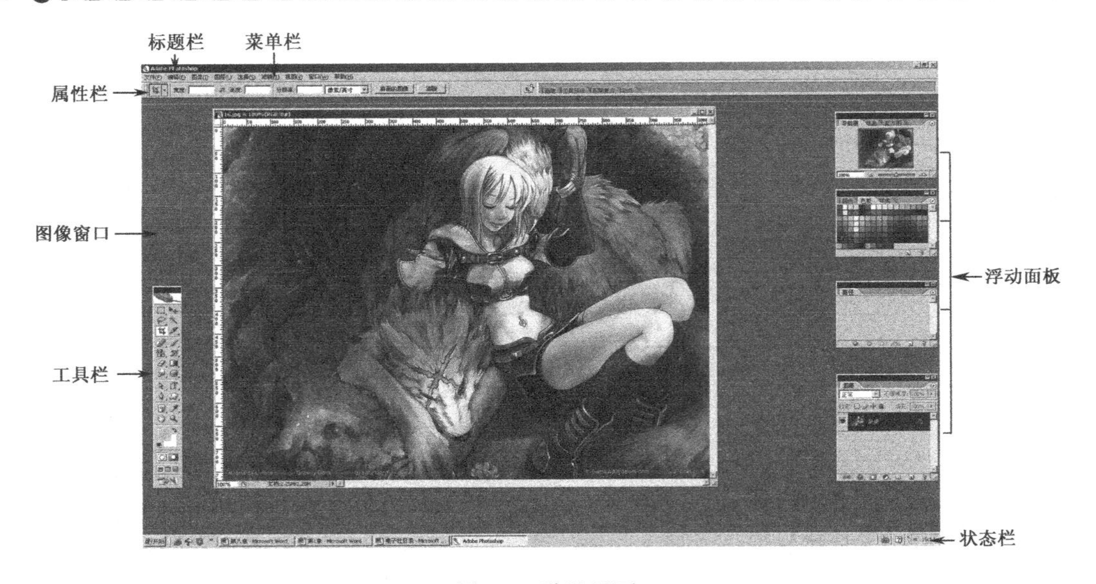

图 1-2　默认界面

3. 工具栏

包括各种常用的工具，单击某一个工具按钮就可以执行其相应的功能。

4. 图像窗口

即图像显示的区域，用于编辑和修改图像，对图像窗口可进行放大、缩小和移动等操作。

5. 浮动面板

在 Photoshop CS2 中包括许多浮动面板：图层面板、通道面板、色板面板、样式面板、路径面板、动作面板等一些常用的与非常用的面板，都可以通过选择“窗口”菜单独立列出。

窗口右侧的小窗口称为浮动面板或控制面板，主要用于配合图像编辑和 Photoshop 的功能设置。

6. 状态栏

窗口底部的横条称为状态栏，它能提供一些当前操作的帮助信息。

7. 菜单栏

使用菜单栏中的菜单可以执行 Photoshop CS2 的许多命令，在该菜单栏中共有 9 个菜单，其中每个菜单都带有一组自己的命令。

8. 属性栏

属性栏是 Photoshop CS2 中重要的参数设置项目。工具栏中的每一个工具都一一对应着不同的参数，合理地设置参数是熟练掌握 Photoshop CS2 的必要条件。

1.2　Photoshop CS2 的基本操作

1.2.1　快捷工具

Photoshop CS2 的工具栏中包含了 40 余种工具，要使用某种工具，只需单击该工具的图标即可。有时为了便于使用工具，也可以通过使用快捷键来执行。

其中一些工具的右下角带有黑三角标记，表示此为一组工具，单击该三角标记即可调换不同工具。表 1-1 列出了 Photoshop CS2 工具的快捷键。

表 1-1　Photoshop CS 工具的快捷键列表

工　具	快 捷 键	工　具	快 捷 键
选择框工具	M	移动工具	V
套索工具	L	魔术棒工具	W
路径调整工具	A	画笔工具	B
橡皮图章工具	S	历史笔工具	Y
橡皮工具	E	注释工具	N
模糊工具	R	减淡工具	O
钢笔工具	P	文字工具	T
多边形工具	U	渐变工具	G
切片工具	K	吸管工具	I
抓手工具	H	缩放工具	Z

1.2.2　新建文件

单击菜单“文件”→“新建”命令，弹出的对话框如图 1-3 所示。

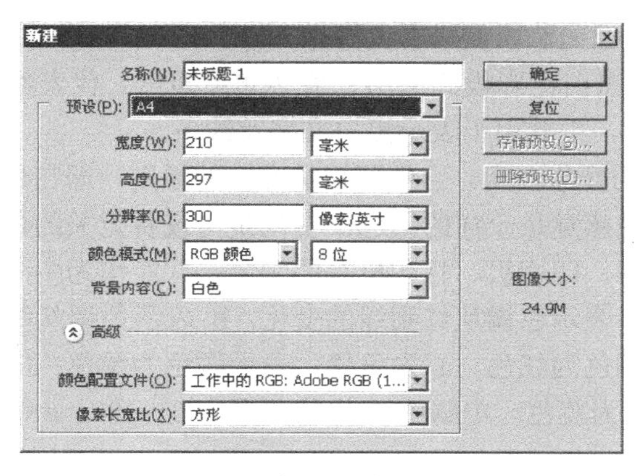

图 1-3　新建文件对话框

1．名称

首先应该正确地设置文件名称，这样便于对文件进行管理与分配。（如果仅仅是练习使用时可以忽略该项。）

2．预置

一般情况下设置在“自定义”选项，这样便于对“宽度”、“高度”的尺寸进行设置。

3. 分辨率

该项参数设置是非常严格的，因为它直接关系到文件的清晰度。

4. 色彩模式

在模式中包括多种形式，在此仅简单介绍我们常用的几种形式。

（1）RGB 来源于光学的三原色：红（R）、绿（G）、蓝（B）。每一种颜色都有 255 个亮度水平级，它的色彩原理是相加的，所以三种色彩叠加就能形成 1670 万种色彩了（俗称“真彩”）。

RGB 模式是一种色光表色模式。它广泛地应用于我们的生活中，如电视、电脑显示器上的图像显示，都是采用 RGB 的色彩模式。印刷时的图像扫描仪在扫描时首先提取的就是原稿图像的 RGB 色光信息。如果图像是用于电视、电脑显示、网页、多媒体光盘等，一般均采用 RGB 模式。

（2）CMYK 是四色印刷作业中所使用的四种油墨颜色，该模式中是以油墨浓度的百分比来区分颜色的。在通道中，CMYK 灰度表示油墨浓度，较白表示油墨含量较低，较黑表示油墨含量较高，纯白表示完全没有油墨，纯黑表示油墨浓度最高。

CMYK 模式实质上指的是再现颜色时印刷的 C、M、Y、K 网点大小，其与印刷用的四个色版是对应的，CMYK 色彩空间对应着印刷的四色油墨。对电脑设计人员来说，CMYK 色彩模式是最熟悉不过的，因为在进行印刷品的设计时，有一道必做工序就是将其他色彩模式的图像转换成 CMYK 模式。如果图像的颜色模式未从 RGB 色彩模式转换成 CMYK 模式，就会造成彩色图像被印成黑白图像的错误。

（3）Gray 模式为灰度模式，使用 256 级的灰度来表示白-灰-黑的层次变化，0 代表黑色，255 代表白色。Gray 模式没有其他颜色信息，只有亮度信息，即只有颜色的明暗变化。

在 PhotoShop 软件中，图像从 RGB 或 CMYK 色彩模式转换成 Gray 模式，就丢失了图色的颜色信息，只剩下图像颜色间明暗的变化（系统会给出提示）。如再从 Gray 模式转换成 RGB 或 CMYK 模式，图像无法恢复成彩色图像。

（4）Bitmap 模式即黑白色彩模式。用二值（非黑即白）代表颜色，这种模式在计算机中只有 1bit（位）的深度，主要用于表示黑白文字及线条。

（5）Lab 是人视觉的颜色空间，它依照视觉唯一的原则，即在色空间内相同的移动量在眼睛看来造成色彩的改变感觉是一样的。Lab 空间是与设备无关的色空间，能产生与各种设备匹配的颜色，如显示器、印刷机、打印机等的颜色，并能作为中间色实现各种设备间的颜色转换。L 表示亮度，a 表示色调从红到绿的变化，b 表示色调从黄到蓝的变化。L 定为正值；a 为正值，表示的颜色为红色，a 为负值，表示颜色为绿色；b 为正值，表示颜色为黄色，b 为负值，表示颜色为蓝色。电脑中 L 值的范围为 0～100，a 值的范围是–128～+127，b 值的范围是–128～+127。

1.3 图像存储

一幅优秀的作品创作完成或创作过程中，需要将其保存，便于以后的工作。但是如何正确地存储文件，是每个设计者必须正确对待的问题。否则，将会影响自己的作品设计质量，甚至给企业带来损失。

平面设计软件种类繁多，不同的软件既有通用的文件格式，也有自己的文件格式，但归纳起来主要有三类：位图图像格式、矢量图形格式、排版软件格式。下面就平面设计中常用的文件格式做详细介绍。

1.3.1　位图图像格式

单击横栏菜单“文件→存储为”命令，在弹出的对话框中，如图 1-4 所示，包含许多种文件格式。

1. TIFF 格式

TIFF 格式是桌面出版系统中最常用、最重要的文件格式，同时也是通用性最强的位图图像格式，MAC 和 PC 系统的设计类软件都支持 TIFF 格式。在印刷品设计制作要求中，图像文件如果没有特殊要求，绝大多数均存储为 TIFF 格式。

在 PhotoShop CS2 中存储 TIFF 格式时，系统会提示是否对存储的图像进行压缩。用于印刷图像，则选择不压缩（NONE）或选择 LZW 格式压缩。LZW 压缩方式能有效地降低图像的文件量，最重要的是其对图像信息没有造成损失，而且可以直接输入到其他软件中进行排版。当选择 TIFF 格式时，其选项如图 1-5 所示。

图 1-4　“存储为”对话框

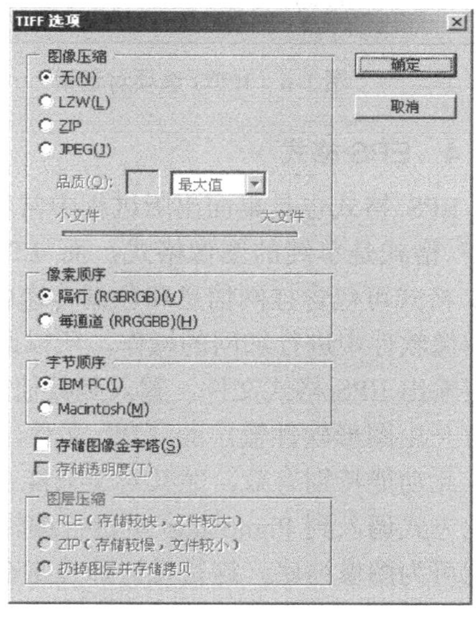

图 1-5　TIFF 选项对话框

TIFF 格式是跨平台的通用图像格式，不同平台的软件均可对来自另一平台的 TIFF 文件进行编辑操作。如 PC 平台的 PhotoShop CS2 就可以直接打开 MAC 平台的 TIFF 文件进行编辑处理。

2. JPEG 格式

JPEG 是一种图像压缩文件格式，也是目前应用最广泛的图像格式之一。JPEG 格式在存储过程中有多种压缩比供选择，当选择 JPEG 格式时，其选项如图 1-6 所示。

JPEG 格式是一种有损压缩格式，当压缩比太大时，文件质量损失较大，如细节处模糊、颜色发生变化等。JPEG 格式的文件一般不用来做印刷，很多排版软件也不支持 JPEG 文件的分色。但在网页制作方面被广泛应用。

3. PSD（PDD）格式

PSD（PDD）格式是 PhotoShop 软件独有的文件格式，只有 PhotoShop 才能打开使用（也可以跨平台使用）。其特点是可以包含图像的图层、通道、路径等信息，支持各种色彩模式和表示位数；缺点是文件量较大、不支持压缩。当选择 PSD（PDD）格式时，其选项如图 1-7 所示。

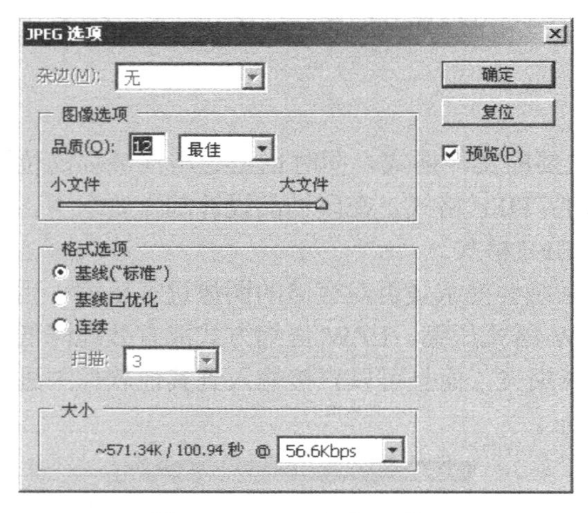

图 1-6　JPEG 选项对话框

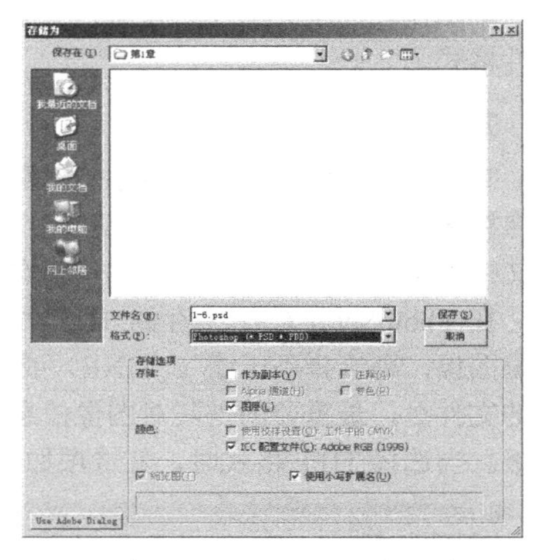

图 1-7　PSD(PDD)选项对话框

4. EPS 格式

EPS 格式也是桌面出版过程中常用的文件格式之一，它比 TIFF 文件格式应用更广泛。TIFF 格式是单纯的图像格式，而 EPS 格式也可用于文字和矢量图形的编码。最重要的是 EPS 格式可包含挂网信息和色调传递曲线的调整信息。但在实际的操作过程中，一般不采用在图像软件中进行加网的操作，所以此处不做更多介绍。FreeHand、illustrator 等图形软件可直接输出 EPS 格式文件，置入到其他软件中进行排版，如 PageMaker 软件。PhotoShop 可直接打开由图形软件输出的 EPS 文件，在打开时可根据设计需要重新设定图像的尺寸和分辨率。此功能特别有效，尤其对于只能在图形软件中完成的效果，如文字绕曲线排列等，可通过此方式调入到 Photoshop 中进行编辑。此外 EPS 文件的一个重要功能是包含路径信息，该功能可为图像褪底，这是设计师经常会用到的功能，应熟练掌握。

5. GIF 格式

GIF 格式是主要用于互联网上的一种图像文件格式。GIF 格式通过 LZW 压缩，只有 8 位，表达 256 级色彩，在网页设计中具有文件量小、显示速度快等特点，但只支持 RGB 和 Index Color 色彩模式，不用于印刷品的制作中。

6. BMP 格式

BMP 格式是 PC 电脑 DOS 和 Windows 系统的标准文件格式。一般只用屏幕显示，不用于印刷设计。

7. PICT 格式

PICT 格式是 Mac 上常见的数据文件格式之一，是在 Quickdraw 屏幕语言基础上开发的，属于 Mac 机上使用的一种本机图像格式。当用户选择 PICT 格式储存时，Photoshop 将会提供 JPEG 压缩选项。

8．PDF 格式

PDF 格式是一种在 PostScript 的基础上发展而来的一种文件格式，它最大的优点是能独立于各软件、硬件及操作系统之上，便于用户交换文件与浏览。PDF 文件可包含矢量图形、点阵图像和文本，并且可以进行链接和超文本链接。PDF 文件可以通过 Acrobat Reader 软件阅读。PDF 文件在桌面出版中，是跨平台交换文件最好的交换格式，它可有效地解决跨平台交换文件出现的字体不对应问题。目前桌面出版方面的应用软件均可存储或输出 PDF 格式的文件。PDF 文件格式将是未来印刷品设计制作过程中应用最普遍的文件格式。

1.3.2　矢量图形文件格式

矢量图形文件格式主要有 FreeHand 软件存储的*.FH 文件格式（软件版本号）、Illustrator 软件存储的*.AI 文件格式、CorelDraw 软件存储的*.cdr 文件格式等。FreeHand、Illustrator、CorelDraw 三个软件是目前平面设计领域的三个主流矢量设计软件，90%以上的平面设计师用上述三个软件从事着设计工作。这三种矢量格式均有相同的特点，只不过因软件不同，文件格式名称不同而已。

1.3.3　排版软件格式

目前在平面设计领域应用的排版软件主要有 PaperMaker、QuarkXpress、InDesign，文件格式主要是 PaperMaker，QuarkXpress 和 InDesign 软件自身的文件格式。

习题 1

一、填空题

1.____________压缩方式能有效的降低图像的文件量，但其对图像信息没有损失；____________压缩方式是一种有损压缩格式，但当压缩比太大时，文件质量损失较大。

2.____________格式是 PhotoShop 软件独有的文件格式，只有 PhotoShop 才能打开使用。

3.____________格式是一种在 PostScript 的基础上发展而来的一种文件格式，它最大的优点是能独立于各软件、硬件及操作系统之上，便于用户交换文件与浏览。。

4.____________格式是桌面出版过程中常用的文件格式之一，它可包含挂网信息和色调传递曲线的调整信息。

5.___________格式主要用于互联网上的一种图像文件格式，具有文件量小，显示速度快等特点。

二、问答题

1. RGB 与 CMYK 色彩模式的区别？
2. 在进行印刷品的设计时，如何处理 RGB 色彩模式？

第 2 章　图案设计——绘图工具的应用

图案就是图形的方案。

一般，我们把经过艺术处理的图形表现称之为图案。这里面包括装饰设计、几何纹样、视觉艺术等方面。上海辞书出版社出版的《辞海》在艺术分册中对图案的解释是“广义指对某种器物的造型结构、色彩、纹饰进行工艺处理而事先设计的施工方案，制成图样，通称图案，狭义则指器物上的装饰纹样和色彩而言”。

在网络中我们习惯把矢量图形的设计称为图案。图案在表现形式上有抽象和具体形象之分，按照内容的不同又可以分为花卉图案、人物图案、风景图案，动物图案等。其实图案是一种深入到人们生活中的艺术形式，它将生活中的艺术元素经过加工和升华后表现出来，进而装点人们的生活。

2.1　图案案例分析

1. 创意定位

在现在的社会生活中，互送锦鲤成为一种新风尚，大到开业庆典，小到亲戚往来，锦鲤都成为招财的好兆头。整洁别致的厅堂内放置几尾色彩艳丽的锦鲤于器皿内，会给室内增加灵动华贵之气。其实早在古代，锦鲤就被中国人视为吉祥之物，通常被放置于寺院、庙舍的池塘中，更取“年年有鱼”的美称。

图 2-1　锦鲤图案

中国过年有贴年画的习俗，我们不妨设计一幅锦鲤的卡通图案的年画，带给新的一年不一样的感觉，效果如图 2-1 所示。

2. 所用知识点

本设计主要用到了 Photoshop CS2 软件中的以下命令：画笔工具、渐变工具、油漆桶工具、选择工具。

3. 制作分析步骤

（1）使用画笔工具画出鱼的具体轮廓。
（2）使用填充工具填充色彩。
（3）使用画笔工具进行细节美化，使用渐变工具进行细小的修改。

2.2　知识卡片

2.2.1　毛笔与铅笔工具

在 Photoshop CS2 的工具栏中，毛笔工具与铅笔工具被编为一组。毛笔工具主要用于创建较为柔和的线条，而铅笔工具则主要用于创建硬笔手绘的直线条。

1. 毛笔工具

毛笔工具的属性栏如图 2-2 所示，主要是合理调整“不透明度”和“流量”两个参数值。单击画笔右边的倒三角，弹出画笔的常规设置，同时在侧三角中还包括 12 种特殊画笔，如图 2-3 所示。在属性栏的右边“画笔”按钮中包括“画笔预设”和“画笔笔尖形状”两个选项，如图 2-4、图 2-5 所示。用户可以通过选择不同的选项，达到不同的艺术效果。

图 2-2　毛笔工具属性栏

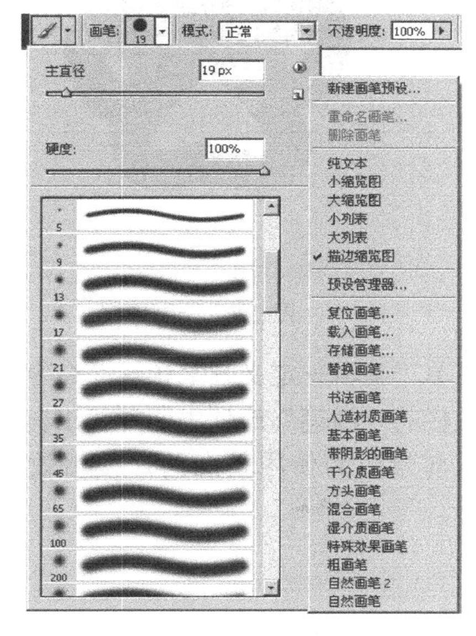

图 2-3　12 种特殊画笔

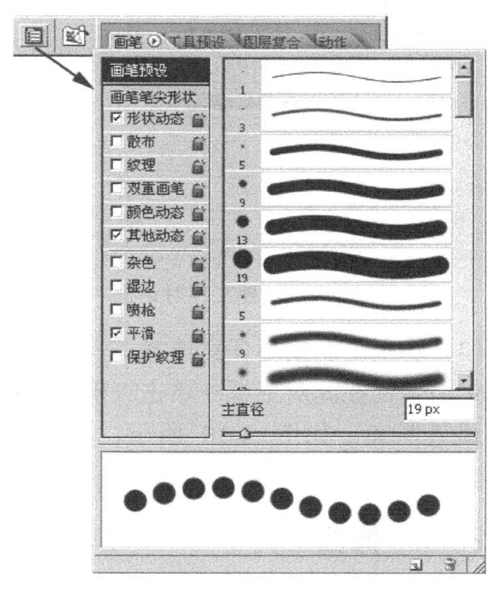

图 2-4　画笔预设调板

2. 铅笔工具

铅笔工具是一种硬笔绘图工具，其工具属性栏如图 2-6 所示。在属性栏中可以选择铅笔

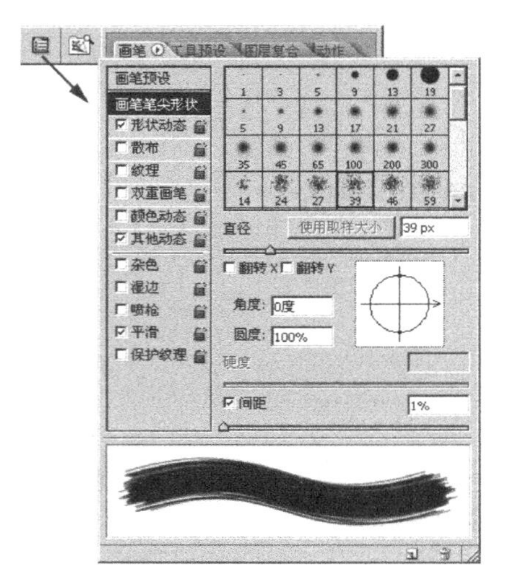

图 2-5 画笔笔尖形状调板

工具的模式，“不透明度”框中的数值用来控制着色的透明程度。选中“自动”复选框后，当用户通过铅笔工具用前景色绘图时，会自动地切换为用背景色绘图或相当于橡皮工具，其他各选项与毛笔一致。

3. 创建自定义画笔

在日常设计工作中，用户经常需要自己设计一种笔形来完成工作，例如利用一种图案作为笔形等。

可以按以下的操作步骤制作自定义的画笔。

（1）新建图形文件，设为 RGB 模式，将“背景内容”设为透明，其他参数设置如图 2-7 所示。

（2）从属性栏的“画笔”选项中选择任意画笔，在文件上画出任意图案，如图 2-8 所示。

图 2-6 铅笔工具属性栏

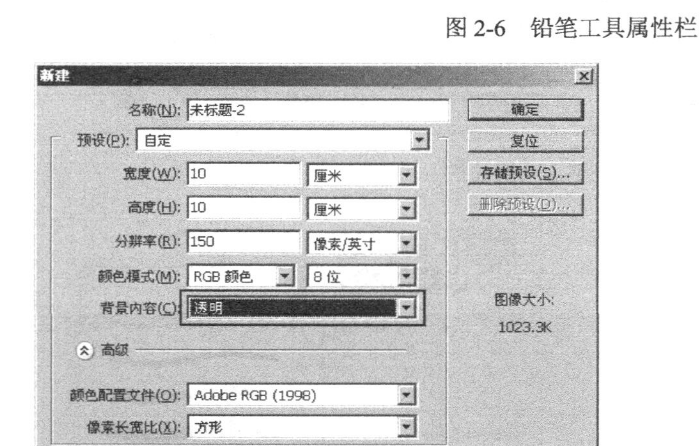

图 2-7 新建文件对话框

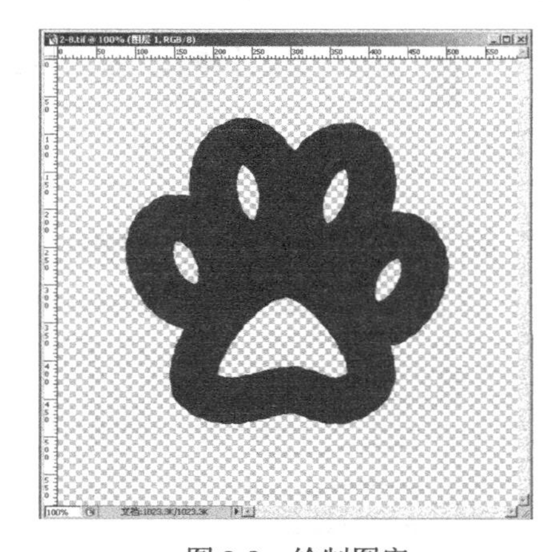

图 2-8 绘制图案

（3）将所画图案用任意选择工具选择出来，单击菜单“编辑→定义画笔预设”命令，如图 2-9 所示，在其对话框中单击“确定”按钮。在属性栏的“画笔”选项中即可找出自定义的新画笔图案，如图 2-10 所示。设置好的画笔是以前景色为使用基准的，使用效果如图 2-11 所示。

2.2.2 修改工具

修改工具包括模糊、锐化、涂抹和加深、减淡、海绵两组工具。

模糊工具可以软化图像较硬的边缘或区域，减少细节。

在图 2-12 中的属性工具栏中，“模式”选项框用于选择必要的模式；“强度”选项框用于设定压力的大小；“对所有图层取样”选项用于确定模糊工具是否对所有的可见图层产生作用。

图 2-9　画笔预设对话框

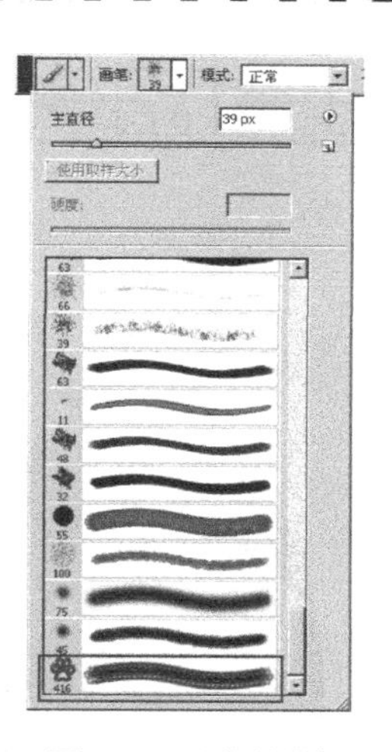

图 2-10　预设图案

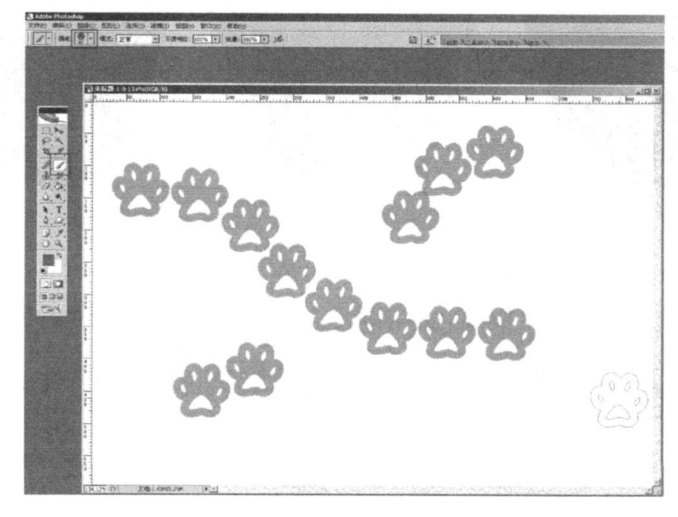

图 2-11　使用预设图案绘制

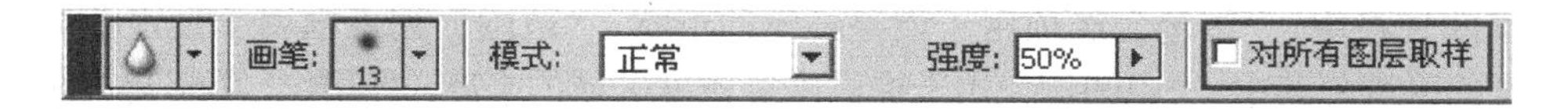

图 2-12　模糊工具属性栏

锐化工具可以使图像模糊的边缘提亮，色彩变化强烈，色差变大。

选中锐化工具后，属性栏如图 2-13 所示。其属性栏内容与模糊工具属性栏内容类似。

图 2-13　锐化工具属性栏

涂抹工具模拟在油墨未干的画面上拖移手指的动作及效果，可以制作出一种类似水彩画的效果。使用该工具时先挑选画笔开始位置的颜色，然后沿拖移的方向扩张，在其属性栏中，如图 2-14 所示，选择“手指绘画”复选框，则使用前景色在每一笔的起点使用颜色。对比效果如图 2-15 所示。

图 2-14 涂抹工具属性栏

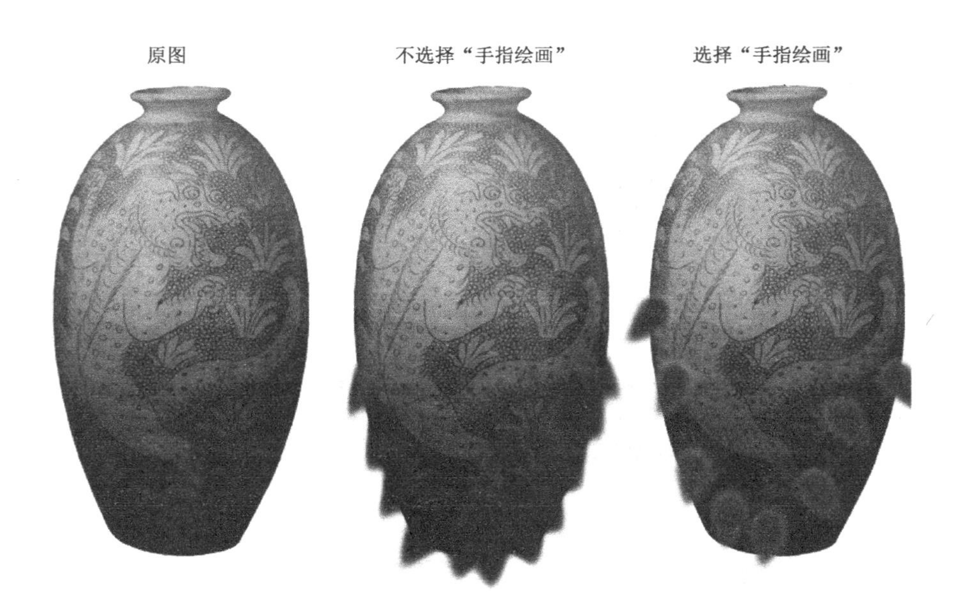

图 2-15 “手指绘画”选项对比效果

减淡工具可以使图像的亮度提高。激活减淡工具，其属性栏如图 2-16 所示。

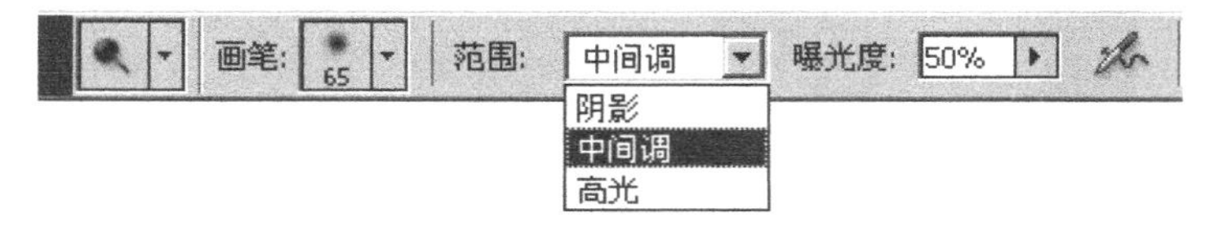

图 2-16 减淡工具属性栏

在其属性栏中，“画笔”选项用于调整画笔的形状，“范围”列表框用于设定图像中所要提高亮度的区域。其中，“中间调”用于提高中等灰度区域的亮度，“阴影”用于提高阴影区域的亮度，“高光”用于进一步提高高亮度区域的亮度；“曝光度”选项框用于设定曝光的强度。

加深工具可以使图案的区域变暗，其属性工具栏中各项内容的作用与减淡工具相反，但是减淡工具、加深工具都是用于调整正片的特定区域的曝光度。

海绵工具可以提高或者降低某一区域色彩的饱和程度，而在灰度模式中，主要通过使灰阶远离或移近中灰来提高或降低对比度。激活海绵工具，其属性栏如图 2-17 所示。

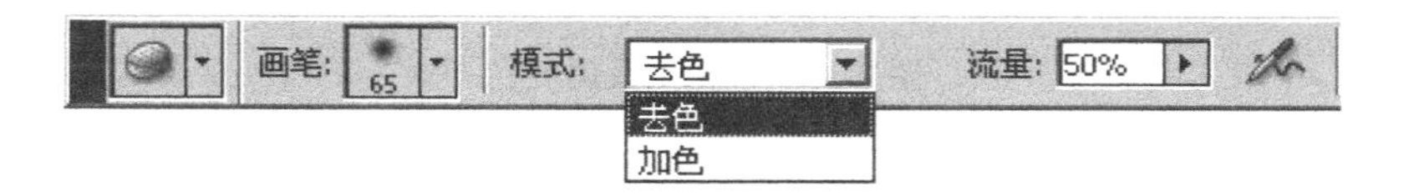

图 2-17 海绵工具属性栏

“画笔”选项用于设定画笔的大小；“模式”列表框用于选择去色或者加色，“加色”是使其饱和度增加，“去色”是减小图像的饱和度；“流量”选项框用于设定压力大小。

2.2.3　仿制图章工具与图案图章工具

该组工具用于图像的复制、修复和底纹的平铺等操作，它包括仿制图章工具和图案图章工具，其作用分别介绍如下。

1．仿制图章工具

在使用仿制图章工具之前，必须首先指定要复制的区域，按下 Alt 键，用鼠标选择需要复制的区域，然后再在适当的位置用仿制图章工具进行复制。该工具可以在同一个文件中使用，也可以在不同的文件中进行操作使用。下面列出使用仿制图章工具的操作步骤。

（1）打开图 2-18、图 2-19 所示图像，激活仿制图章工具，在标准光标模式下，鼠标变成一个图章形状，中间有一个黑色的三角形。

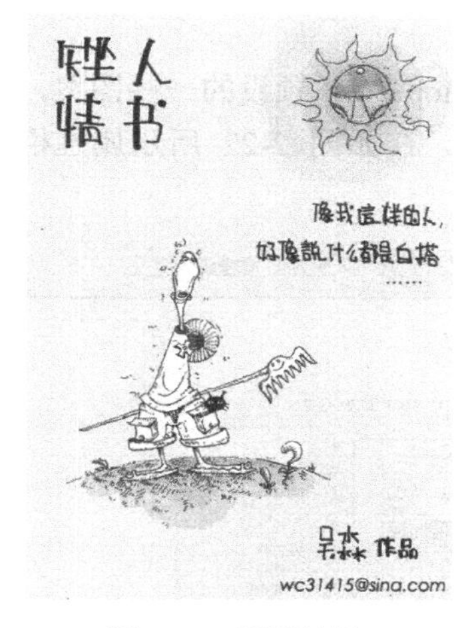

图 2-18　原图效果

图 2-19　原图效果

（2）在仿制图章工具属性栏的“画笔”列表框中，为橡皮图章工具挑选一支合适的画笔。

（3）将光标移到需要复制的区域上方，按下 Alt 键并单击鼠标左键。按下 Alt 键时光标所在位置处称为取样点。此时光标变成一个图章形状，中间有一个白色的三角形，释放 Alt 键，这一过程称为取样。

（4）将光标移动到目标区域，按住左键并拖动鼠标，即可将原图像复制在该处，效果如图 2-20 所示。图 2-21 所示效果是在同一个图像文件中进行操作的结果。

需要说明的是，“对齐”选项的作用是控制在复制时是否使用对齐功能；“取消所有图层”是用于确定是否使用所有可见图层中的图像作为样本。

注意：在其属性栏中，“用于所有”是指用于所有图层。

对于仿制图章工具，选择“对齐”复选框，以便一次性应用整个取样的区域，不管停止和继续绘画的次数。特别是在使用不同大小的画笔绘制图像时，此选项非常有用。若不选择“对齐”复选框，则在每次停止和恢复绘画时，会从最初取样点的取样区域取样。

图 2-20　在不同文件中使用橡皮图章的效果

图 2-21　在同一文件中使用橡皮图章的效果

2．图案图章工具

图案图章工具可以用来复制定义的图案或复制 Photoshop CS2 预设的一些图案，这些预设的图案显示在图案图章工具属性栏的“图案”列表框中，在如图 2-22 所示属性栏中，选择一种图案效果如图 2-23 所示。

图 2-22　图案图章工具属性栏

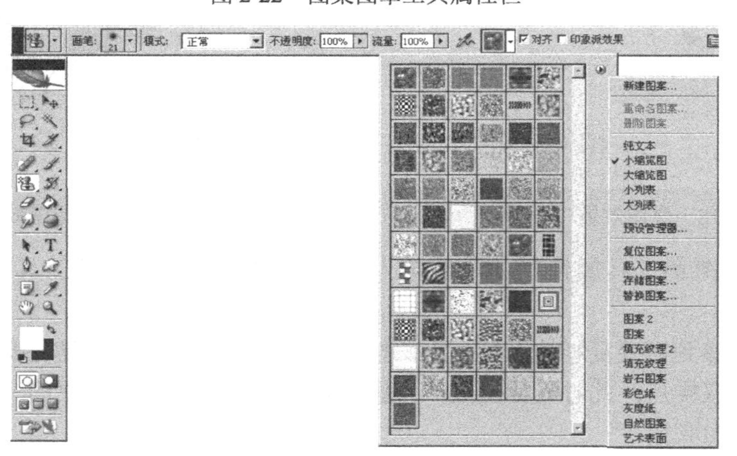

图 2-23　可选择的图案效果

其实预设的图案有时并不一定能够达到要求，因此需要用户自己设定理想的图案。下面介绍用图案图章工具复制自定义图案的操作步骤。

（1）选择适当的工具绘制图案，然后用矩形选框工具选定该图案。

（2）单击菜单“编辑→定义图案”命令，如图 2-24 所示。则将所选区域中的图案定义为图案图章工具所用的图案，在其对话框中，单击“确定”按钮，图案图章工具属性栏的“样本”列表框中便增加了该种新图案，如图 2-25 所示。

（3）激活图案图章工具，在其属性栏的“图案”列表框中选择刚定义的图案，便可在图像的适当位置复制刚才定义的图案。

图 2-24　定义图案对话框

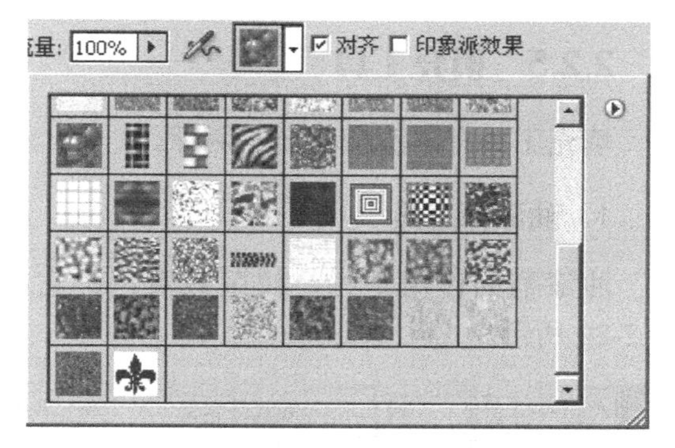

图 2-25　新增图案预览

（4）若在图案图章工具的属性栏中选中“对齐”复选框，则所有图案重复为相接的、一致的拼贴，即使当用户在图像的不同位置停止和继续绘画时，同样可以拼贴出理想的效果，如图 2-26 所示。如果不选择“对齐”复选框，则在每次停止和恢复绘画时都能将图案置于指针中心。

图 2-26　使用定义图案效果

2.2.4　历史笔与橡皮工具

历史笔工具必须配合历史控制面板一起使用，一般情况下用于图像创作中作局部的恢复使用，它可以将局部恢复到图像最后一次存储的效果。可以通过在对历史控制面板中定位某一步的操作，而把图像在处理过程中的某一状态复制到当前层中。选中历史笔工具，属性栏显示如图 2-27 所示。

图 2-27　历史笔工具属性栏

艺术历史笔工具与历史笔工具使用方法相同。

橡皮工具可以用背景色擦除背景图像或者用透明色擦除图层中的图像。选中橡皮工具，属性栏将出现如图 2-28 所示的状态。

图 2-28　橡皮工具属性栏

2.2.5 填充工具

填充工具有油漆桶和渐变两种。

1. 油漆桶工具

油漆桶的作用是为一块区域着色，它的方式有填充前景色和图案两种，其属性栏如图 2-29 所示。

图 2-29　油漆桶工具属性栏

在属性栏中，“容差”项调节可以选择填充范围的色彩差度从而确定填充范围。而“不透明度”选项可以调节填充区域的透明程度。

在“填充”项中，如果使用前景色填充，则选择前景色；如果使用指定图案填充，则设置图案。如果不喜欢系统自带的图案，可以选择自定义图案进行填充。

设置自定义图案步骤与图案图章中的设定方法一致，在其属性栏中同样可以找到设定的图案，如图 2-30 所示。

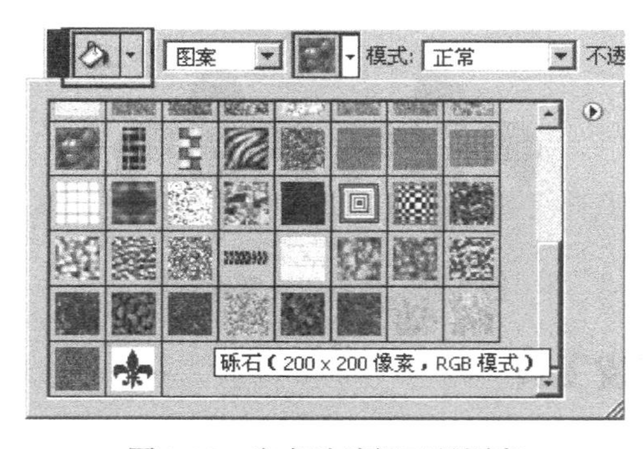

图 2-30　定义油漆桶工具图案

2. 渐变工具

渐变工具的作用就是使选择区域内产生两种及两种以上的颜色的渐变效果。渐变的方向有线形渐变、径向渐变、角度渐变、对称渐变、菱形渐变等，对比效果如图 2-31 所示。

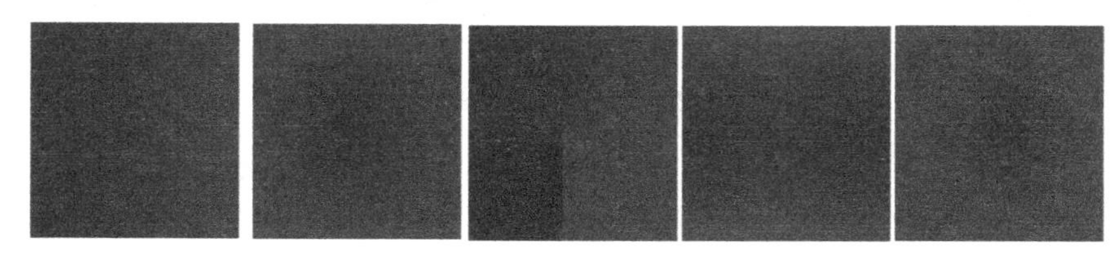

图 2-31　五种渐变效果对比效果

2.3 实例解析

2.3.1 锦鲤的制作

锦鲤的制作步骤如下。

（1）新建文件，设置尺寸为 10 厘米×10 厘米，分辨率为 300 像素/英寸，色彩模式为 RGB。

（2）激活画笔工具，利用画笔工具绘制鱼眼睛的形状色块。按照从下到上、由大面积到小面积的遮盖顺序，选择浅蓝、天蓝、深蓝、白色，不断调整笔触的大小，然后在准确位置重复单击就可以了。这样具有简单的明暗光影效果，绘制过程如图 2-32 所示。

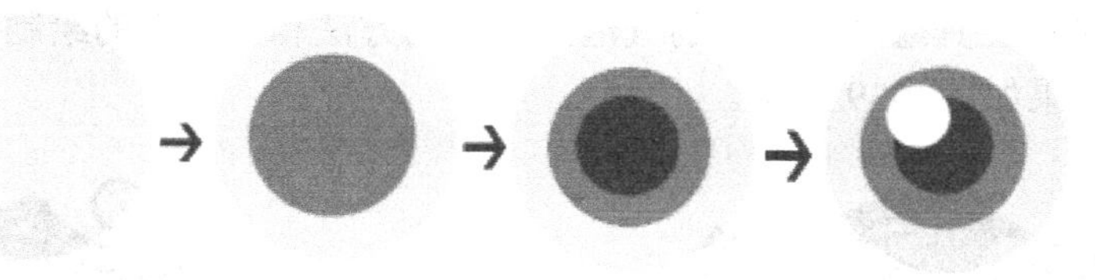

图 2-32　绘制鱼眼睛局部过程

（3）接下来进一步加强眼睛的透明立体效果。

利用圆形选择工具选取眼睛中需要产生质感的地方，然后激活渐变工具，在选择区域内作渐变填充，如图 2-33 所示，渐变色条选择由白色向透明色渐变的线性渐变模式，拖动渐变使产生渐变的范围不要超过眼睛面积的三分之一，这样鱼的眼睛就产生了立体的感觉，如图 2-34 所示。

（4）调整鱼眼睛的位置，使用画笔工具绘制出鱼的外形。在此绘制黑色轮廓是为了方便添色，绘制中注意线条的粗细变化，不断调整画笔直径参数，这样画出来的鱼才生动有趣。在适当的部位可以使用直线工具，再用画笔进行调整，注意调整画面构图布局，效果如图 2-35 所示。

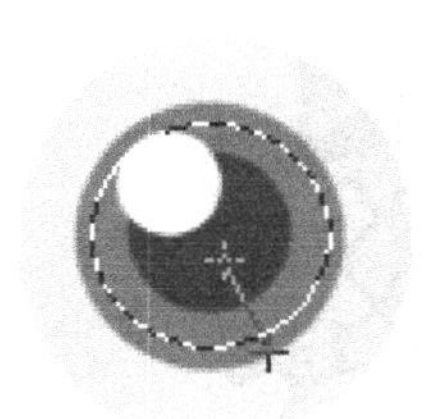

图 2-33　添加选区

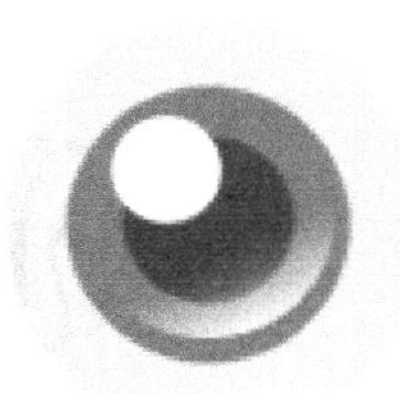

图 2-34　渐变填充鱼眼睛

图 2-35　绘制鱼的简单轮廓图

（5）使用油漆桶工具进行颜色填充。在上一步已经绘制了黑色轮廓，所以填充时不会发生错误，这样就确定了图案的主体颜色，在填充颜色的时候反复进行调整，先填充背景的主要颜色，然后逐渐填充其他色，效果如图 2-36 所示。

（6）继续填充鲜艳的色彩，保证画面的喜庆气氛。这个时候可以大胆使用一些鲜艳的颜色，因为有黑色进行勾边所以不会产生大的冲突，效果如图 2-37 所示。

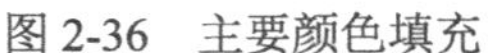
图 2-36　主要颜色填充

图 2-37　继续填充鲜艳的色彩

（7）利用魔术棒等选择工具和画笔工具对每个小区域内的颜色增加花纹和装饰。因为是细部的调整，因此可以使用各种图形的笔刷，也可以利用自定义图案进行变化，但是要注意用笔的时候要考虑好每一步，因为对于一张图案来说需要整体的构思和安排，在这里我们利用不同的笔刷进行装饰，效果如图 2-38 所示。

（8）利用画笔工具绘制出绿色的气泡，绘制的方法和鱼眼睛的绘制一样，同时要保证颜色的饱和度，效果如图 2-39 所示。

图 2-38　增加花纹和装饰

图 2-39　绘制绿色的气泡

（9）使用画笔工具绘制图案外框。在使用画笔过程中，注意画笔的停顿、笔锋的变化，可反复涂画达到粗细变化的效果，如图 2-40 所示。

（10）激活矩形选择工具和油漆桶工具对背景图框内的空白处进行填充。一张可爱的鱼的图案就绘制好了。再制造出水的效果，注意在背景颜色上使用冷色调与鱼的暖色调形成对比，如图 2-41 所示。

图 2-40　绘制图案外框

图 2-41　填充背景效果

2.3.2　花卉图案的制作

花卉图案的制作步骤如下。

（1）新建文件，如图 2-42 所示设置参数。

（2）打开图层面板，新建“图层”，因为要在这个图层上绘制花朵，因此命名为“花

1”，如图 2-43 所示。

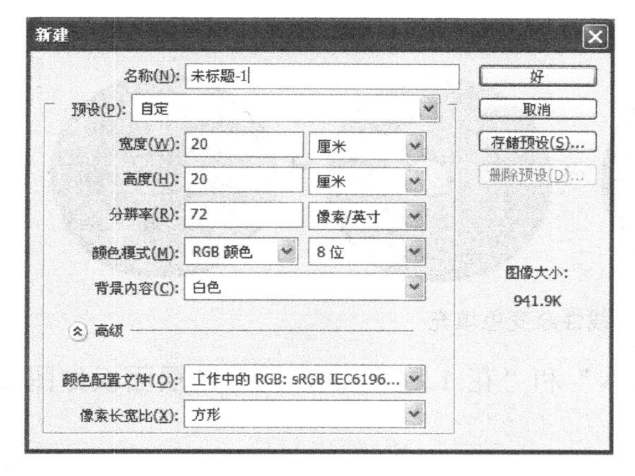

图 2-42　“新建”对话框

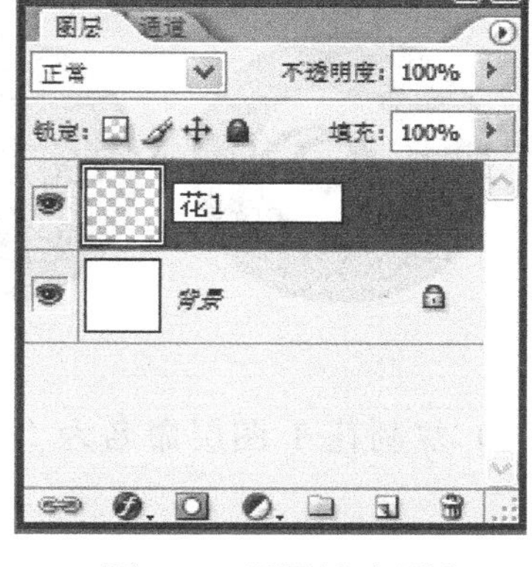

图 2-43　图层浮动面板

（3）激活圆形选择框工具，在花 1 图层中绘制一个圆。单击菜单“编辑→描边”命令，在如图 2-44 所示的对话框中设置参数。重复此步骤，描出花朵的轮廓。

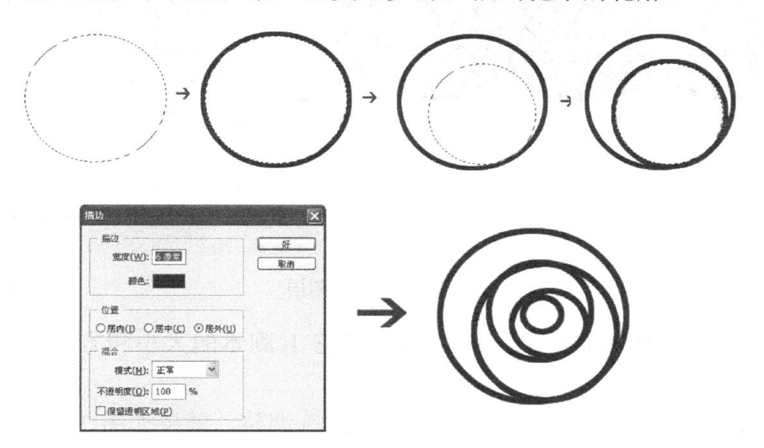

图 2-44　花朵轮廓创作过程

（4）激活魔术棒选择工具，选择两个圆之间的花瓣部分，设置渐变工具为两种颜色的线性渐变，如图 2-45 所示。

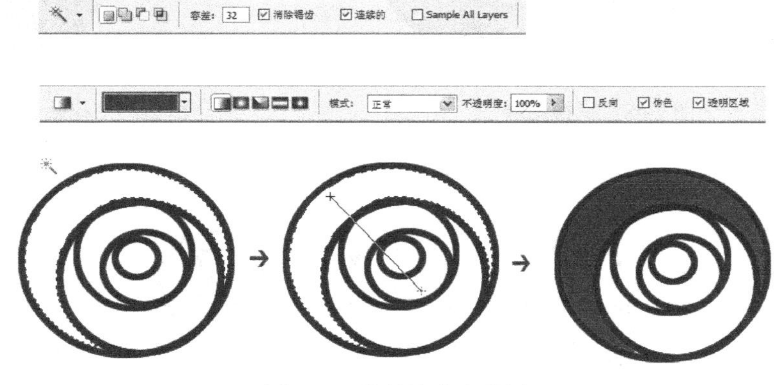

图 2-45　线性渐变色设置

按照上面的方法将花瓣一一进行渐变添色，同时注意渐变的方向作稍微变化，如图 2-46 所示。

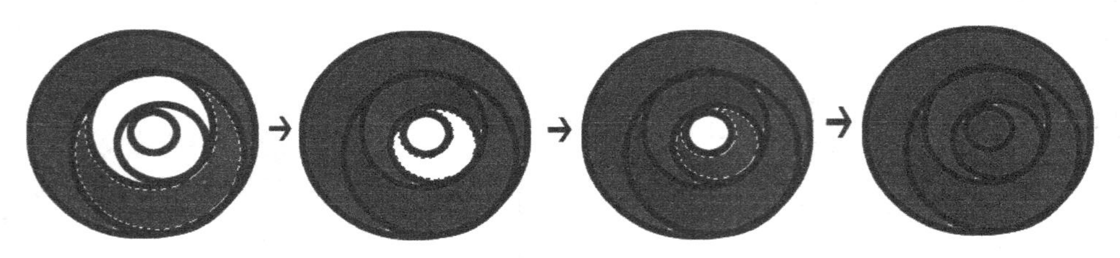

图 2-46 线性渐变色填充

（5）复制花 1 图层命名为“花 1 副本”和“花 1 副本 2”，此时图层面板如图 2-47 所示。

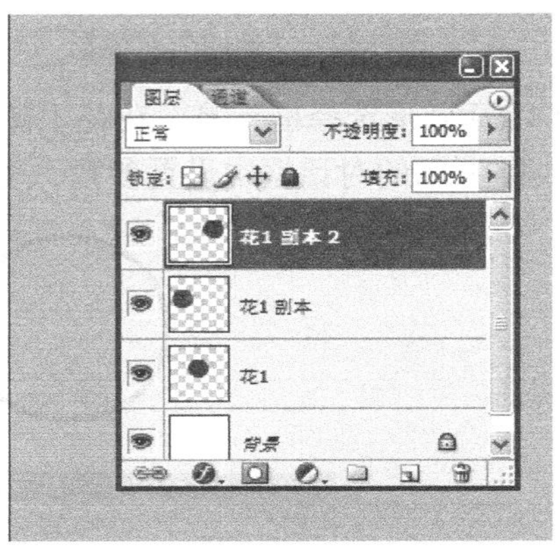

图 2-47 复制图层

（6）单击菜单“编辑→自由变换”工具，将花 1 副本的大小和方向进行调整，效果如图 2-48 所示。

（7）以同样方法将图层花 1 副本 2 上的花朵进行调整，效果如图 2-49 所示。

图 2-48 变换图层

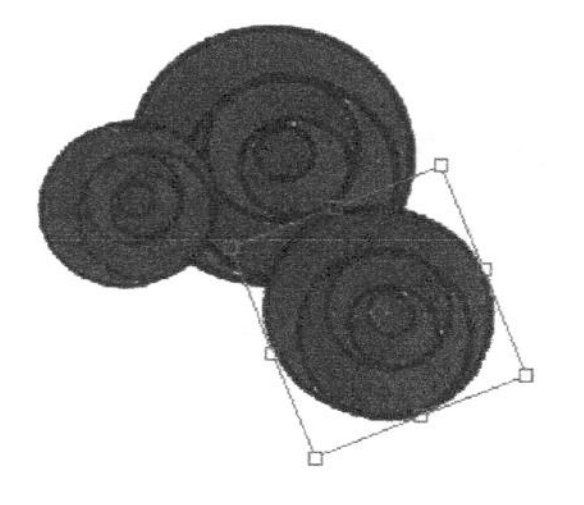

图 2-49 花朵调整

（8）接下来绘制叶子。继续新建图层，绘制叶子的轮廓。激活油漆桶工具，将叶子填充为绿颜色，效果如图 2-50 所示。

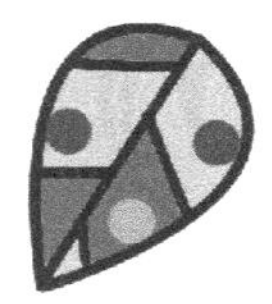

图 2-50 绘制叶子的过程

（9）复制叶子的图层。单击菜单“编辑→自由变换”工具，调整叶子的方向和大小，效果如图 2-51 所示。

图 2-51　调整叶子位置

（10）以背景图层为当前层，激活矩形选择框工具绘制矩形，如图 2-52 所示。单击菜单“编辑→描边”命令，在如图 2-53 所示的对话框中设置参数。单击“好”按钮，效果如图 2-54 所示。

图 2-52　绘制矩形选框

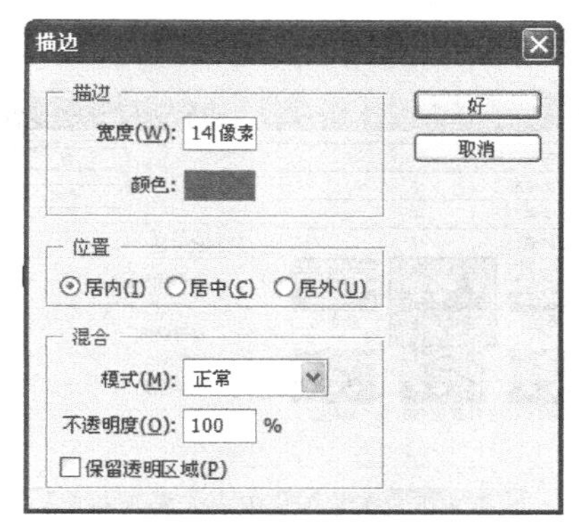

图 2-53　描边对话框

图 2-54　描边效果图

（11）激活魔术棒工具，选择矩形的透明部分。激活渐变工具，如图 2-55 所示设置渐变色，进行径向渐变的填充，效果如图 2-56 所示。

图 2-55 编辑渐变色

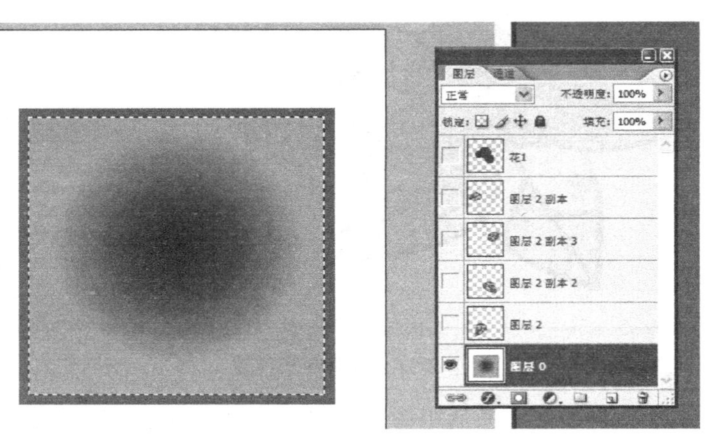

图 2-56 填充渐变色效果

（12）保持矩形选择框，单击菜单“滤镜→纹理→染色玻璃”命令，设置如图 2-57 所示的参数，单击“好”按钮，效果如图 2-58 所示。

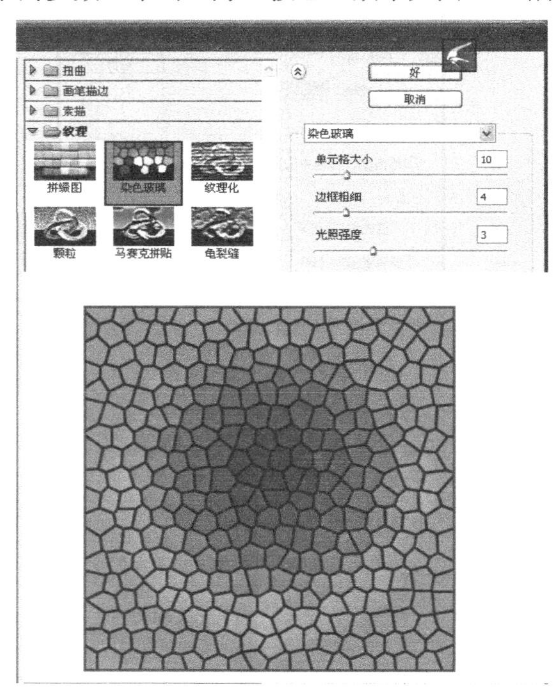

图 2-57 “染色玻璃”对话框

图 2-58 执行“染色玻璃”效果

2.4　常用小技巧

1．在使用涂抹工具时，按住 Alt 键可由纯粹涂抹变成用前景色涂抹。

2．按住 Alt 键后，使用图章工具在任意打开的图像视窗内单击鼠标左键，即可在该视窗内设定取样位置，但不会改变作用视窗。

3．在使用橡皮擦工具时，按住 Alt 键即可将橡皮擦功能切换成恢复到指定的步骤记录状态。

4．使用绘画工具（如画笔，铅笔等）时，按住 Shift 键单击鼠标，可将两次单击点以直线连接。

2.5　相关知识链接

图案的表现形式分为均衡与对称、变化与统一、节奏与韵律、对比与和谐等。

1．均衡与对称（如图 2-59 所示）

均衡是指虚拟的中心轴上下左右的纹样分量相等，但是纹样色彩不相同。在实际设计中这种图案生动活泼富于变化。

对称是指在虚拟的中心轴的左右或者上下采用等同颜色、纹样、数量的图形组合成的图案。在实际设计中，这种设计稳定庄重，整齐典雅。

2．变化与统一（如图 2-60 所示）

图 2-59　均衡与对称

图 2-60　变化与统一

在图案设计中有许多的矛盾关系，这其中包括内容的主要次要、构图的虚实变化、形体的结构处理、颜色的明度纯度等。

变化是指图案的各个部分的外在差异。统一是指图案的各个部分的内在联系。

我们要做的是在统一中求变化，变化中求统一，使图案的各个部分组合获得一个整体的视觉效果。

3．节奏与韵律（如图 2-61 所示）

图 2-61　节奏与韵律

在音乐中，节奏被定义为“互相连接的音，所经时间的秩序”，我们在图案中将设计图形的距离方位做反复的排列或者空间的延伸就会产生节奏。因此我们可以说：节奏就是规律性的重复。

在节奏的重复中我们把节奏控制的距离进行变化产生间隔，加入强弱、大小、远近等区别就产生了优美的律动，这就是韵律。

节奏和韵律是相互依存的，韵律的使用可以使作品在节奏的基础上产生丰富的效果，而节奏是在韵律基础上的继续发展。

4．对比与和谐（如图 2-62 所示）

图 2-62　对比与和谐

对比是指设计时在质量的差别中各种设计要素的相对比较。我们在设计图案中经常使用的对比技巧一般来说有图案方式的对比、质量的对比。通过这些对比可以使设计生动活泼又不失整体感。

和谐就是适合。也就是说在设计中，构成的各个要素不是相互抵触压制的，而是完整统一调和的。相对于对比而言应更注重一致性，两者是不可分割的统一整体，也是设计图案产生强烈效果的必需手段。

习题 2

一、填空题

1. 渐变工具提供了线性渐变、__________、__________、__________和菱形渐变 5 种渐变方式。
2. 模糊工具的作用是__________。
3. 使用画笔工具绘制的线条比较柔和，而使用铅笔工具绘制的线条__________。
4. 橡皮工具组包括橡皮擦工具、__________和__________等 3 种工具。
5. 填充图像区域可以选择__________菜单命令实现，描边图像区域的边缘可以选择__________菜单命令实现。

二、问答题

1. 模糊、锐化和涂抹工具的作用是什么？
2. 如何使用渐变工具进行直线渐变？

三、操作题

1. 从图 2-63 所示十二星座中选出两个图案并绘制效果。
2. 临摹图 2-64 所示效果。

图 2-63

图 2-64

第 3 章　字体设计——文本与图层的应用

文字是一种特殊的设计符号。文字设计的主旨在于如何按照设计规律进行整体的精心安排使其富有艺术的感染力。文字设计是随着人类生产和实践的产生而产生的，随着人类文明的进步而逐渐成熟。世界上很多国家都有自己的文字，在世界多文字发展的历史进程中，最终形成了代表当今世界文字体系的两大重要系统，一是代表东方文明的汉字，二是代表西方文明的拉丁字母文字。这两大字体系统都起源于图形符号，经过了几千年的漫长进化后最终形成了各具特色的完整系统，如图 3-1 所示。

图 3-1　汉字字体设计

汉字又称方块字，其笔画上的变化使其具有多变的意义，每个单个字体都具有一个或者多个意义。因此在汉字的设计上可以参考笔画和字体本身的意义进行艺术创造。

相对于汉字来说，拉丁字母的每个字母本身是不具备意义的，而是通过对字母的组合而形成单词，这样 26 个简单的拉丁字母可以变化出无数种组合形式，不同的组合形式所具有的排列美感是其设计的突破口，这也正是组合的独特优势之所在。

3.1　字体设计案例分析

1. 创意定位

目前全球约有 60 亿人，其中 10 亿人处于缺水状态，28 亿人缺少纯净的饮用水，同时每年有 2500 万人因水污染而死亡。如果淡水资源不能受到保护，到 22 世纪，世界人均用水量将只有 1950 年非洲人均用水量的 1/4，届时人类的工农业和生活将面临恐慌。

中国是世界上 12 个贫水国之一，人均淡水资源不到世界人均水平的 1/4，为了使人们节约用水，很多城市利用提高价格的方法来限制用水。因此在这里创作一张节约用水的海报，主要目的是利用软件制作出“珍惜水源”四个字的特殊样式——透明水状字体。此处可以通过对图层样式的运用来达到这个效果。如图 3-2 所示为字体在广告设计中的作用。

图 3-2　“珍惜水源”字体设计

2. 所用知识点

在这个字体设计中使用了 Photoshop 中的文字工具、图层及图层样式中的“内阴影”、“内发光”、“斜面浮雕”、“渐变叠加”和滤镜中的“高斯模糊”等命令。

3. 制作分析

制作分析分为三个步骤完成。
第一步：利用文本工具确定制作主体。
第二步：使用图层样式，制造立体效果。
第三步：使用高斯模糊制造反光和阴影效果。

3.2　知识卡片

3.2.1　文本工具

1. 常见的文字

在生活中最为常用的字体是黑体字和宋体字。在现在的设计软件中，可以接触到很多已经设计好的字体，例如华文字库，方正字库等，这些字体是进行再设计的良好素材。

2. 文字处理

Photoshop 中的文字处理工具包括横排处理工具和直排处理工具等，可以根据设计作品的版面安排需要选择合适的排列方式。激活文字工具，其属性栏如图 3-3 所示。

在激活文字工具时，在图层面板中会自动生成一个新文字图层，并且把文字光标定义在这一层内，但是多数情况下，使用滤镜等命令处理文字，必须栅格化图层。

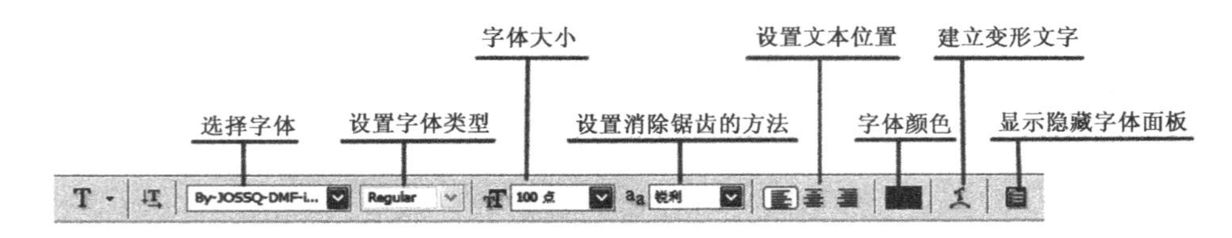

图 3-3　字体属性栏

如果需要输入整段的文字，首先激活文字工具，然后在文件中单击鼠标左键并拖动鼠标形成文本区域；要退出文本编辑模式必须单击属性栏中的“确定”按钮或者使用 Ctrl+Enter；如果要取消或者删除文本，单击选项条中的“取消”按钮或者使用 Esc。

3.2.2　图层的特点

1. 图层概念

在 Photoshop 中经常会使用到图层，通过下面的图例不难了解它的概念。

可以把图层设想为一张一张叠起来的透明胶片，每张胶片上面分别绘制了组成这个画面的各个部分。当每个胶片都有图像时，我们从上而下俯视所有图层的时候就能形成图像的显示效果。单击菜单“窗口→图层”命令，打开图层面板，如图 3-4、图 3-5 所示。

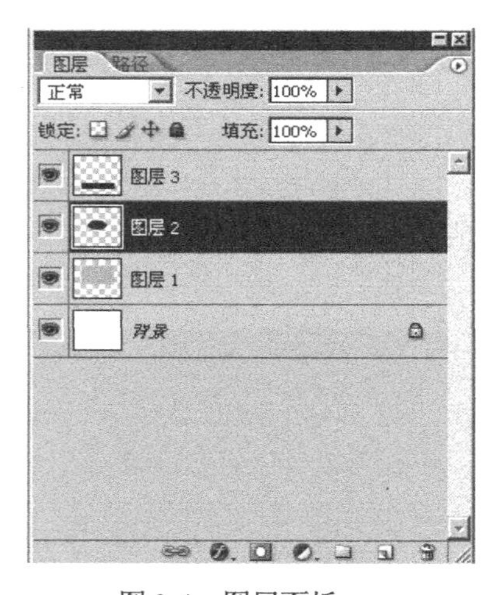

图 3-4　图层面板

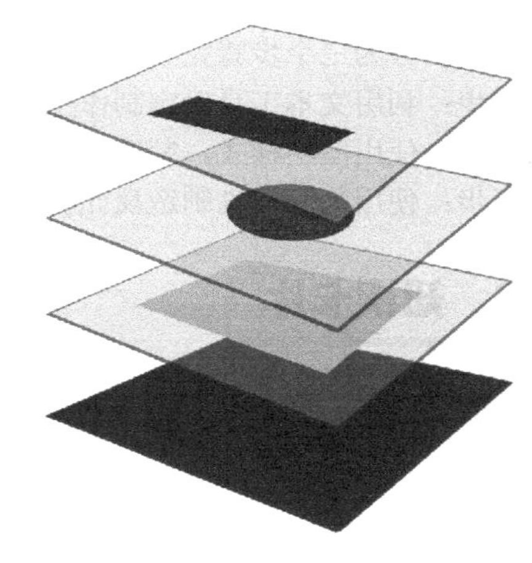

图 3-5　图层示意图

（1）图中加背景层在内一共有四个图层，把每个图层想象为一个透明胶片，则每个胶片与图层面板上的图层应该是一一对立的，从上而下的俯视效果如图 3-6 所示。

因此图层有上下关系，上面的图层永远遮挡下面的图层，如果将图层调整位置，就会出现不同的效果，如图 3-7、图 3-8 所示。

（2）图层可以合并，但是合并图层是一个不可恢复的命令。合并图层后就不能根据分层的方式继续处理图像，因此建议用户谨慎合层。

（3）图层可以独立移动，每个图层都可以改变它在整个被处理图像中的位置，而又不影响到其他图层。每个图层都是相对独立的，如图 3-9、图 3-10 所示。

图 3-6　图层俯视图

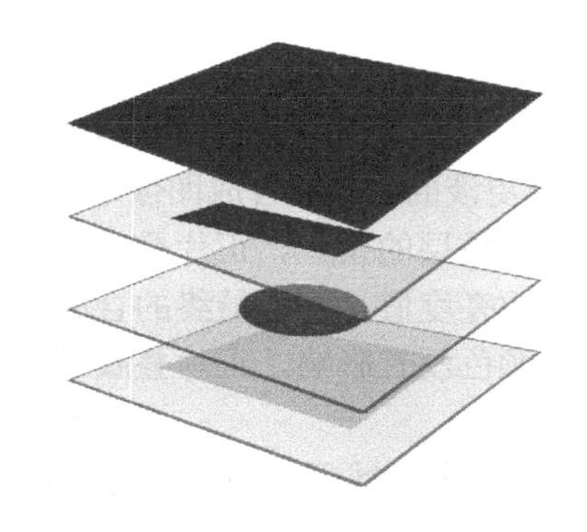

图 3-7　调整图层上下关系

图 3-8　调整图层上下关系后俯视效果

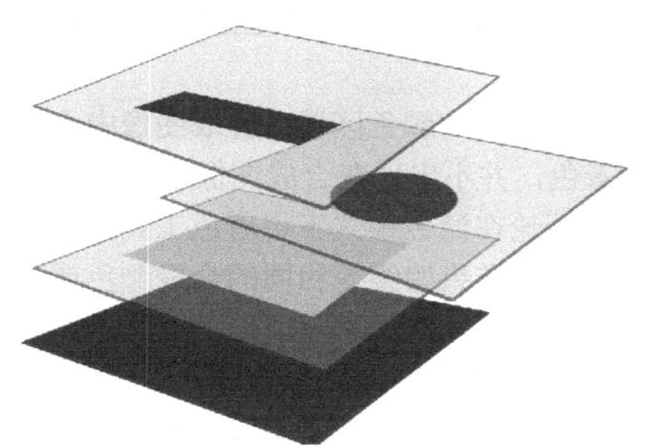

图 3-9　改变图层位置

图 3-10　改变图层位置后俯视效果

（4）浮动面板是处理图层的快捷界面方式，用户可以通过它将复杂的图层操作简单化，如图 3-11 所示为图层的浮动面板。

2．图层模式简介

（1）正常模式：因为在 Photoshop 中颜色是当做光线处理的（而不是物理颜料），在正常模式下形成的合成或着色作品中不会用到颜色的相减属性。在正常模式下，永远也不可能得到一种比混合的两种颜色成分中最暗色更暗的混合色了。

（2）溶解模式：当定义溶解模式为层的混合模式时，将产生不可预知的结果。因此，这个模式最好是同 Photoshop 中的着色应用程序工具配合使用。

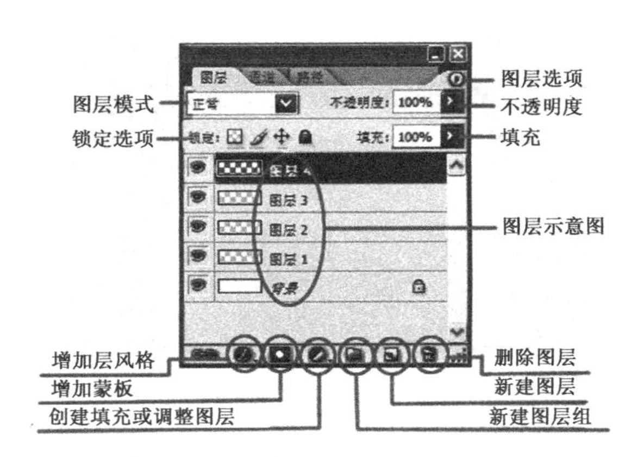

图 3-11 图层界面的快捷方式

（3）变暗模式：在此模式下，仅采用了当前层上的颜色（或变暗模式中应用的着色）比背景颜色更暗的这些层上的色调。这种模式导致比背景颜色更淡的颜色从合成图像中去掉。

（4）正片叠底模式：这种模式可用来着色并作为一个图像层的模式。正片叠底模式从背景图像中减去原材料（不论是在层上着色还是放在层上）的亮度值，得到最终的合成像素颜色。在正片叠底模式中应用较淡的颜色对图像的最终像素颜色没有影响。正片叠底模式模拟阴影是很理想的。

（5）颜色加深模式：除了背景上的较淡区域消失，且图像区域呈现尖锐的边缘特性之外，这种颜色加深模式创建的效果类似于由正片叠底模式创建的效果。

（6）线性加深：在“线性加深”模式中，查看每个通道中的颜色信息，并通过减小亮度使“基色”变暗以反映混合色。如果将“混合色”与“基色”上的白色混合，将不会产生变化。

（7）变亮模式：在这种与变暗模式相反的模式下，较淡的颜色区域在合成图像中占主要地位。在层上的较暗区域，或在变亮模式中采用的着色，并不出现在合成图像中。

（8）滤色模式：滤色模式是正片叠底的反模式。无论在滤色模式下用着色工具采用一种颜色，还是对滤色模式指定一个层，原图像同背景合并的结果始终是相同的合成颜色或一种更淡的颜色。此屏幕模式对于在图像中创建霓虹辉光效果是有帮助的。

（9）颜色减淡模式：除了指定在这个模式的层上边缘区域更尖锐，以及在这个模式下着色的笔画之外，颜色减淡模式类似于滤色模式创建的效果。另外，不管何时定义颜色减淡模式混合前景与背景像素，背景图像上的暗区域都将会消失。

（10）线性减淡模式：在“线性减淡”模式中，查看每个通道中的颜色信息，并通过增加亮度使基色变亮以反映混合色。但是不要与黑色混合，因为它们之间是不会发生变化的。

（11）叠加模式：这种模式以一种非艺术逻辑的方式把放置或应用到一个层上的颜色同背景色进行混合，却能得到有趣的效果。为了使背景图像看上去好像是同设计文本一起拍摄的，叠加可用来在背景图像上画上一个设计文本。

（12）柔光模式：柔光模式根据背景中的颜色色调，把颜色用于变暗或加亮背景图像。例如，如果在背景图像上涂了 50%的黑色，这是一个从黑色到白色的梯度，着色时梯度的较暗区域会变得更暗，而较亮区域则呈现出更亮的色调。

（13）强光模式：除了根据背景中的颜色而使背景色是多重的或屏蔽的之外，这种模式实质上同柔光模式是一样的，它的效果要比柔光模式更强烈一些。同叠加一样，这种模式也可以在背景对象的表面模拟图案或文本。

（14）亮光模式：通过增大或减小对比度来加深或减淡颜色，具体取决于混合色。如果混合色（光源）比50%灰色亮，则通过减小对比度使图像变亮；如果混合色比 50%灰色暗，则通过增大对比度使图像变暗。

（15）线性光模式：通过减小或增大亮度来加深或减淡颜色，具体取决于混合色。如果混合色（光源）比50%灰色亮，则通过增大亮度使图像变亮；如果混合色比 50%灰色暗，则通过减小亮度使图像变暗。

（16）点光模式：“点光”模式其实就是替换颜色，其具体取决于“混合色”。如果“混合色”比 50%灰色亮，则替换比“混合色”暗的像素，而不改变比“混合色”亮的像素。如果“混合色”比 50%灰色暗，则替换比“混合色”亮的像素，而不改变比“混合色”暗的像素。这对于向图像添加特殊效果非常有用。

（17）实色混合模式：这个模式是图像进行高强度的混合的模式。

（18）差值模式：在使用差值模式时，利用图层上的中间色调着色是非常理想的。这种模式可以创建背景颜色的相反色彩。

（19）排除模式：这种模式产生一种比差值模式更柔和、更明亮的效果。无论是差值还是排除模式都能使人物或自然景色图像产生更真实或更吸引人的图像合成效果。

（20）色相模式：在这种模式下，可保持两个图层的饱和度或亮度不变，仅影响它的色调即层的色值或着色的颜色将代替底层背景图像的色彩。

（21）饱和度模式：此模式使用层上颜色（或用着色工具使用的颜色）的强度（颜色纯度），且根据颜色强度强调背景图像上的颜色。

（22）颜色模式：“颜色”模式能够使用“混合色”颜色的饱和度值和色相值同时进行着色，而使“基色”颜色的亮度值保持不变。

（23）亮度模式：“亮度”模式能够使用“混合色”颜色的亮度值进行着色，而保持“基色”颜色的饱和度和色相数值不变。

3. 图层的操作

（1）新建图层

在图层菜单中选择“新建图层”项，也可以在图层面板下方选择新建图层或者新建图层组按钮，如图 3-12 所示。

（2）复制/删除图层

当需要复制一个完全相同的图层的时候，在选中该图层后，单击鼠标右键选择复制图层或者删除图层选项，如图 3-13 所示。

（3）删格化图层

输入文字产生的文字图层，不能直接在上面进行绘画工具和滤镜的处理。如果需要在这些图层上进行操作，首先要栅格化图层，把这些文字图层的内容转换为平面的光栅图像，如图 3-14 所示。

栅格化文字图层有两个方法，一是可以选中图层，单击鼠标右键选择“栅格化图层”命令，二是在单击菜单“图层→栅格化→文字”命令即可。

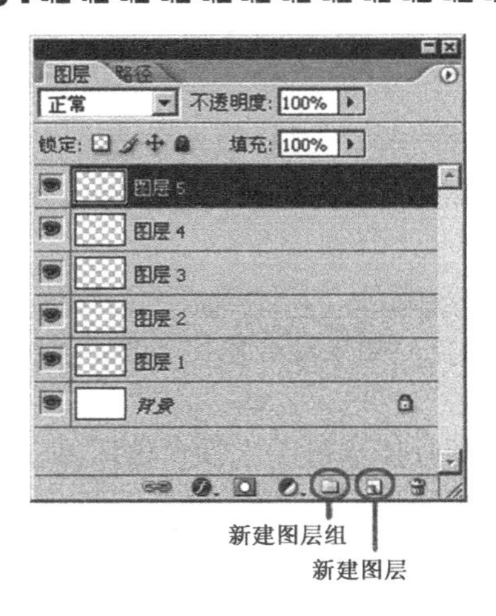

图 3-12 图层快捷按钮

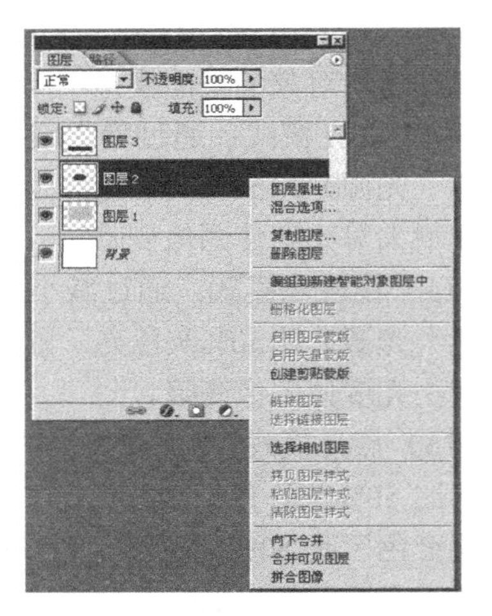

图 3-13 图层快捷命令

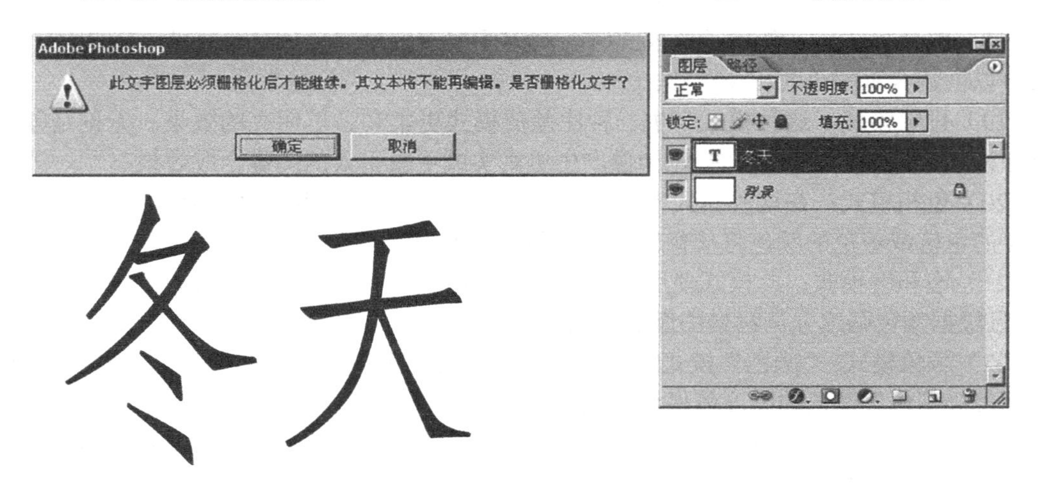

图 3-14 栅格化图层对话框

（4）合并图层

在进行设计的时候，很多的图形分布在不同的图层上面，对于一部分已经完成且不需要修改的图像就可以把它们合并在一起，这样就有利于对图层的管理，也减少文件的信息量。合并后的图层中所有透明区域的重叠部分仍保持透明。如果合并全部图层，可选择菜单中的“合并可见图层”与“拼合图层”命令，如果是其中几个图层合并则可以使用图层面板中显示隐藏的按钮，将不需要合并的图层隐藏，再使用菜单中的“合并可见图层”命令完成合并，如图 3-15 所示。

4. 图层属性与图层风格

图层的属性包括名称和在图层浮动面板中的颜色设置，单击菜单“图层→图层属性”命令，如图 3-16 所示。在此可以更改每个图层的名字并且设定它们的颜色，这样便于区别各层代表的内容。

单击菜单“图层→图层样式”命令，如图 3-17 所示图层样式面板中，有投影、内阴影、外发光、内发光、斜面和浮雕、等高线、纹理、光泽、颜色叠加、渐变叠加、图案叠

加、描边等。这些图层样式可以独自使用，也可以混合使用。合理搭配使用这些样式可以创造出千变万化的效果。

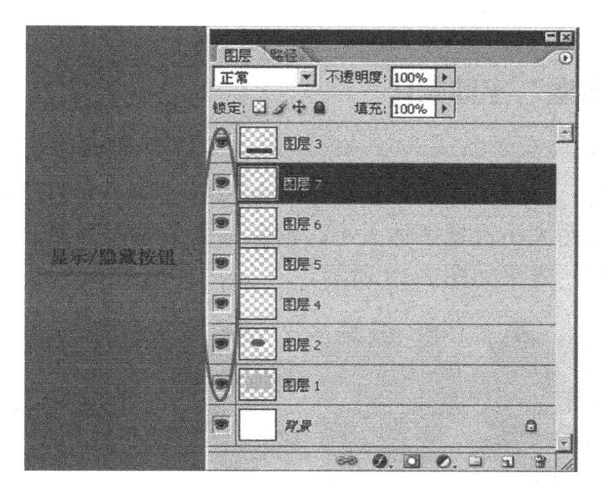

图 3-15　可见图层

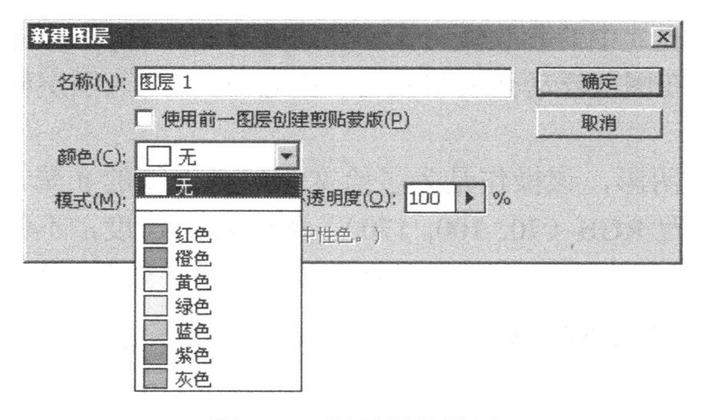

图 3-16　图层颜色设置

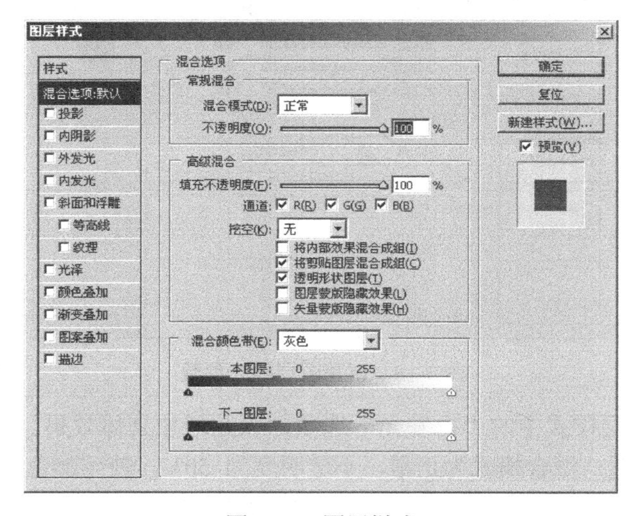

图 3-17　图层样式

3.3 实例解析

3.3.1 “珍惜水源”字体制作

实例操作步骤如下。

（1）新建一个文件，激活文本工具，在字体列表中选择较为粗圆的字体，这样有利于做出水润的效果。根据页面大小设置字体大小，消除锯齿。输入必要的文字，设置字体与文本颜色（R0, G160, B225），效果如图 3-18 所示。

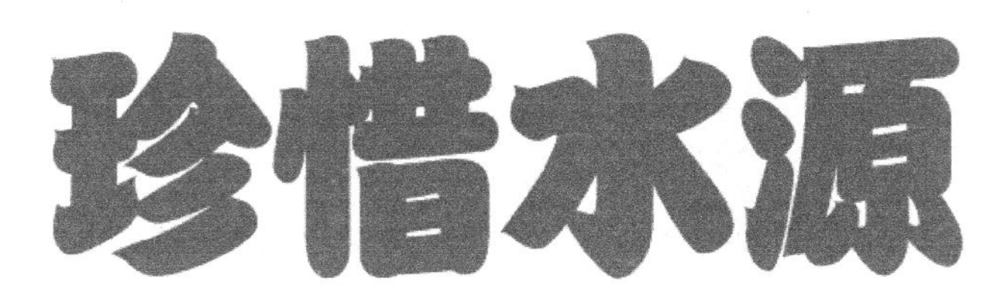

图 3-18　字体与颜色

（2）通过调整图层样式中的参数值制作字体的立体感觉。首先栅格化文字图层，将文字层改名为图层 1，然后在图层浮动面板中双击“图层 1”，进入图层样式对话框，如图 3-19 所示。

首先为图层添加内阴影，该操作是为了给文字加入淡淡的光晕，在内阴影的参数内输入：模式为正常，颜色为 RGB（70, 100, 170），角度为 120 度，不使用全局光，距离为 10 像素，阻塞 70%，大小为 5 像素。单击“确定”按钮，效果如图 3-20 所示。

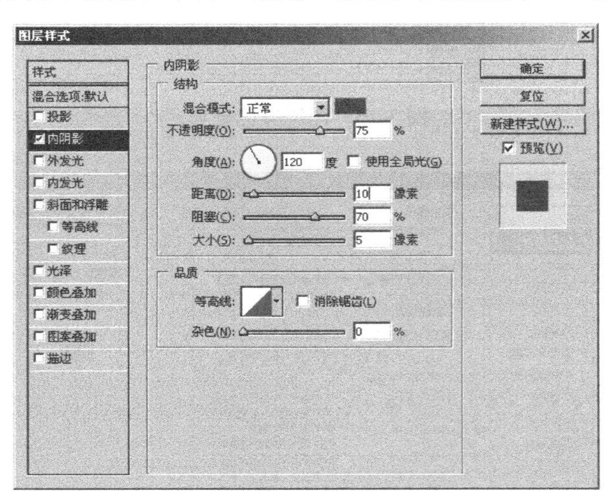

图 3-19　调整图层样式参数

（3）继续选择图层样式中的“内发光”选项，以此增加立体效果。

内发光的参数设置：混合模式为正常，不透明度为 50%，使用颜色为单色 RGB（10, 60, 80），方法为柔和，源为边缘，阻塞为 25%，大小为 10 像素，范围是 60%，抖动为 50%，如图 3-21 所示。

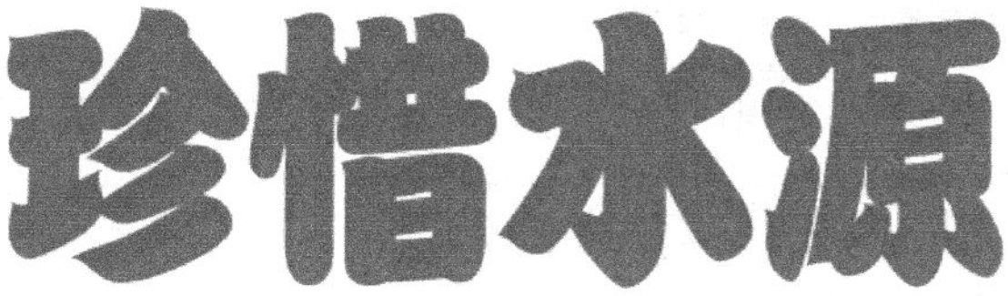

图 3-20　为图层添加内阴影效果

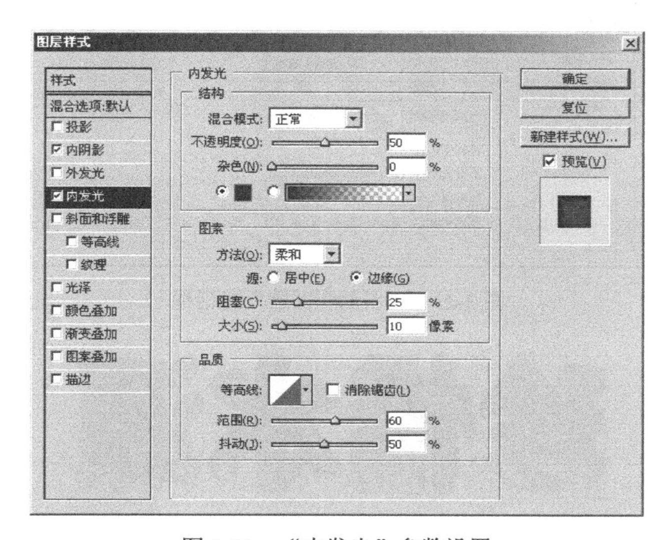

图 3-21　“内发光”参数设置

在调整参数时，打开“预览”选项，可以根据实际需要和图的大小进行调整。单击“确定”按钮，效果如图 3-22 所示。

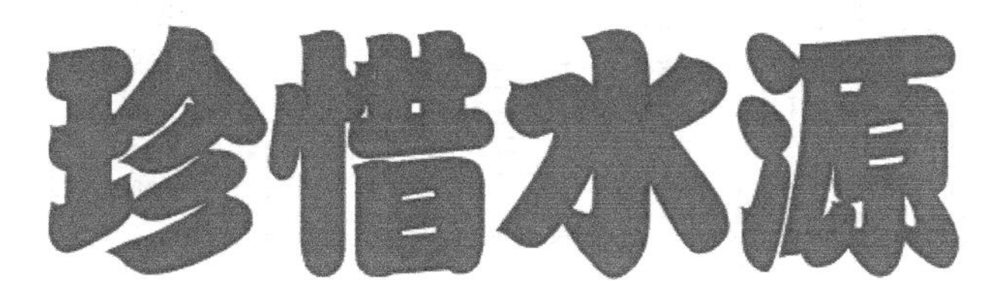

图 3-22　“内发光”效果

（4）选择“斜面和浮雕”样式进一步强化立体效果。

如图 3-23 所示，将其参数设定为：结构为内斜面，方法为平滑，深度为 70%，方向向上，大小为 40 像素，软化为 5 像素，阴影设置为角度 120 度，使用全局光，高度为 30 度，高光颜色为滤色，不透明度为 0%，阴影模式为颜色减淡，颜色输入一种接近白色的粉色 RGB（255, 250, 250），不透明度为 40%，单击“确定”按钮后效果如图 3-24 所示。

（5）继续选择“渐变叠加”样式来增加字体的透明度。

如图 3-25 所示，设置其参数为：混合模式为正常，不透明度改为 70%，编辑渐变，选择从白色渐变到透明色，选择反向，样式为线性，选择与图层对齐，角度为 90 度，缩放为 135%，如图 3-25 所示设置参数，单击“确定”按钮，效果如图 3-26 所示，尽显透明质感。

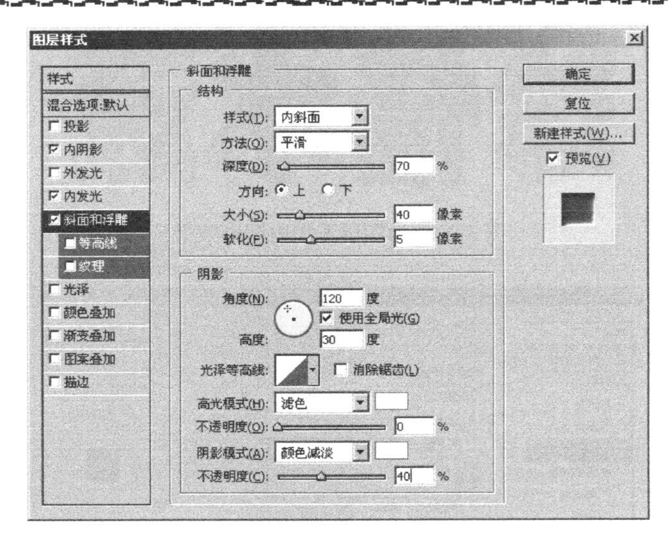

图 3-23　“斜面和浮雕”对话框

图 3-24　添加“斜面和浮雕”后效果

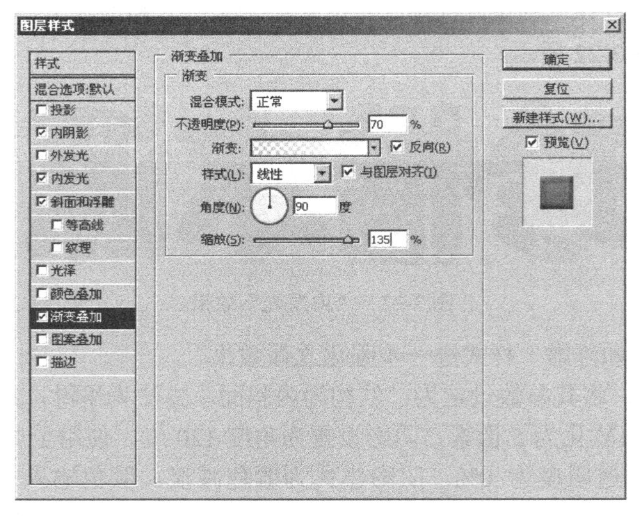

图 3-25　“渐变叠加”对话框

（6）为使效果更加强烈，可以把边缘加深。

如图 3-27 所示，选择“描边”样式，大小视图片预览效果而定，位置在内部，混合模式为正常，不透明度为 40%，填充颜色为 RGB（20, 80, 100），单击“确定”按钮后效果如图 3-28 所示。

图 3-26　添加“渐变叠加”后效果

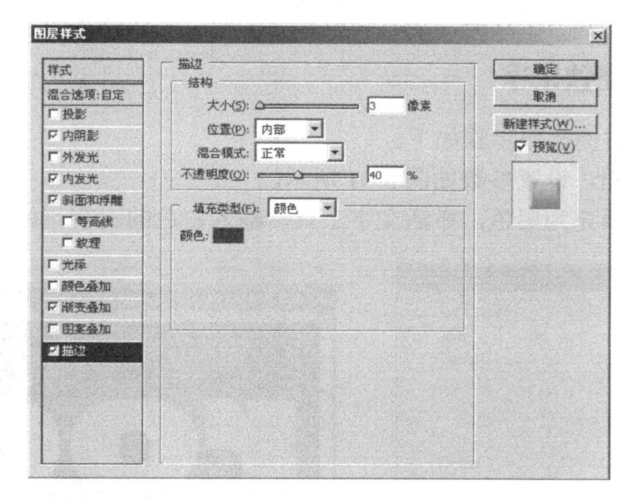

图 3-27　“描边”样式对话框

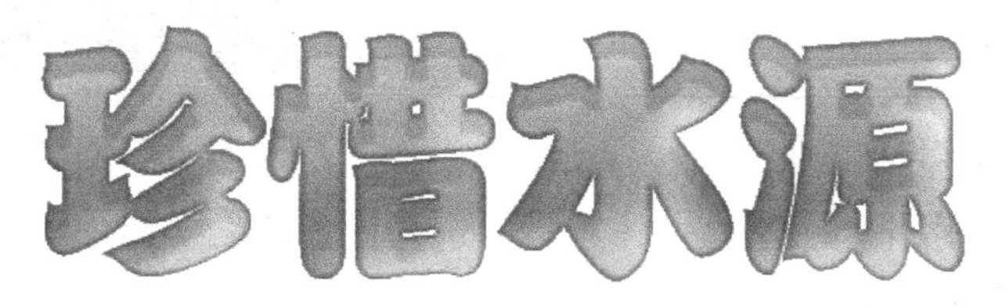

图 3-28　添加“描边”后效果

（7）下面要制作强烈的高光效果。

按住 Ctrl 键，单击图层 1，载入文字图层的选区，新建图层，命名为“图层 2”。

用键盘的方向键分别向上和向左移动两次，再按住 Ctrl+Alt，单击文字层，从选区中把文字图层的范围删除，将剩下的区域填充为白色，移动白色范围到文字内部的合适位置，使用高斯模糊使其柔和，效果如图 3-29 所示。

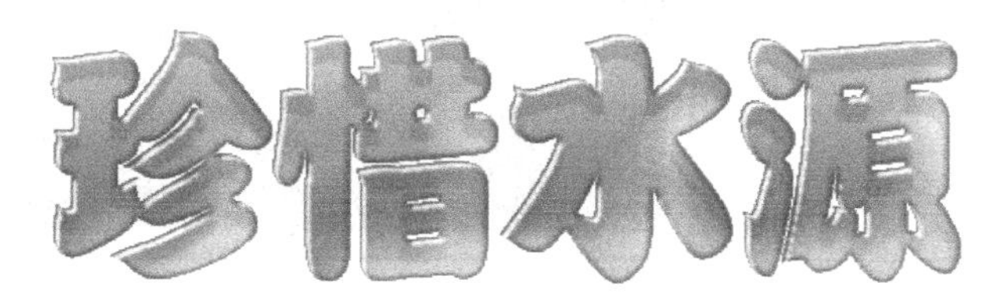

图 3-29　高光效果

（8）将图层 1、2 合并，命名为图层 A。

复制图层 A 并将副本命名为图层 B，将图层 B 放置于图层 A 的下方，并向下和右移动少许位置，单击菜单“滤镜→模糊→高斯模糊”命令，效果如图 3-30 所示。

图 3-30　执行“高斯模糊”命令后合成效果

（9）将设计好的半透明字体放置在合适的图片上面，设计就完成了，如图 3-2 所示。

3.3.2　金属挖空效果字

金属挖空效果字实例操作步骤如下。

（1）新建一个文档，设置参数如图 3-31 所示。

（2）将背景图层填充为黑色，激活文字工具，输入白色的文字，如图 3-32 所示。

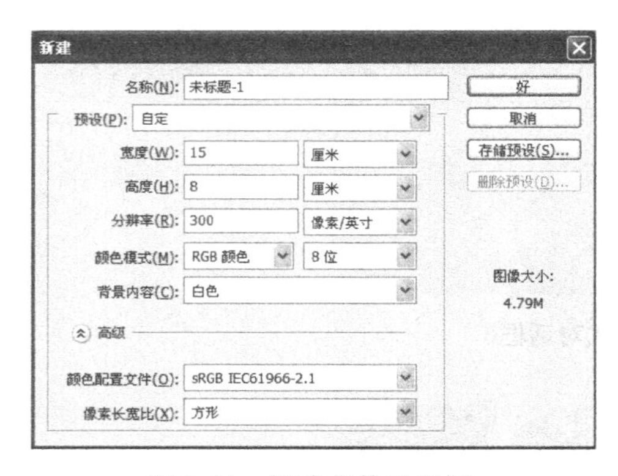

图 3-31　新建文件对话框

图 3-32　输入白色的文字

3．将文字图层栅格化，激活魔术棒工具，选择白色的文字部分。激活线性渐变工具，如图 3-33 所示设置参数，单击“好”按钮，效果如图 3-34 所示。

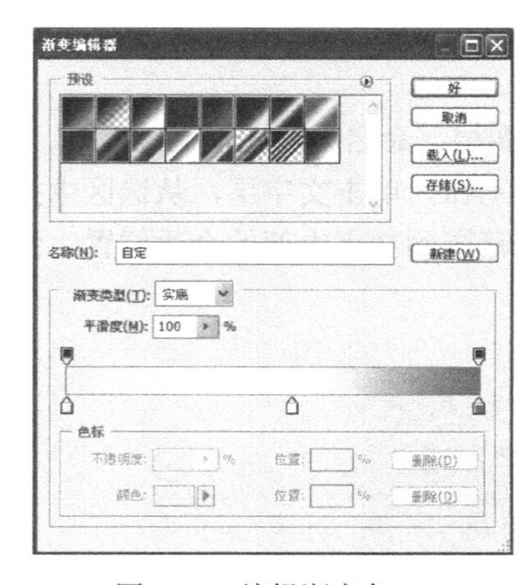

图 3-33　编辑渐变色

图 3-34　填充渐变色效果

（4）双击该图层，打开“图层样式”对话框，如图 3-35 所示设置参数。单击“好”按钮，效果如图 3-36 所示。

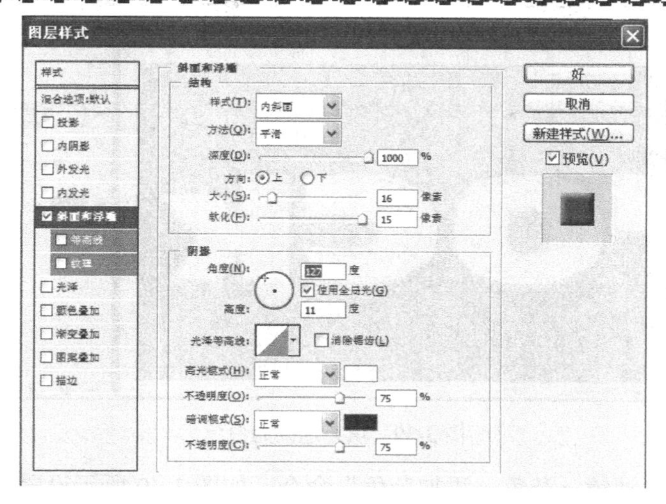

图 3-35　图层样式对话框

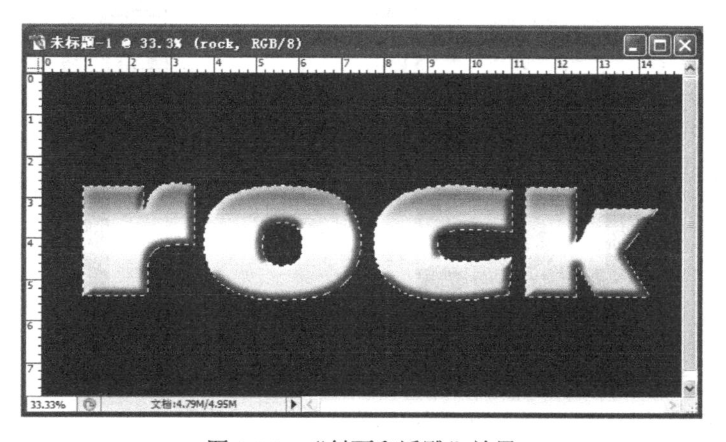

图 3-36　“斜面和浮雕”效果

（5）继续保持选区，单击菜单“选择→修改→收缩”命令，如图 3-37 所示设置参数。单击“好”按钮，效果如图 3-38 所示。

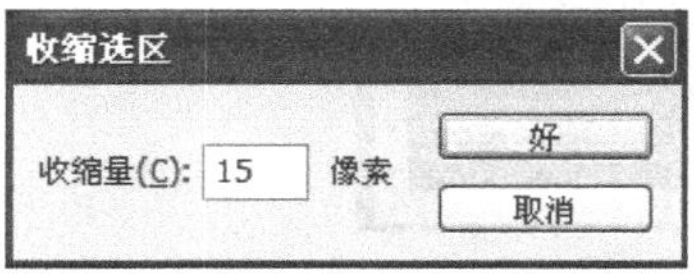

收缩选区

收缩量(C): 15 像素　好　取消

图 3-37　“收缩”命令对话框

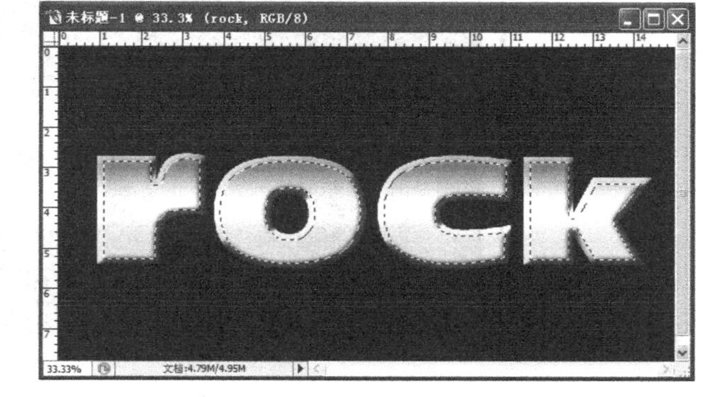

图 3-38　执行“收缩”命令效果

（6）新建一个图层，将选择的区域填充为白色，效果如图 3-39 所示。

图 3-39　填充选区为白色

（7）单击菜单“滤镜→杂色→添加杂色”命令，如图 3-40 所示设置参数。

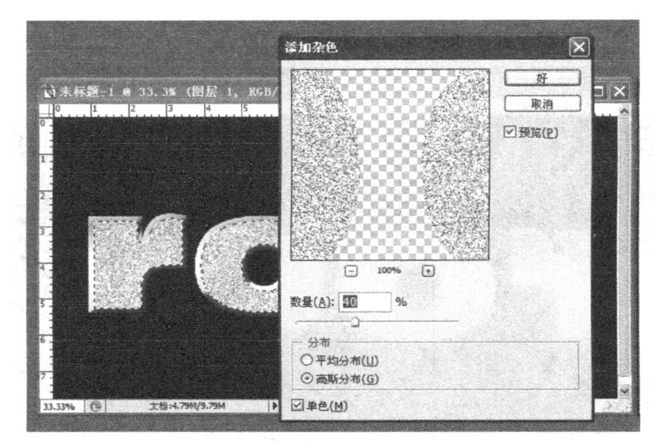

图 3-40　“添加杂色”命令对话框

（8）重复这个数值进行一次添加杂色，效果如图 3-41 所示。

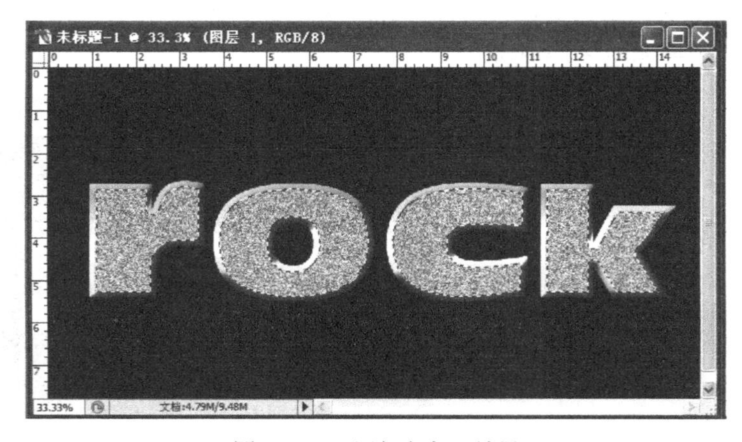

图 3-41　“添加杂色”效果

（9）单击菜单“滤镜→杂色→蒙尘与划痕”命令，如图 3-42 所示设置参数。

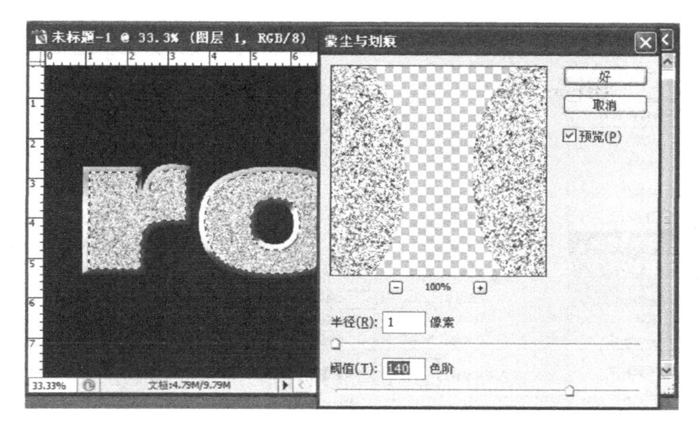

图 3-42　“蒙尘与划痕”命令对话框

（10）单击菜单“滤镜→风格化→浮雕效果”命令，如图 3-43 所示设置参数。

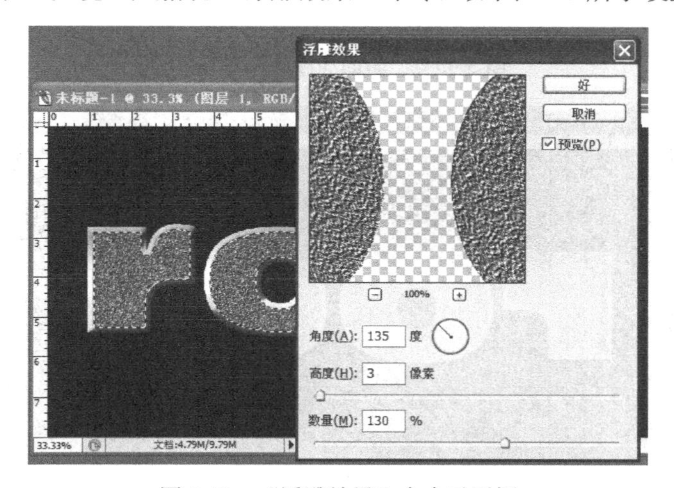

图 3-43　“浮雕效果”命令对话框

（11）单击菜单“图像→调整→亮度/对比度”命令，如图 3-44 所示设置参数。

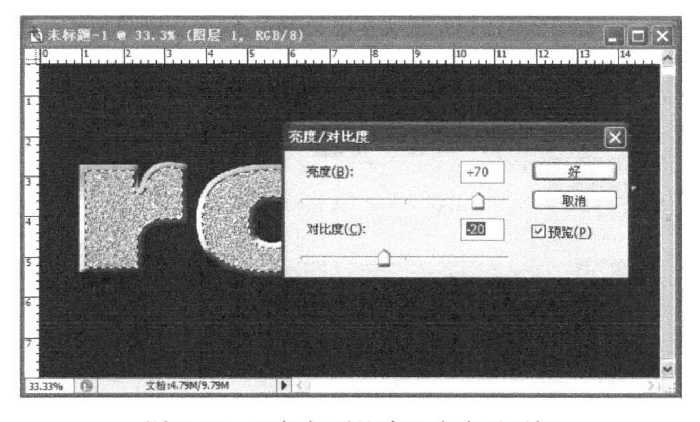

图 3-44　“亮度/对比度”命令对话框

（12）双击该图层，打开“图层样式”对话框，如图 3-45 所示设置参数。单击“好”按钮，效果如图 3-46 所示。

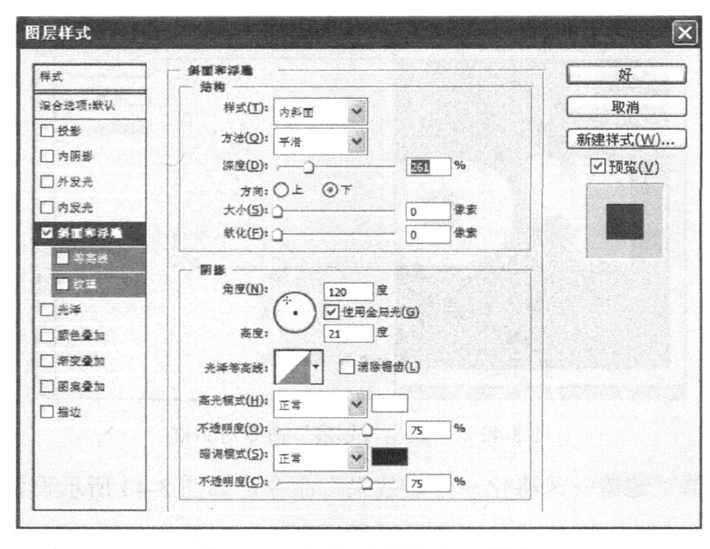

图 3-45　“斜面和浮雕”对话框

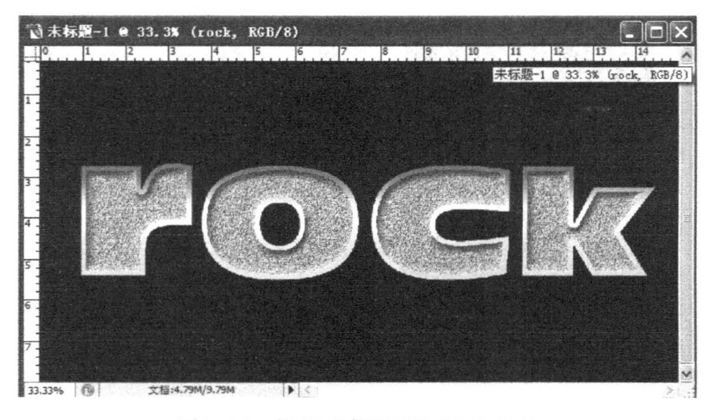

图 3-46　执行“斜面和浮雕”效果

（13）继续选择“内阴影”选项，如图 3-47 所示设置参数。单击“好”按钮，效果如图 3-48 所示。

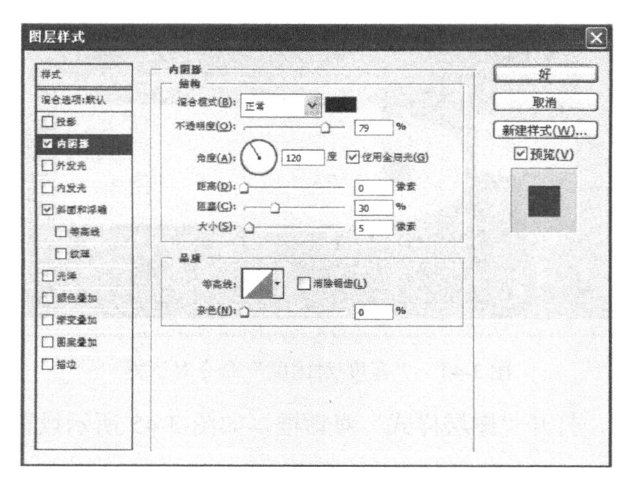

图 3-47　“内阴影”对话框

图 3-48　执行“内阴影”效果

（14）新建一图层，激活毛笔工具，打开画笔面板，如图 3-49 所示调整笔刷形状。在画面画上一笔，再次调整画笔，旋转 90 度。改变前景色，复制一定数量的闪光到画面的各个地方，制造出星光熠熠的效果，如图 3-50 所示。

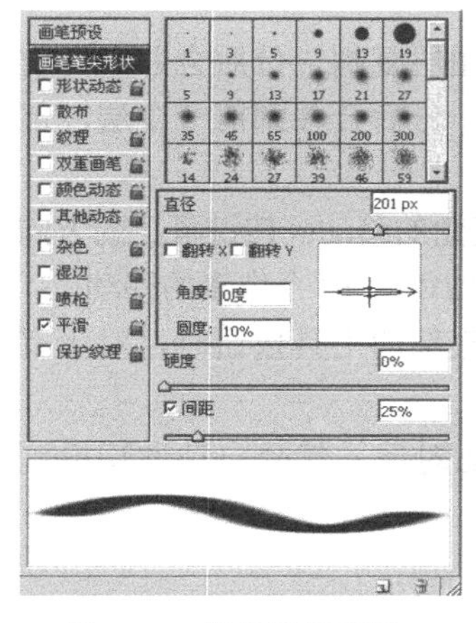

图 3-49　调整笔刷形状　　　　图 3-50　添加笔刷效果

（15）将前景色和背景色分别设定为黑色与 70%的灰色，将黑色背景填充为 70%灰。单击菜单“滤镜→素描→半调图案”命令，如图 3-51 所示设置参数。单击“确定”按钮，效果如图 3-52 所示。

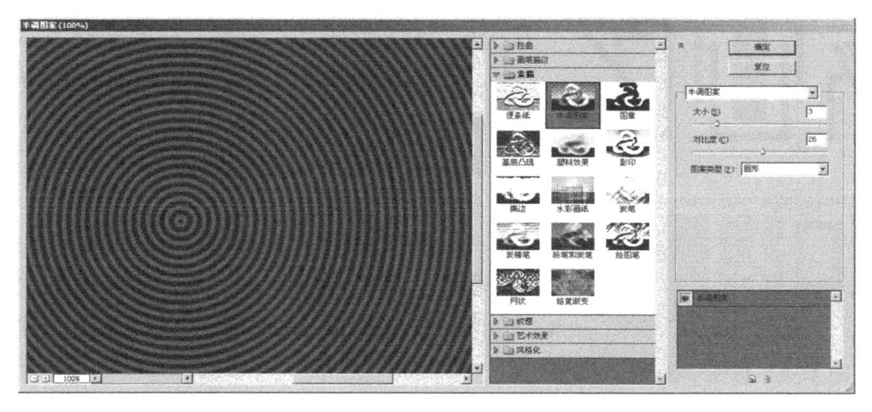

图 3-51　“半调图案”命令对话框

图 3-52　最终效果

3.4　常用小技巧

（1）合并可见图层时，按 Ctrl+Alt+Shift+E 键可把所有可见图层复制一份后合并到当前图层。同样可以在合并图层的时候按住 Alt 键，会把当前层复制一份后合并到前一个层，但是“Ctrl+Alt+E”这个热键这时并不能起作用。

（2）移动图层和选区时，按住 Shift 键可做水平、垂直或 45 度角的移动；按键盘上的方向键可做每次 1 个像素的移动；按住 Shift 键后再按键盘上的方向键可做每次 10 个像素的移动。

（3）在图层、通道、路径调板上，按住 Alt 键单击这些调板底部的工具按钮时，对于有对话框的工具可调出相应的对话框更改设置。

（4）按下 Ctrl 键的同时，激活移动工具，单击某个图层上的对象，就会自动地切换到该对象所在的图层。

3.5　相关知识链接

1．字体设计范围

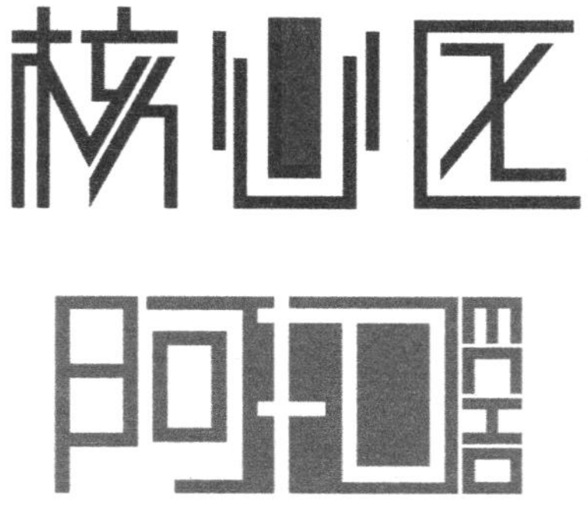

图 3-53　装饰字体

一般的字体设计范围在书法字体、装饰字体、英文字体三个方面，如图 3-53 所示。

书法字体：在 VI 设计中具有易识别的特点，如海尔、中国银行等。书法在我国拥有 3000 多年的历史，其独特的表现形式为字体设计提供了很多依据与素材。

装饰字体：装饰字体是在基本字形体结构的基础上进行的美化加工，具有美观大方和应用范围广泛的特点，如“太太口服液”的标志。

英文字体：企业的 LOGO 多为中、英文两种，这样便于企业文化的推广，也便于在不同国家和地区广告的宣传使用，如可口可乐。

2. 字体设计原则

文字的个性：要使设计符合被设计物体的的风格特征。文字的设计如果与被设计物体的属性不吻合，就不能完整地表达出其性质，也就失去了设计的意义。一般来说可分为简洁现代、华丽高雅、古朴庄重、活泼俏皮、清新明快等（如图3-54所示）。

图3-54　个性字体

文字的可读性：文字存在的意义就是向设计的阅读者提供意识和信息。我们在设计中要达到这个效果就要考虑整体的诉求效果，要给人以明确的意识。虽然设计要给人以独特的感觉，但是如果失去可读性，设计也就无从谈起，当然注定会以失败告终。

文字的美感：设计的美感在视觉传达的方面要突出设计的独特美，文字是画面的主要构成，具有传达设计情感的功能，因此首要的任务就是要带给欣赏人以美的感受。

字体的创造性：字体要与众不同，才能使观看设计的人产生深刻的印象，产生独具特色的视觉记忆。设计的时候应该从结构、笔画、组合、形体等多方面考虑，创造一种新颖特别的美感。这样才能让设计为人熟知和牢记，才能传达被设计物体的整体形象。

习题3

一、填空题

1. 选择____________命令可以打开或关闭图层面板。

2. Photoshop中常用的图层类型包括普通图层、__________、__________、__________和效果图层5种。

3. 单击图层面板底部的按钮____________，可以快速新建一个空白图层。

4. 图层样式效果中的阴影效果包括投影效果和____________两种。

5. 图层样式效果中的叠加效果包括颜色叠加、____________和图案叠加等3种。

二、问答题

1. 如何创建艺术字或段落文字？
2. 如何设置文字的字体、颜色、大小、字符间距等字符属性？

三、操作题

1. 临摹图 3-55 的字体效果（提示：使用滤镜（模糊、喷溅、浮雕）、图层样式、文字工具等）。

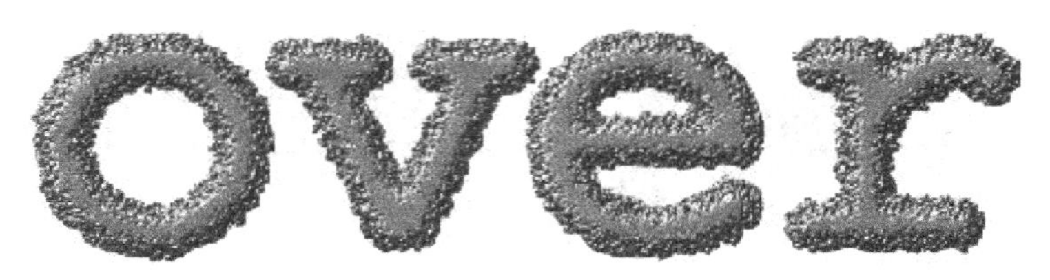

图 3-55

2. 临摹图 3-56 的字体效果（提示：使用图层样式，滤镜（塑料化）、文字工具等）。

图 3-56

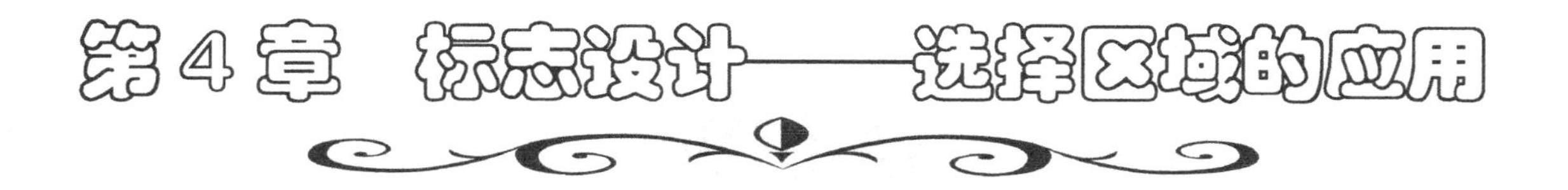

第4章　标志设计——选择区域的应用

标志的标准符号性质，决定了标志的主要功能是象征性、代表性。标志的功能主要是信息的传达。理想的传达效果是信息传达者使其图形化的传达内容与信息接收者所理解和解释的意义相一致。标志有如下特点：

- 突出商品个性化特征
- 保证质量信誉
- 认牌购货的作用
- 广告宣传
- 美化产品
- 国际交流
- 安全引导
- 具有的文化特点

4.1　Sense 设计工作室、曲家面馆标志设计案例分析

1．创意过程

图 4-1 所示为 Sense 设计工作室的标志，该工作室是由 5 位设计人员创建的，主要从事平面与环艺设计。“Sense”包含感觉、品位、灵感的含义。标志的主体以字母“S”与数字“5”相结合，彩色的矩形小方块象征工作室设计的多元化方向，丰富多彩的颜色给人新鲜、充满活力之感。

图 4-1　Sense 设计工作室标志

图 4-2 所示为曲家面馆标志，该面馆整体为中式风格，标志也配合中式风格为文字与图形相结合。标志的创意点为将“曲”字变形为中国古代祥云图案，祥云有吉祥、祥和之意，

具有中国古典图案独特的意境美。该图案也可理解成为一碗热气腾腾的面条，从而突出“曲家面馆”的主题。标志右下方为一方刻有店名的中国印，点明主题，呼应中式风格。

图 4-2　曲家面馆标志

云是中国图案上重要的装饰形象，流云常伴随着神仙、神兽、宝物等，犹如在眼前呈现一片笙歌悠扬、腾云驾雾的神幻气氛。它不仅形象上丰富生动，更使图标具有中国古典图案独特的意境美。

2．所用知识点

上面的标志中，主要用到了 Photoshop CS2 软件中的以下几个命令：

- 矩形选框
- 椭圆选框
- 套索工具
- 多边形套索工具
- 魔术棒工具

3．制作分析

标志的制作分为四步完成。

第一步：调研分析。

第二步：要素挖掘。

第三步：制作，调整。

第四步：定稿。

4.2 知识卡片

4.2.1 矩形选框的使用

工具箱中的选框工具是基本的创建选区工具，它们主要用来创建规则的选区。激活矩行选框工具，在画面中单击并拖动鼠标即可创建矩形选区，其属性栏如图 4-3 所示。

图 4-3　矩行选框工具属性栏

羽化：羽化的范围为 0～250 像素，羽化值越高，羽化范围就越大。
样式：在该选项的下拉选项中包括正常、固定长宽比、固定大小三个选项。
切换宽度与高度：单击该选项可转换宽度与高度数值栏中的数值。

4.2.2　椭圆选框的使用

激活椭圆选框工具，在画面中单击并拖动鼠标即可创建椭圆选区或圆形选区。选择该工具后，工具栏中会显示出该工具的相关选项，如图 4-4 所示。

图 4-4　椭圆选框工具属性栏

消除锯齿：在 Photoshop 中创建圆形、多边形等选区时，其边缘容易产生锯齿，选中消除锯齿选项，系统会在选区边缘一个像素范围内添加与周围的像素相近的颜色，从而使选区看上去光滑。

4.2.3　单行与单列选框的使用

激活单行选框工具与单列选框工具，在画面中单击并拖动鼠标即可创建一个像素宽或一个像素高的选区。图 4-5 为使用单行选框工具创建选区及填充的效果，图 4-6 为使用单列选框工具创建选区及填充的效果。

图 4-5　单行选框

图 4-6　单列选框

4.2.4　套索工具的使用

套索工具可以创建任意形状的选区，激活该工具后，在画面中单击并拖动鼠标，放开鼠标后光标经过的区域为创建的选区，如图 4-7 所示。绘制选区过程中，选区首尾结合效果如图 4-8 所示。套索工具中工具属性栏的选项与矩形选框工具的设置方法相同。

图 4-7　任意形状的选区绘制过程

图 4-8　任意形状的选区绘制

4.2.5　多边形套索工具的使用

多边形套索工具适合创建由直线构成的选区。选择该工具后，在对象的拐角处连续单击鼠标即可创建选区，如图 4-9 所示。绘制选区过程中，图 4-10 所示为选区首尾结合效果。多边形套索工具中工具属性栏的选项与矩形选框工具的设置方法相同。

图 4-9 直线选区绘制过程

图 4-10 直线选区绘制

4.2.6 魔术棒工具的使用

魔术棒工具用来选取颜色相同或相近的区域。激活该工具后，在颜色相同或相近的区域单击鼠标即可创建选区。魔术棒工具的属性栏如图 4-11 所示。

图 4-11 魔术棒工具属性栏

容差：用来设置魔术棒工具可选取的颜色范围，其值越大，包含的颜色范围越广。图 4-12 为容差值为 10 时创建的选区，图 4-13 为容差值为 20 时创建的选区。

图 4-12 容差值为 10 时创建的选区

图 4-13 容差值为 20 时创建的选区

连续：系统默认情况下该选项为被选中状态，此时该工具仅选取颜色连接的区域，其作用与菜单“选择”中的“扩大选取”命令一致，如图 4-14 所示；取消此项选择，可选取图像中与单击点颜色相近的所有区域，包括没有连接的区域，其作用与菜单“选择”中的“选取相似”命令一致，如图 4-15 所示。

图 4-14 使用“连续”选项

图 4-15 未使用“连续”选项

4.3 实例解析

4.3.1 Sense 设计工作室标志制作

Sense 设计工作室标志制作步骤如下：

（1）新建文件，尺寸为 21 厘米×29 厘米，分辨率为 300 像素/英寸，色彩模式为 CMYK。

（2）激活矩形选框工具，在画面中绘制如图 4-16 所示的选区。

（3）打开图层浮动面板，新建图层 1，激活填充工具，填充前景色，效果如图 4-17 所示。

图 4-16　绘制矩形选区

图 4-17　填充前景色

（4）新建图层 2，激活矩形选框工具，在画面中绘制如图 4-18 所示的选区，填充如图 4-19 所示颜色。

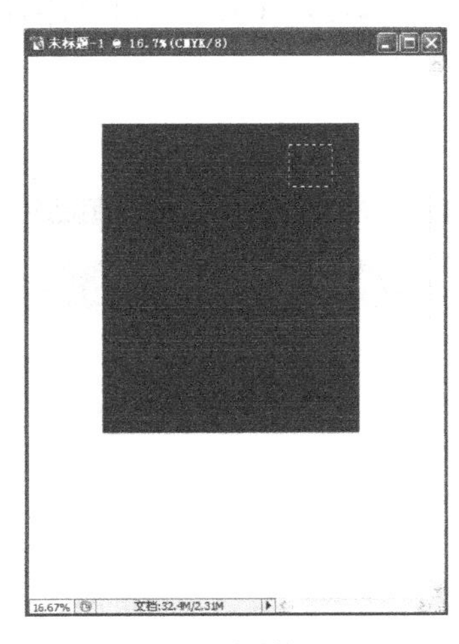

图 4-18　绘制矩形

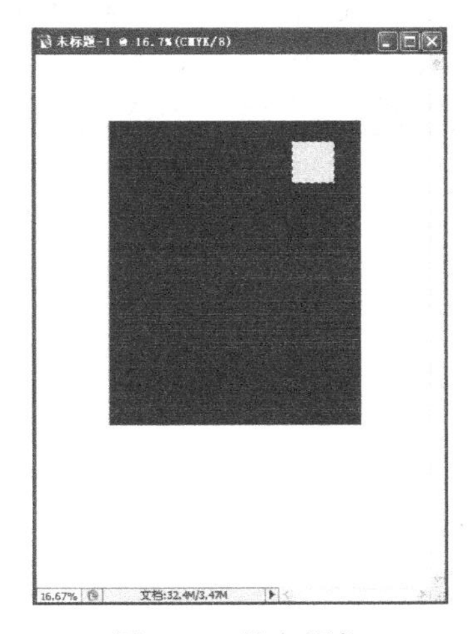

图 4-19　填充颜色

（5）复制图层 2，激活魔术棒工具，选中该图层中的矩形，并填充其他颜色。

（6）以此方式类推，制作效果如图 4-20 所示。

（7）激活横排文字工具，输入文字，最终效果如图 4-1 所示。

（8）在排列方形色块时，如图 4-21 所示，将图层链接在一起，单击菜单“图层→对齐链接图层/分布链接图层”中的命令，即可使横向与纵向排列均匀。

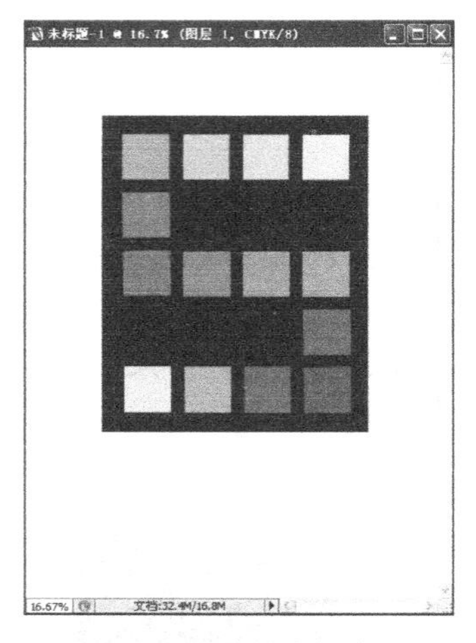

图 4-20 依次填充颜色

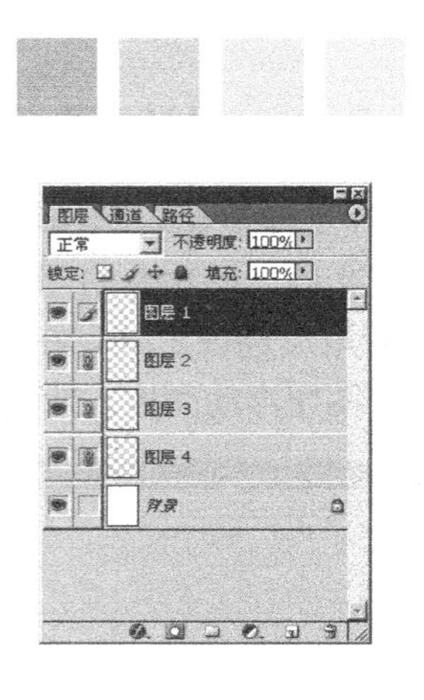

图 4-21 分布链接图层

4.3.2 曲家面馆标志中印章的制作

曲家面馆标志中印章的制作步骤如下。

（1）激活钢笔工具，单击其属性栏中的创建“路径”按钮，如图 4-22 所示，在画面中绘制如图 4-23 所示轮廓。

图 4-22 钢笔工具属性栏

（2）按住 Ctrl 键，单击路径调板中所创建的路径，如图 4-24 所示，即可将路径转换为选区，如图 4-25 所示。

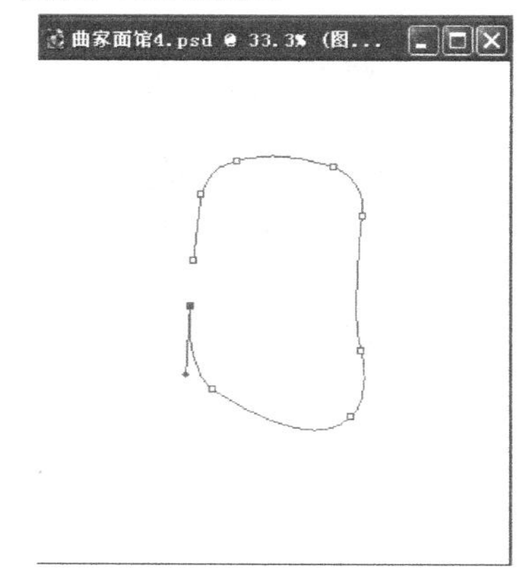

图 4-23 绘制路径

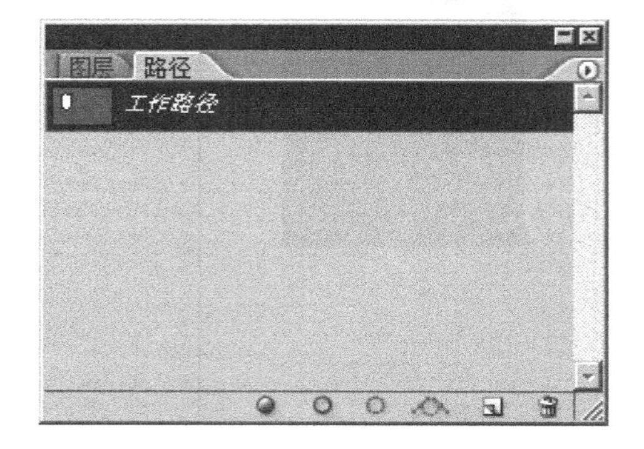

图 4-24 路径浮动面板

（3）激活填充工具，在选区内填充所选定的颜色，如图 4-26 所示。

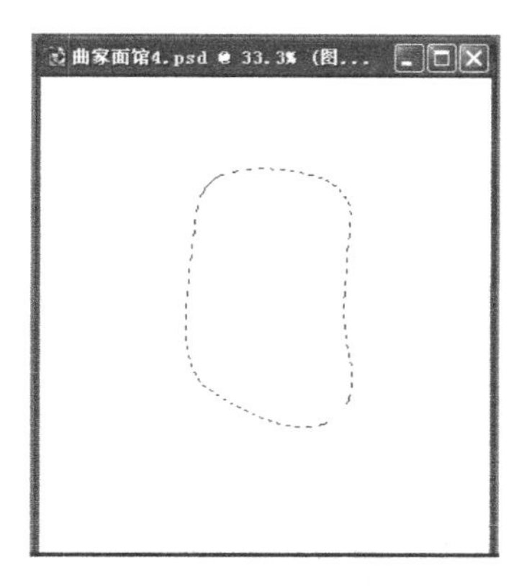

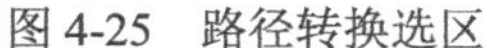

图 4-25　路径转换选区

图 4-26　填充选区

（4）激活文字工具，分别输入文字“曲”、“家”、“面”、“馆”，并选择合适字体，选定文字图层，调整文字的摆放位置，如图 4-27 所示。

图 4-27　印章效果

（5）激活钢笔路径工具，绘制其他文字并填充同样颜色，最终效果如图 4-2 所示。

4.3.3　ESI 公司标志设计案例分析

1．创意过程

如图 4-28 所示，ESI 公司标志设计以三叶草为元素，加以变形组合。ESI 公司致力于开发 CDM 项目，减少温室气体的排放。三叶草作为多年生草本植物，有抗有毒气体污染的能力，是环保的绿色植物。二者都是环境能源系统的保卫者，所以用三叶草代表 ESI 的企业形象准确贴切。三叶草适应性好、生命力强，还能象征企业精神。

图 4-28　ESI 标志

这个公司标志是将三叶草的茎转化为向上的箭头，象征企业将蒸蒸日上，发展前景广阔。叶片由多部分组成，象征企业将通过整合开发中的各个方面因素来实现整体项目价值的最大化。

红色字母为公司全称，可读性强。红色象征热情活力，绿色蕴含健康、环保、有生命力。

整个标志色彩对比鲜明，视觉冲击力强。

2. 所用知识点

上面的标志中，主要用到了 Photoshop CS2 软件中的以下几个命令：

- 矩形选框
- 路径工具
- 文字工具

3. 制作分析

本标志的制作分为五部分：调研分析，要素挖掘，制作，调整，定稿。

4.3.4 实例解析

本实例操作步骤如下所示。

（1）新建文件，名称为 ESI，尺寸大小为 21 厘米×29 厘米，分辨率为 300 像素/英寸，色彩模式为 CMYK，如图 4-29 所示。

（2）激活矩形选框工具，在画面中绘制如图 4-30 所示的选区。

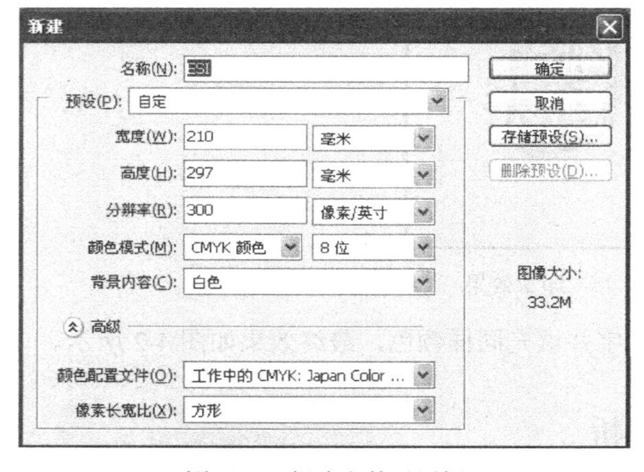

图 4-29 新建文件对话框

图 4-30 绘制选区

（3）新建图层 1，如图 4-31 所示。激活填充工具，填充选区效果如图 4-32 所示。

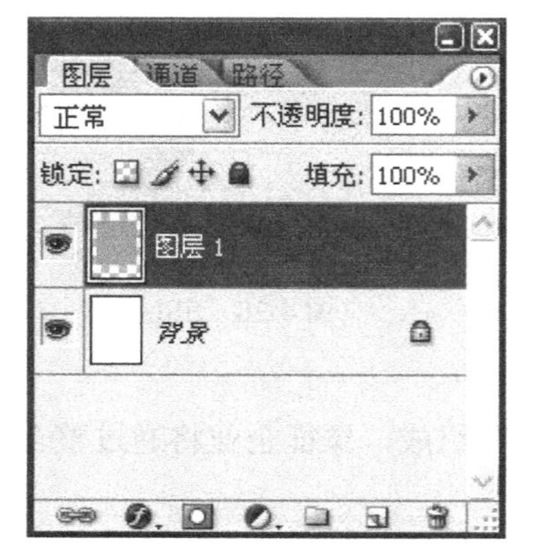

图 4-31 新建图层

图 4-32 填充选区效果

（4）新建图层 2，激活钢笔工具，隐藏图层 1，如图 4-33 所示。在画面中绘制如图 4-34 所示的图案。

图 4-33　隐藏图层 1

图 4-34　绘制图案

（5）显示图层 1，选择钢笔工具在画面中单击鼠标右键，选择“建立选区”选项，如图 4-35、图 4-36 所示。激活填充工具，填充效果如图 4-37 所示。

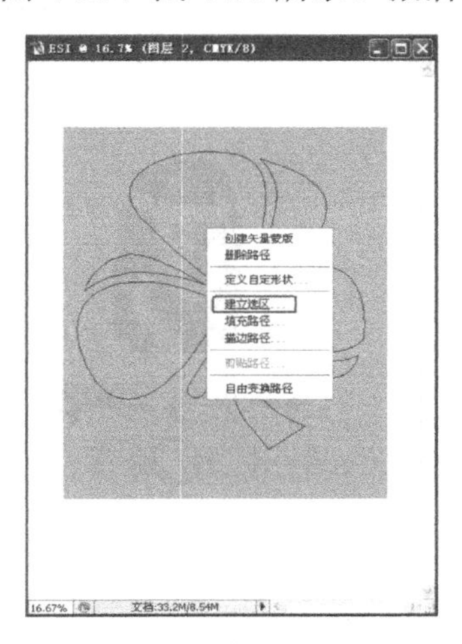

图 4-35　建立选区选项

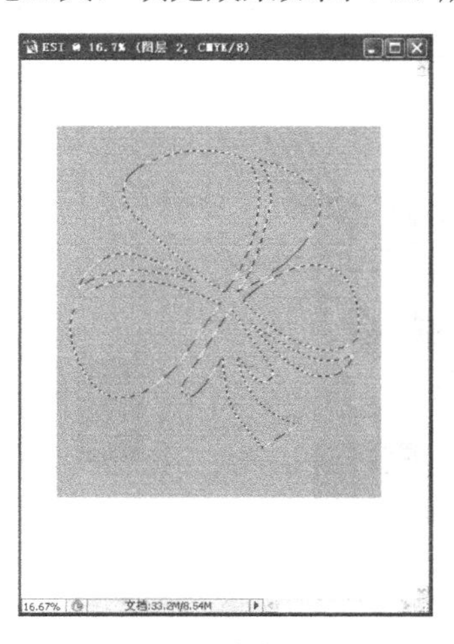

图 4-36　建立选区

图 4-37　填充效果

（6）激活横排文字工具，输入文字并进行调。对整体进行修改和调整，最终完成作品如图 4-28 所示。

4.4　常用小技巧

（1）在使用矩形选框工具时，按住 Alt 键单击并拖动鼠标将以单击点为中心向外创建选区；按住 Shift 键拖动鼠标可以创建正方形选区；同时按下 Alt 键和 Shift 键则可以从中心点向外创建正方形选区。

（2）在使用椭圆选框工具时，按住 Shift 键单击并拖动鼠标将创建圆形选区；按住 Alt 键单击并拖动鼠标将以单击点为中心向外创建选区；同时按下 Alt 和 Shift 键则可以从中心点向外创建圆形选区；同时按下 Shift 键和 M 键可进行圆形选框工具和椭圆选框工具的切换。

（3）在使用套索工具绘制选区的过程中，按住 Alt 键后松开鼠标左键，可切换为多边形套索工具，移动鼠标至其他区域单击可以绘制直线，放开 Alt 键可以恢复为套索工具。

（4）在使用多边形套索工具绘制选区的过程中，按下 Shift 键可以锁定水平、垂直、45°角为增量进行绘制。如果起点和终点没有重合，此时双击鼠标可结束绘制并在起点和终点处连接一条直线封闭选区；在绘制过程中，按住 Alt 键单击并拖动鼠标，可切换为套索工具，放开 Alt 键可以恢复为多边形套索工具。

4.5 相关知识链接

4.5.1 标志的类别与特点

1. 标志的类别

标志根据其使用功能的不同，大致可分为企业标志、商标、活动及会议标识、公共信息符号几大类。

根据形式的不同，可分为：图形标志，包括抽象图形标志、具象图形标志；以文字为创意核心的标志；综合创意标志及系列标志。如图 4-38、图 4-39、图 4-40、图 4-41 所示。

图 4-38 抽象图形标志　图 4-39 具象图形标志　图 4-40 文字标志　图 4-41 综合创意标志

2. 标志的特点

（1）功用性：标志的本质在于它的功用性。经过艺术设计的标志虽然具有观赏价值，但标志主要不是为了供人观赏，而是为了实用。标志是人们进行生产活动、社会活动必不可少的直观工具。

（2）识别性：标志最突出的特点是各具独特面貌，易于识别。显示事物自身特征，标志事物间不同的意义、区别与归属是标志的主要功能。

（3）显著性：显著性是标志又一重要特点，除隐形标志外，绝大多数标志的设置就是要引起人们注意。

（4）多样性：标志的种类繁多，用途广泛，无论从其应用形式、构成形式还是表现手法来看，都极其丰富。

（5）艺术性：凡经过设计的非自然标志都具有某种程度的艺术性。既符合实用要求，又符合美学原则，给人以美感，是对其艺术性的基本要求。一般来说，艺术性强的标志更能吸引和感染人，给人以强烈和深刻的印象。

（6）准确性：标志无论要说明什么，指示什么，无论是寓意还是象征，其含义必须准确。首先要易懂，符合人们的认识心理和认识能力；其次要准确，避免意料之外的多解或误解，尤其应注意禁忌。

（7）持久性：标志与广告或其他宣传品不同，一般都具有长期使用价值，不轻易改动。

4.5.2　标志的表现形式

（1）具象形式：基本忠实于客观物象的自然形态，经过提炼、概括和简化，突出与夸张其本质特征，作为标志图形。这种形式具有易识别的特点。

（2）意象形式：以某种物象的形态为基本意念，以装饰的、抽象的图形或文字符号来表现的形式。

（3）抽象形式：以完全抽象的几何图形、文字或符号来表现的形式。这种图形往往具有深邃的抽象含义、象征意味或神秘感。

4.5.3　标志设计的基本原则

标志设计的基本原则是简练、概括、完美。即要成功到几乎找不到更好的替代方案，其难度比其他任何艺术设计都要大得多。因此，标志设计应遵循以下的原则。

（1）设计应在详尽明了设计对象的使用目的、适用范畴以及有关法规等有关情况和深刻领会其功能性要求的前提下进行。

（2）设计须充分考虑其实现的可行性，针对其应用形式、材料和制作条件采取相应的设计手段。同时，还要顾及应用于其他视觉传播方式，如印刷、广告、影视等，或放大、缩小时的视觉效果。

（3）设计要符合作用对象的直观接受能力、审美意识、社会心理和禁忌。

（4）构思需慎重推敲，力求深刻、巧妙、新颖、独特，表意准确，能经受住时间的考验。

（5）构图要精练、美观、适形。

（6）图形、符号既要简练、概括，又要讲究艺术性。

（7）色彩要单纯、强烈、醒目。

（8）遵循标志艺术规律，创造性地探求合适的艺术表现形式和手法。

习题 4

一、填空题

1. 选框工具包括：__________工具，____________工具，___________工具，___________工具。

2. 在 Photoshop 中创建圆形、多边形等不规则选区时其边缘容易产生锯齿，选中___________选项，系统会在选区边缘 1 像素范围内添加与周围的像素相近的颜色，从而使选区看上去光滑。

3. 羽化的范围为 0～250 像素之间，羽化值越高羽化范围就越______。

4. 用来设置魔术棒工具可选取的颜色范围，容差值越大，包含的颜色范围越______。

5. 在使用矩形选框工具时，按下______键拖动鼠标将以点击点为中心向外创建选区；按住______键拖动鼠标可以创建正方形选区；同时按下______和______键则可以从中心点向外创建正方形选区。

二、简答题

1. 简述标志的基本特点及表现形式。
2. 标志设计的基本原则。

三、操作题

1. 运用矩形选框、文字工具、填充工具等制作图 4-42 标志。

图 4-42

2. 运用路径、单行选框、横排文字、填充工具制作图 4-43 标志。

图 4-43

第 5 章　招贴广告设计——路径工具的使用

5.1　招贴广告的创意与设计技巧

所谓招贴，又名“海报”或宣传画，属于户外广告，分布于街道、影（剧）院、展览会、商业区、机场、码头、车站、公园等公共场所，在国外被称为“瞬间”的街头艺术。

广告设计首先应具有传播信息和视觉刺激的特点。所谓“视觉刺激”，是指吸引观众发生兴趣，并在瞬间自然产生三个步骤，即刺激、传达、印象的视觉心理过程。“刺激”是让观众注意它，“传达”是把要传达的信息尽快地传递给观众，“印象”即所表达的内容给观众形成形象的记忆。

如今广告业的发展日新月异，新的理论观念、新的制作技术、新的传播手段、新的媒体形式不断涌现，但招贴始终无法被替代，仍然在特定的领域里展示其活力，并取得了令人满意的广告宣传作用，这主要是由它的特征所决定的，如图 5-1 所示。

图 5-1　招贴广告

5.1.1　招贴广告的创意

一幅招贴广告成功的关键在于其良好的创意。

一个好的广告创意取决于两个基本因素：轰动效应与信息关联。

轰动效应，即招贴广告在受众中引起的共鸣，招贴广告中的某些元素刺激了受众，吸引了受众的注意力，给受众留下了深刻的印象。

信息关联，即招贴广告传递的信息引导受众产生了联想，增强了想象，而这种联想和想象必须按照广告创意人员的思路去发展。

招贴广告的创意过程是一个发现独特观念并将现有概念以新的方式重新组合的循序渐进的过程，是一个艰苦、复杂、细心并极富挑战性和灵感性的工作。搜集信息、开阔思路、明确目的、自由联想、酝酿创意、实现创意，是创意过程的几个基本步骤。

5.1.2 招贴广告的设计技巧

在进行招贴设计时，如何对素材加以运用和改造，提高设计的艺术表现力，这个过程需要不断地尝试各种方法，不断地改变花样。

图 5-2 想象

1. 想象

想象是创作活动的重要手段，想象是人们观察事物时所产生的心理活动，想象其实是触景生情，有感而发。想象的情节（包括形象）是人的记忆、知识的延伸和创造。

拟人化设计的过程就是想象的过程，把动物、植物等人格化，赋予新的含义。这种处理具有幽默感和亲切感，表现形式用漫画、卡通、绘画等比较多，如图 5-2 所示。

2. 颠倒

颠倒就是从反面看待事物，而不仅仅是图形和文字的倒置。

不直接描述或表达事物本身，而是通过与其对立的事物来反衬。比如想表达物品质感的细腻，可以用粗糙的物品来反衬；用丑陋来透射美丽等。

3. 联系

必然联系：由一事物联想到另一事物，事物之间有相似关系或因果关系。

偶然联系：把两个表面看起来不相干的想法合并在一起，看看自己的构思和哪些创意产生联系，能否碰撞出新的创意火花。这种偶然联系法常常能收到意想不到的效果。另外，这种联系创造出来的图形和情节，具有一定的暗示效应，能使观众在接受信息时，对创意的内涵自觉地进行完善和补充，如图 5-3 所示。

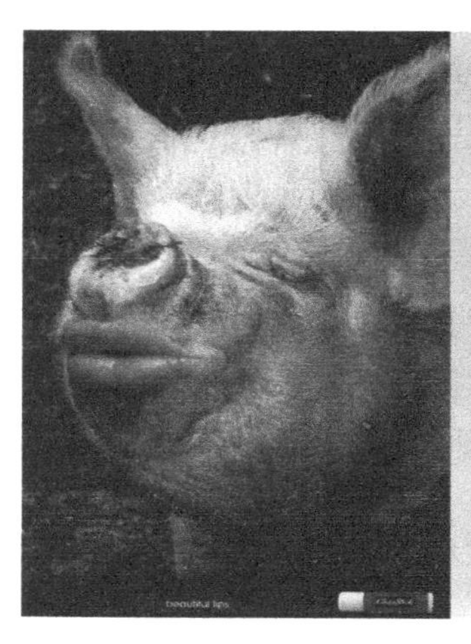

图 5-3 联系

5.2　手表招贴广告案例分析

1．创意定位

图 5-4 所示是 2007 年某手表公司推出的一款纪念手表时的招贴广告。围绕手表设计的理念，我们首先想到的是“情感与怀旧”，于是该手表广告的创作意念定位为“怀旧”。以 20 世纪 30 年代的上海作为时代背景，配合电视广告，采用电影剧照的形式，描写了一个忧伤的爱情故事，表达出对“曾经拥有”的怀念，广告标题为“不在乎天长地久，只在乎曾经拥有”，这也反映了现代社会的价值观念，并且很快成为社会流行语。因此，此款手表的主题定为“不在乎天长地久，只在乎曾经拥有”，整个手表广告设计围绕该主题进行。

图 5-4　手表招贴广告

怀旧是人们体验情感的方式，是引发共鸣的工具和过程。这则广告已让商界认识到，怀旧可以成为一种沟通和促销的手段。事实表明，在 20 世纪末期，一股怀旧情调在全球商界弥漫开来。

2．所用知识点

上面的广告中，主要用到了 Photoshop CS2 软件中的以下几个命令：

- 路径工具组
- 变换命令组
- 斜面和浮雕命令
- 光照效果

3．制作分析

本广告的制作分为三步完成。

第一步：表盘的制作，用到了路径工具和渐变“填充”命令。

第二步：表带的制作，用到了选区与渐变色编辑命令。

第三步：通过复制色彩调整和背景图的合成，完成广告的创作。

5.3　知识卡片

5.3.1　路径工具的使用

1．路径的概念

路径是由贝塞尔曲线组成的一种非打印的图形元素，它在 Photoshop 中的位图与矢量元素之间起着桥梁的作用。利用路径可以选取或绘制复杂的图形，并且可以非常灵活地进行修改和编辑。

2．路径的组成

锚点：包括角点、平滑点和拐点。用钢笔工具单击就能产生锚点。
直线段：连接两个角点，或者与拐点无控制柄一端相连的线段。
曲线段：连接平滑点或拐点有控制柄一端的线段。
闭合路径：起点与终点为一个锚点的路径。
开放路径：起点与终点是两个不同的锚点的路径，如图 5-5 所示。

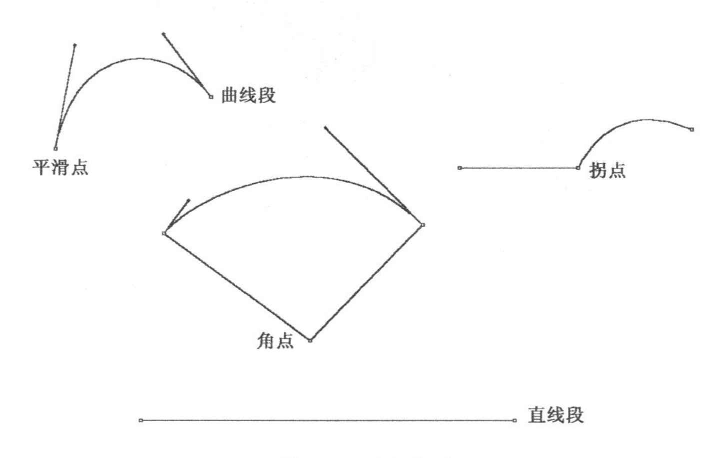

图 5-5　路径组成

3．钢笔路径工具组

钢笔路径工具组可用来创建路径、调整路径形状。它包括五个工具，在工具栏中使用同一个图标位置，如图 5-6 所示，它们分别是钢笔工具、自由钢笔工具、添加锚点工具、删除锚点工具和点转换工具。

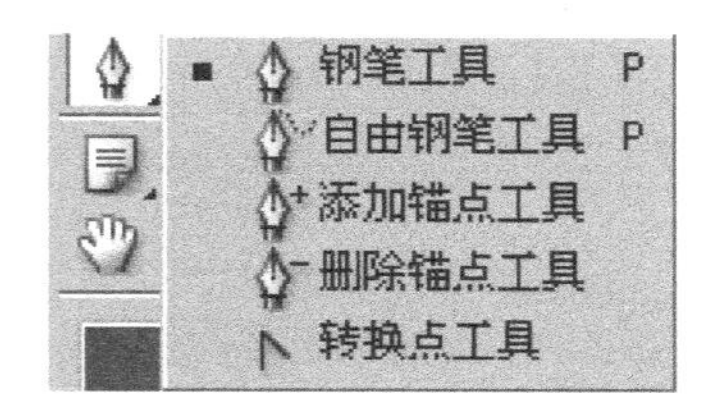

图 5-6　钢笔路径工具组

钢笔工具的属性栏中一个带填充颜色的按钮用来设定利用前景色填充所勾画的路径，其右侧带有钢笔图形的按钮只用来生成工作路径，而不带有填充功能。

属性栏中包含矩形、圆角矩形、椭圆、直线、多边形和自由形状六种路径绘制工具，特别是自由形状工具在其

“形状”按钮中添加了许多特殊图形。单击侧三角，选择“载入形状”命令，可以载入其他形状，如图 5-7 所示。

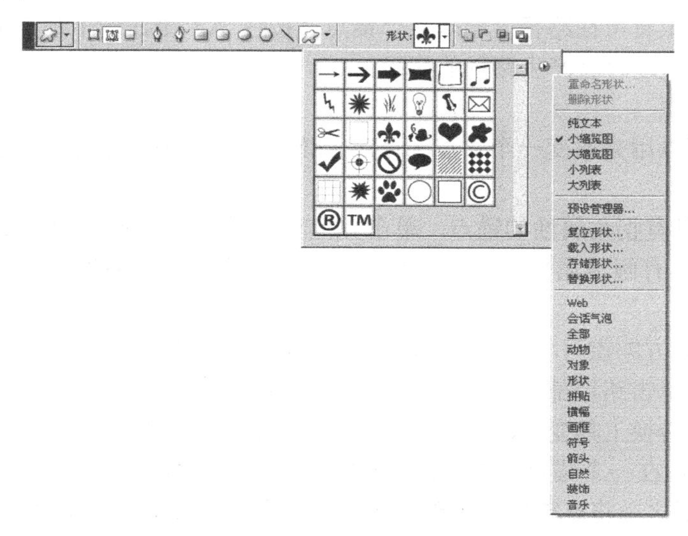

图 5-7　自定形状多边形

属性栏中有“自动添加”复选框，若选中该复选框，便能够在绘制的路径上自动添加和删除路径上的点。

（1）钢笔工具

钢笔工具主要用于绘制路径。只需单击“钢笔”工具，在画面上随意勾画，其中既可形成直线路径，也可形成曲线路径。

创建曲线路径段有两种方法：若想由直线路径段转化为曲线路径段，可用转换点工具；也可用钢笔工具单击锚点并拖动该点来产生自由曲线。

按住 Shift 键可将钢笔工具绘制的曲线限制在 45 度范围内。

按住 Ctrl 键可将钢笔工具切换为方向选取工具，便于随机调整路径方向。

（2）自由钢笔工具

自由钢笔工具的属性栏，如图 5-8 所示。该工具集合自由钢笔工具与磁性钢笔工具两种工具的优点，当在属性栏中取消“磁性的”复选框时它是自由钢笔工具，反之为磁性钢笔工具。按住鼠标左键在图上拖动，此工具可沿着鼠标运动的轨迹自由给出任意形状的路径，当回到起点时，光标右下方会出现一个小圆圈，此时松开鼠标可得到封闭路径。

当选中“自动增加/删除”复选框后，鼠标放置在路径上的非锚点处，则变成添加锚点工具，如落在锚点上则变成删除锚点工具。

按住 Alt 键，在锚点上单击会变为点转换工具，在非锚点上单击则会变为添加锚点工具。

按住 Ctrl 键，则会变为方向选取工具。

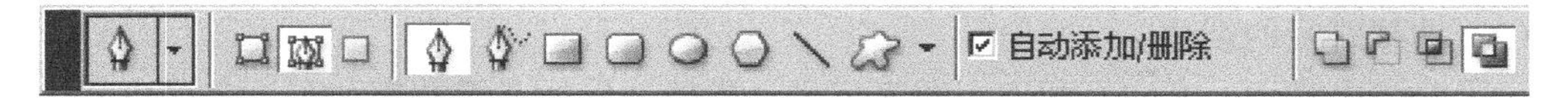

图 5-8　自由钢笔工具属性栏

（3）添加锚点工具

利用添加锚点工具可在路径上添加锚点，从而精确描述其形状，改变路径的弧度与方向。

（4）删除锚点工具

利用删除锚点工具可在路径上删除某个锚点。按住 Alt 键在一个锚点上单击，则整个路径会被选中，并且拖动时会产生路径的拷贝。

（5）点转换工具

点转换工具可以用来改变一个锚点的性质。该工具有三种工作方法，这取决于所编辑的锚点特性。

① 对于一个具有拐角属性的锚点，单击并拖动将使其改为具有圆滑属性的锚点。

② 若一锚点具有圆滑属性，单击该点可使其属性变为拐角属性，同时将与之相关联的曲线路段变为直线。

③ 单击并拖动方向点可将锚点的圆滑属性变为拐角属性。

点转换工具所单击路径部位的不同会改换成不同的工具。如按住 Alt 键后在一个路径上单击非锚点，则点转换工具变成添加锚点工具，并将该路径上的锚点全部选中。

如按住 Alt 键后在一个锚点上单击，则删除锚点的方向线。

如在按下 Alt 键之前将点转换工具放在一个方向点上，则点转换工具变成方向选取工具。

2．路径的创建与保存

在学习了路径工具组中各种工具的使用方法后，下面介绍路径的创建与保存，单击“窗口”菜单中的“路径”命令，如图 5-9 所示。

该面板底部一排按钮的意义（从左到右）分别为：

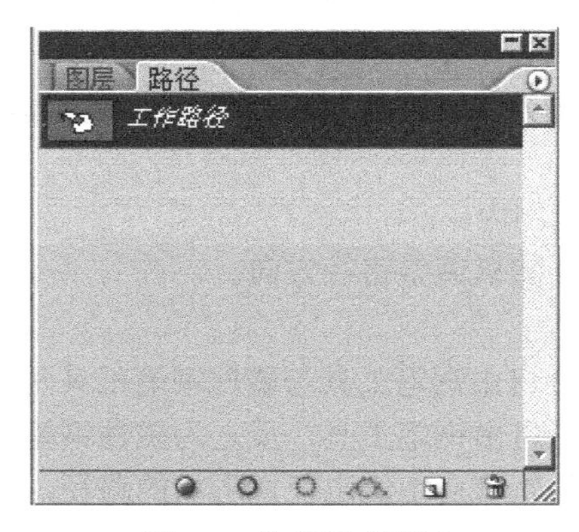

图 5-9　路径浮动面板

- “填充路径”按钮用来对路径内利用前景色填充着色；
- “描绘路径”按钮用来沿着路径的边缘利用前景色进行勾边描绘；
- “将路径作为选区载入”按钮用来把路径转化为选区；
- “从选区建立工作路径”按钮用来把选区转化为路径；
- “创建新路径”按钮用来产生新的路径；
- “删除当前路径”按钮用来把不要的路径从图中删除。

（1）直线路径的创建

单击工具栏中的钢笔工具图标，创建一个起始点，然后移动鼠标至另一个位置，创建终点，直线段路径产生。锚点的形状表示着它的当前状态。再次在钢笔工具图标上单击，可保存这段路径或者关闭路径，如图 5-10 所示。

（2）曲线路径的创建

一段曲线由锚点、方向点和方向线来定义，当按住鼠标左键并拖动时，曲线由起始锚点开始，并与起始锚点处的方向线相切，至结束锚点再与结束锚点成一条曲线。事实上每个锚点上都连接着两条方向线，方向线表示路径一段弧线的弧度大小与下一段路径的方向，如图 5-11 所示。

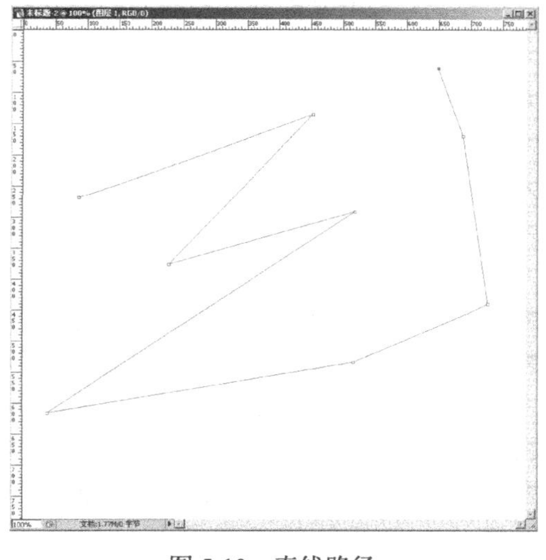

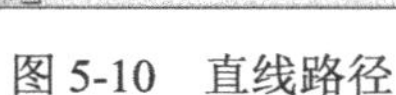

图 5-10　直线路径

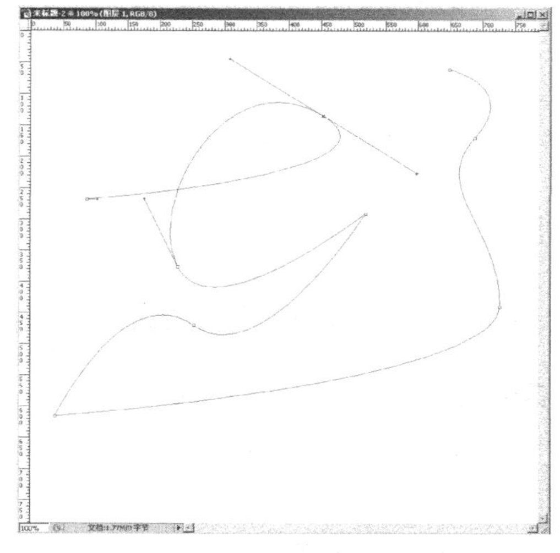

图 5-11　曲线路径

（3）路径选择工具

路径选择工具包括“路径选择工具”与“直接选择工具”。“路径选择”工具主要用于选择路径、移动路径，“直接选择”工具主要用于调整路径上各个方向点的位置或选择整个路径。

按住 Alt 键用方向选择工具单击并拖动一个锚点可复制整个路径并移至别的地方。

按住 Shift 键，则将直接选择工具移动的方向点限制在水平、垂直和斜向 45 度的范围。

（4）闭合路径的创建

有时为将路径填充颜色或将路径转化为选定区域，需创建闭合路径，具体步骤如下：

① 利用钢笔工具创建几条路径段；

② 回到路径的起点，将鼠标移至第一个锚点处，鼠标指针底部会出现一个小圆圈，单击鼠标，路径闭合。

（5）路径的存储

单击“路径”面板中带黑三角的圆形按钮，在弹出菜单中单击“存储路径”命令，出现“保存路径”对话框。

在“名称”框中输入路径名后，单击“确定”按钮，即可完成对路径的存储。双击存储后“路径”面板中的路径，原路径名即被选择，用户可在其中为路径重新命名。

（6）将路径转换为选区

在前面已经介绍过多边形路径的创建过程，下面介绍路径与选择区域的关系。用户使用路径的主要目的之一是用来创建一个选区或者编辑选区。

单击“路径”面板侧三角，选择弹出菜单中的“建立选区”命令，出现“建立选区”对话框，如图 5-12 所示。

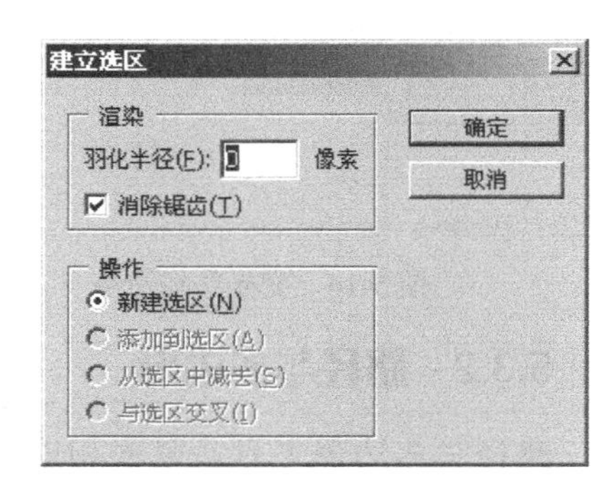

图 5-12　路径转换为选区对话框

在“建立选区”对话框的“操作”栏中提供了四种创建方式，选中“新建选区”单选按钮表示由路径创建一个新选区，此时表明画面中只有路径，而没有选区。选中“添加到选区”单选按钮表示把路径转换为选区并和屏幕上已存在的选定区域相加，表明画面中不仅有路径，而且还有其他选区。选中“从选区中减去”单选按钮可以把路径转换为选区，并从屏幕上已存在的选定区域中减去新创建的选定区域。选中“与选区交叉”单选按钮可以从路径与选区重合的区域创建一个选定区域。

单击“路径”面板中的“将路径作为选区载入”按钮，并同时按住 Alt 键，也会出现“建立选区”对话框。

（7）将选区转换为路径

如果需要将选择区域转变为路径，同样可以做到。单击“路径”面板侧三角，选择弹出菜单中的“建立工作路径”命令，出现“建立工作路径”对话框，如图 5-13 所示。或按住 Ctrl 键，单击“路径”面板底部的“从选区建立工作路径”按钮也可打开该对话框。在该对话框中，“容差范围”文本框用于设定转换后路径上包括的锚点数，其变化范围为 0.5～10，默认值为 2 像素。该值越大，锚点越少，产生的路径就越不平滑；值越小，则效果相反。

图 5-13　选区转换为路径

（8）填充与描边路径

路径和选择区域一样，都具有填充和描边功能，单击侧三角，可选择“填充路径”、“描边路径”命令，它们与“编辑”菜单中的“填充”命令和“描绘”命令的用法一致。

（9）路径的变形

路径和选择区域一样，也可以进行必要的变形处理。当画面出现路径时，单击菜单“编辑”，从其下拉菜单中，用户可以发现原来的“自由变换”、“变换”命令改为“自由变换路径”、“变换路径”命令，如图 5-14 所示。同样，如果用户选择路径上的锚点，则该命令变为“自由变换点”、“变换点”命令，其操作方法与原来一致，如图 5-15 所示。

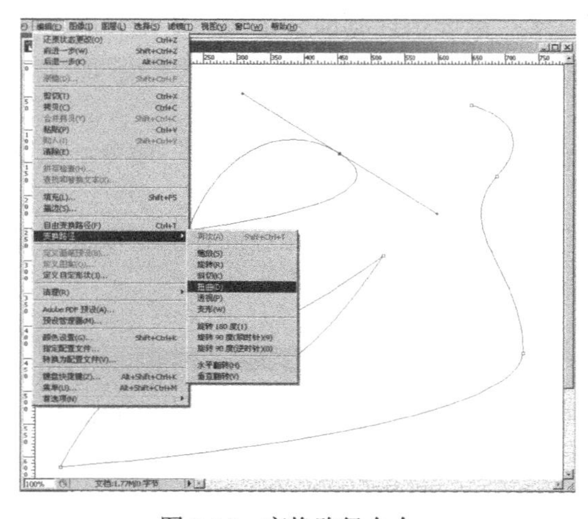
图 5-14　变换路径命令

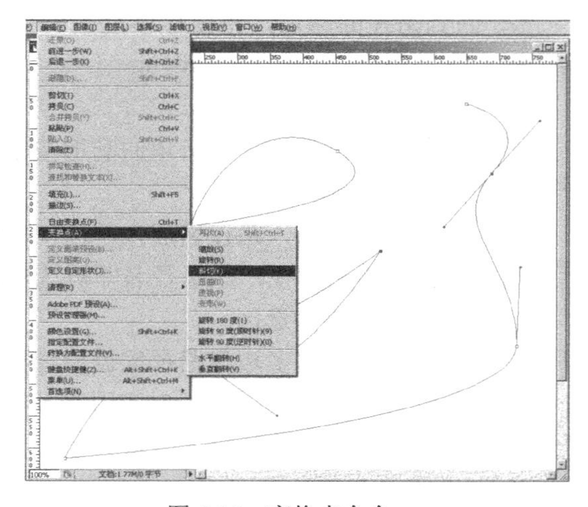
图 5-15　变换点命令

5.3.2　路径与多边形

路径与多边形工具是紧密相连的，二者的属性栏基本相似，只是路径的属性栏多一个“自动添加”选项，其用法一致。

1. 多边形工具组简介

多边形工具组是 Photoshop CS2 中一组功能强大的工具。在这一组工具中，每一种工具都会有三种形式。下面分别介绍采用这三种形式得到的不同结果。

（1）第一种形式：采用该种形式，可在原图层上新建一个带填充的几何图形的图层，填充色为前景色，并且边缘线可生成路径形式。在属性栏上增加了“图层样式”，其列表框中可选择一种风格图案，可以用设定的各种风格图案填充几何区域。在其属性栏中有“形状”和“图层样式”，其中“图层样式”中的其他图案，用户可以利用载入方法载入（前面已经阐述）。

（2）第二种形式：采用该种形式可创建一个工作路径，也就是说创建的每一个几何图形的轮廓线都是以路径的形式表现出来，其调整方法与路径相同。

（3）第三种形式：采用该种形式可直接创造一个用前景色填充的几何图形。

在第一种创建图形层的形式下和第二种创建工作路径的形式下，都可以利用路径调整工具任意改变几何图形上的不同锚点和方向点的位置；同样在几何图形上也可以增加或减少锚点。不同的是，第一种形式可以通过改变路径来任意改变填充图案的外部形状。

在多边形工具的属性栏中，任何一个几何图形都有相关的参数。在直线工具的属性栏中，通过调整参数可使直线两端带有箭头，选中“开始”复选框表示起点带有箭头，选中“结束”复选框表示终点带有箭头。

5.4 实例解析

5.4.1 手表广告

手表广告的制作步骤如下。

（1）新建文件，尺寸为 12 厘米×9 厘米，分辨率为 300 像素/英寸，色彩模式为 RGB。

（2）激活圆形选择框工具，按住 Shift 键在画面中绘制如图 5-16 所示的选区。激活渐变工具，单击属性栏中的渐变色条，在“渐变编辑器”中设置渐变色，如图 5-17 所示。

（3）新建图层 1，选择角度渐变方式，在选区中由圆心向右下角拖动鼠标，填充效果如图 5-18 所示。单击菜单“选择→修改→收缩”命令，在弹出的“收缩”选区对话框中设置收缩值为 45 像素，单击“好”按钮，效果如图 5-19 所示。

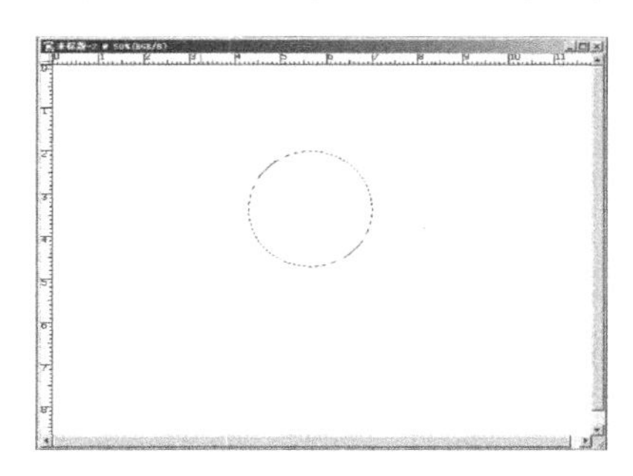

图 5-16　绘制圆形选择区

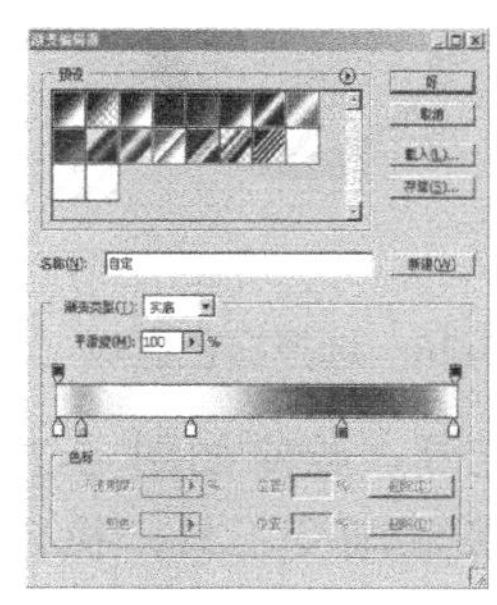

图 5-17　编辑渐变色

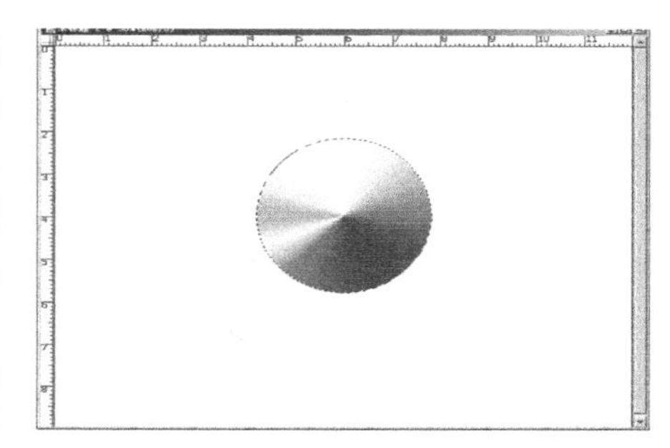

图 5-18　渐变效果

（4）单击 Delete 键，效果如图 5-20 所示。单击菜单“图层→图层样式→斜面和浮雕”命令，在弹出的对话框中设置如图 5-21 所示的参数，单击“好”按钮，效果如图 5-22 所示。

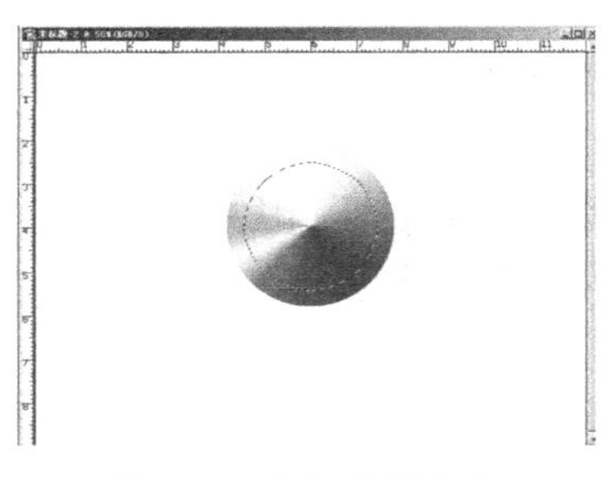

图 5-19　执行收缩命令

图 5-20　删除效果

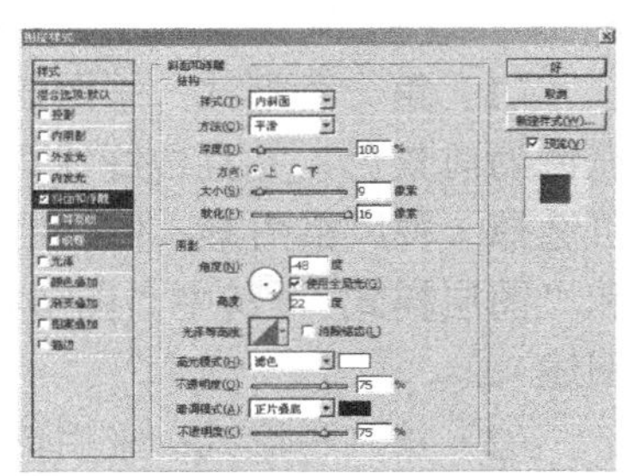

图 5-21　“斜面和浮雕”命令对话框

（5）按住 Ctrl 键单击图层 1，形成选区并新建图层 2，然后填充灰色，如图 5-23 所示。调整图层位置，使图层 2 位于图层 1 下方，调整大小，效果如图 5-24 所示。

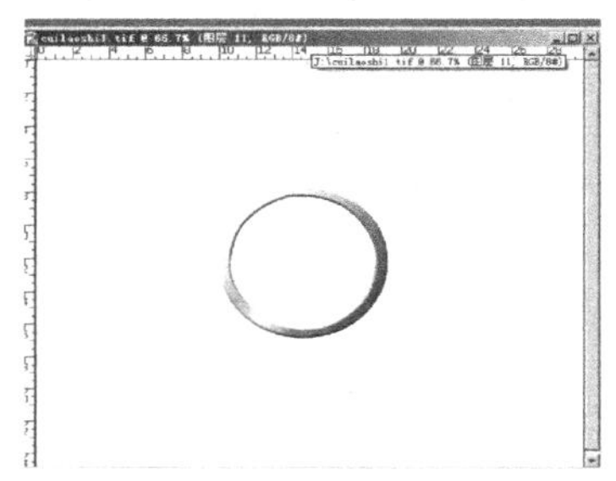

图 5-22　执行“斜面和浮雕”命令对话框

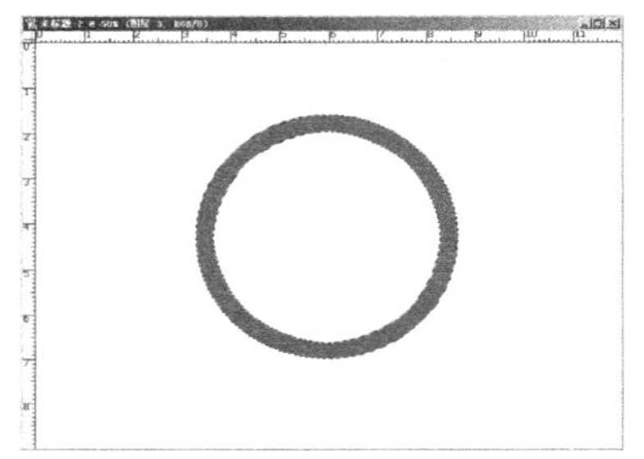

图 5-23　填充灰色

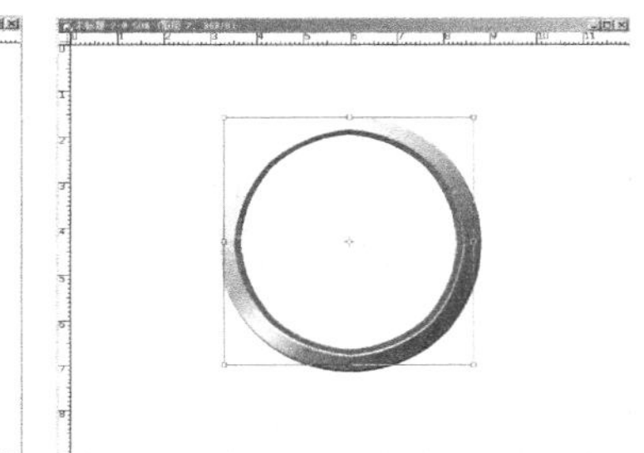

图 5-24　调整大小

（6）以图层 2 为当前层，单击菜单“图层→图层样式→斜面和浮雕”命令，在弹出的对话框中设置如图 5-21 所示的参数，单击“好”按钮，效果如图 5-25 所示。

（7）激活魔术棒工具并选择图层 2 的白色区域，如图 5-26 所示。单击背景层使其成为当前层，新建图层 3 填充白色，单击菜单“图层→斜面与浮雕”命令，在弹出的对话框中设置如图 5-27 所示的参数，单击“好”按钮，效果如图 5-28 所示。

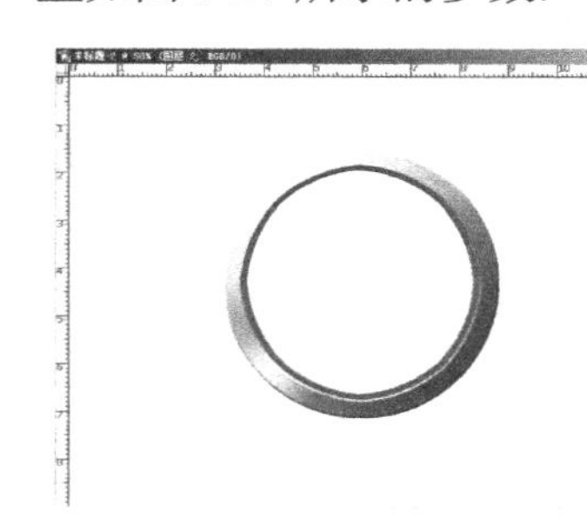

图 5-25　执行“斜面和浮雕”效果

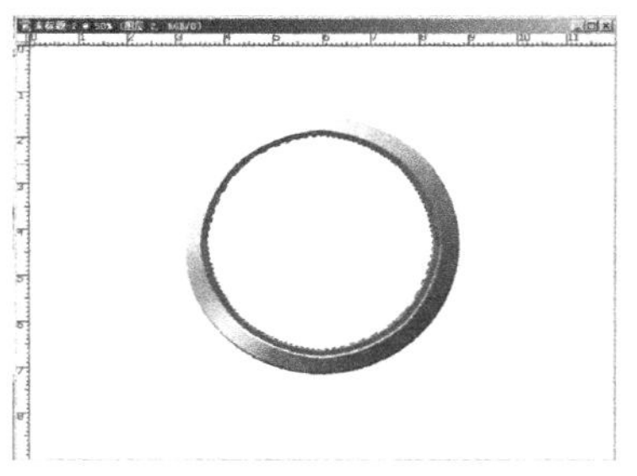

图 5-26　选择白色区域

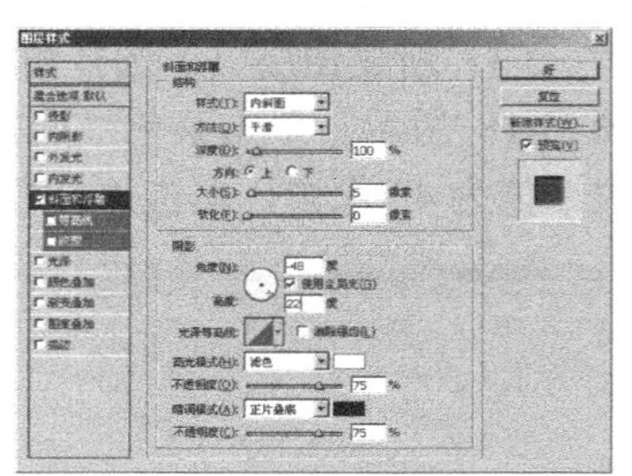

图 5-27　“斜面和浮雕”对话框

（8）新建图层 4，激活钢笔路径工具，绘制如图 5-29 所示的路径，单击“路径”面板的侧三角，选择“转化为选区”。然后激活渐变工具，执行操作后，效果如图 5-30 所示。

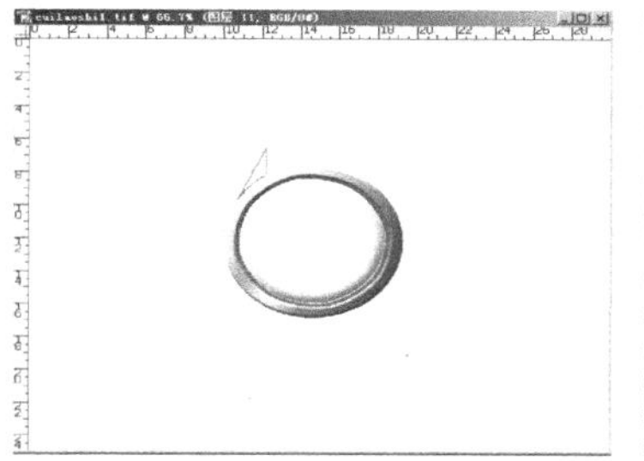

图 5-28　执行斜面和浮雕效果　　图 5-29　绘制路径　　图 5-30　填充渐变色

（9）按照步骤（8）的方式绘制路径并执行渐变操作，效果如图 5-31、图 5-32、图 5-33 所示，然后激活魔棒工具选择空白区域，单击菜单“选择→反选”命令，并复制粘贴，单击菜单“编辑→自由变换”命令。调整位置，效果如图 5-34 所示。

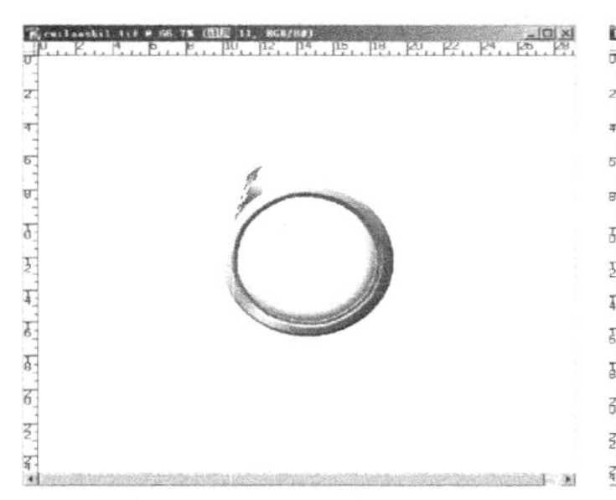
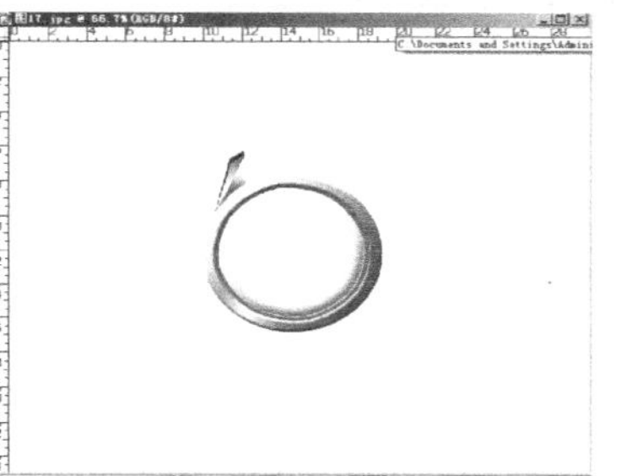
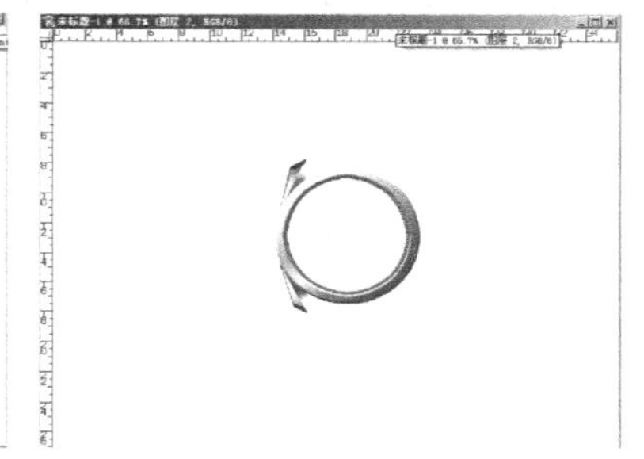

图 5-31　绘制路径并转成选区　　图 5-32　填充渐变色　　图 5-33　复制粘贴

（10）新建图层 5，激活圆形选择框工具，绘制选区，然后单击菜单“编辑→描边”命令，选取灰色，宽度为 1 像素，单击“确定”按钮，效果如图 5-35 所示。

（11）新建图层 6，选择矩形选取工具，绘制如图 5-36 所示的形状作为刻度。激活渐变工具，并选择“角度渐变填充”，效果如图 5-37 所示。

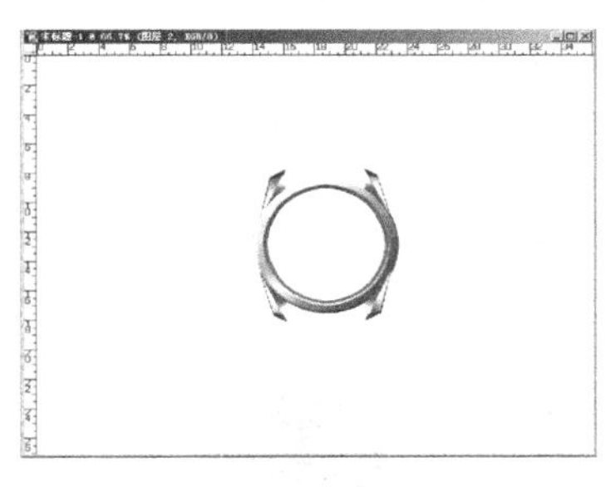
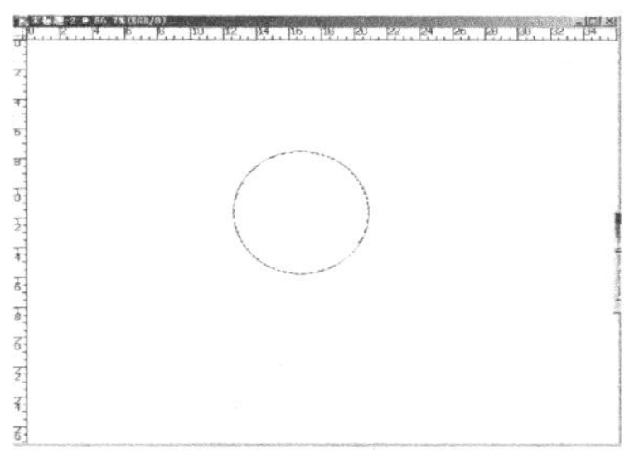
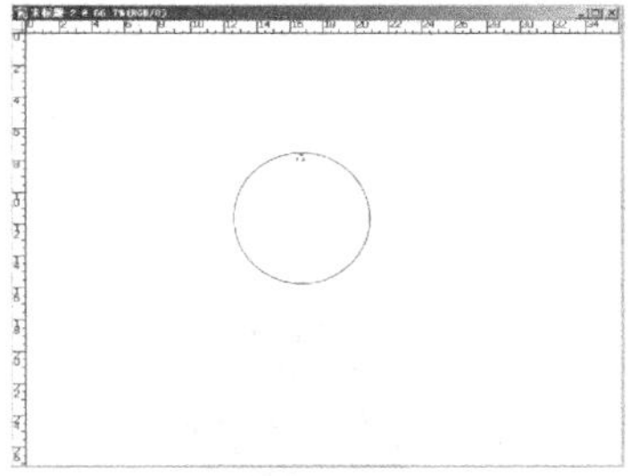

图 5-34　调整位置　　图 5-35　执行“描边”命令　　图 5-36　绘制刻度选区

（12）将图层 6 复制多个然后调整它们的方向和位置，效果如图 5-38 所示。合并图层 6 及复制层为图层 7。

（13）以图层 7 为当前层，单击菜单“滤镜→渲染→光照效果”命令，在弹出的对话框中设置如图 5-39 所示的参数，单击“好”按钮即可。

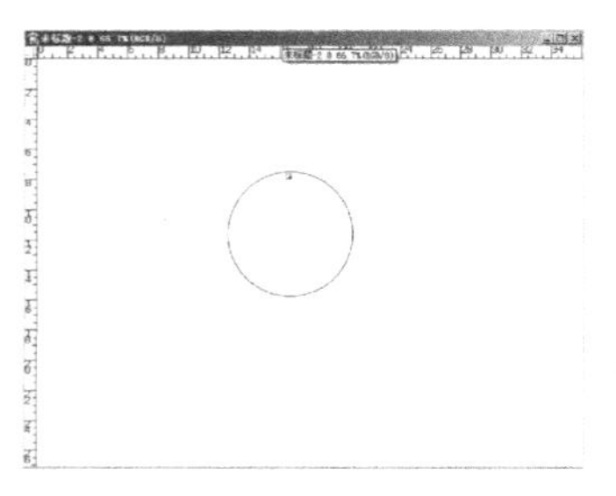

图 5-37　填充刻度

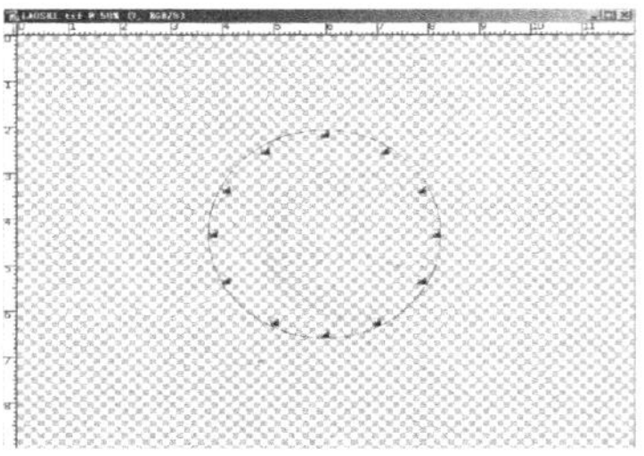

图 5-38　复制并调整刻度

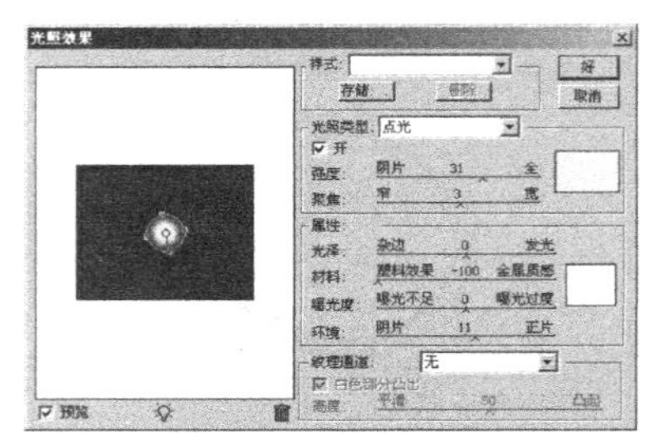

图 5-39　“光照效果”对话框

（14）选择多变形套索工具，绘制表针如图 5-40 所示，然后选择渐变工具，选择“角度渐变填充”，效果如图 5-41 所示，以同样的办法绘制三个表针，并调整它们的位置，效果如图 5-42 所示。

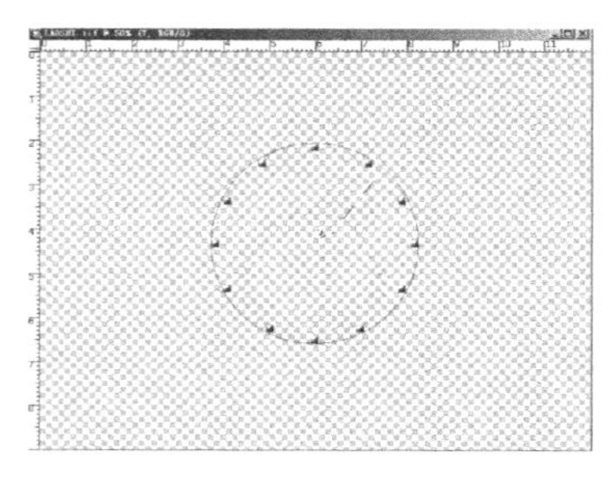

图 5-40　绘制表针选区

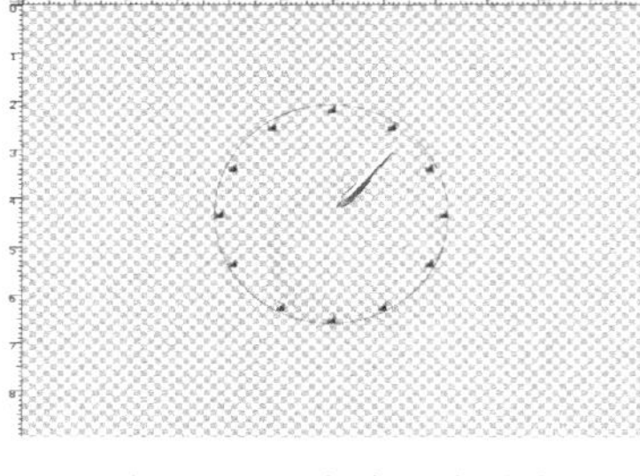

图 5-41　做角度渐变填充

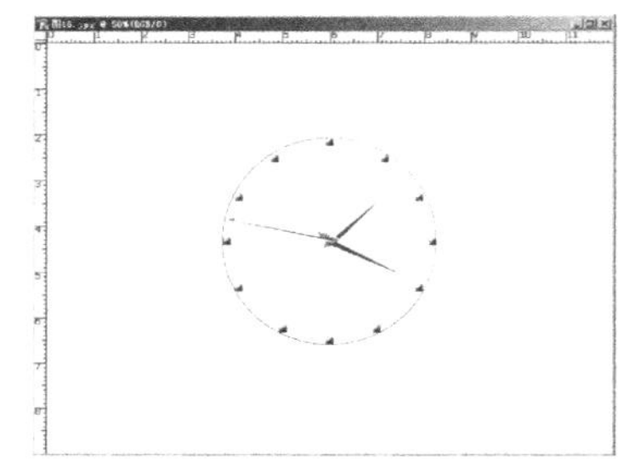

图 5-42　绘制并调整其他表针

（15）新建图层 8，选择圆形选取工具，选取与图同等大小的圆，并填充黑色，合并图层 7 和图层 8 为图层 7，效果如图 5-43 所示。

（16）激活钢笔工具，绘制标志路径，单击“路径”面板旁边的三角，选择“描边”命令，在弹出对话框中选择 1 个像素，颜色为白色，在下拉菜单中选择毛笔工具，效果如图 5-44 所示。然后选择矩形选择框工具，在表针下选取矩形框如图 5-45 所示，将其填充为灰色，然后激活文字工具，在标志下方选择合适位置，输入文本大写字母 OMEGA，颜色为白色，在灰色矩形框内填充文字 6，合并文字图层与图层 7 为图层 7，效果如图 5-46 所示。

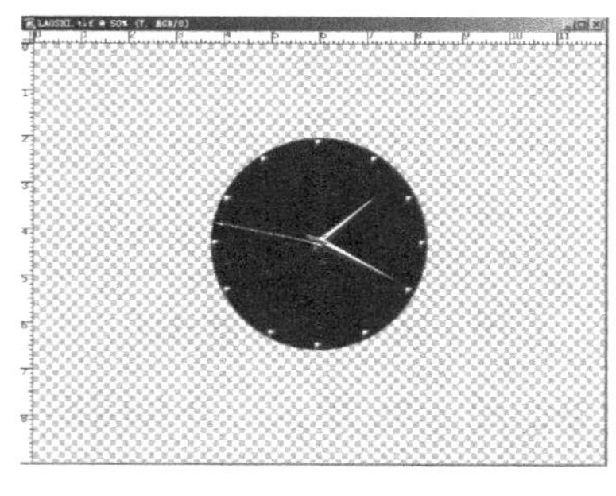

图 5-43　合并图层效果

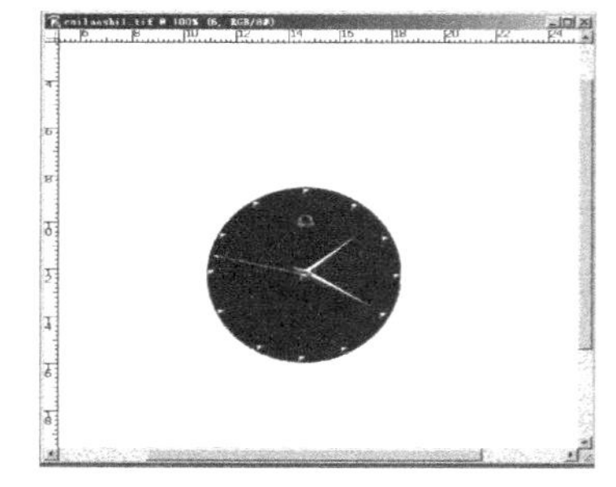

图 5-44　绘制标志

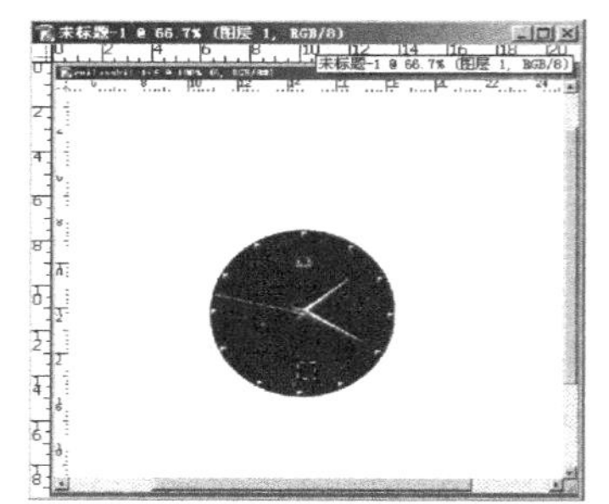

图 5-45　绘制矩形框

（17）显示所有图层，以图层 7 为当前层，激活魔术棒工具，选择图层 7 空白区域，单击菜单“选择→反选”命令，然后单击菜单“编辑→自由变换”命令，调整表盘大小，效果如图 5-47 所示。

（18）新建图层 8，激活钢笔工具绘制路径如图 5-48 所示。激活渐变工具，设置渐变对话框如图 5-49 所示，选择“线性渐变”方式，渐变填充效果如图 5-50 所示。单击菜单“编辑→复制/粘贴”命令，旋转复制层并调整位置，合并图层 8 及复制层为图层 8，效果如图 5-51 所示。

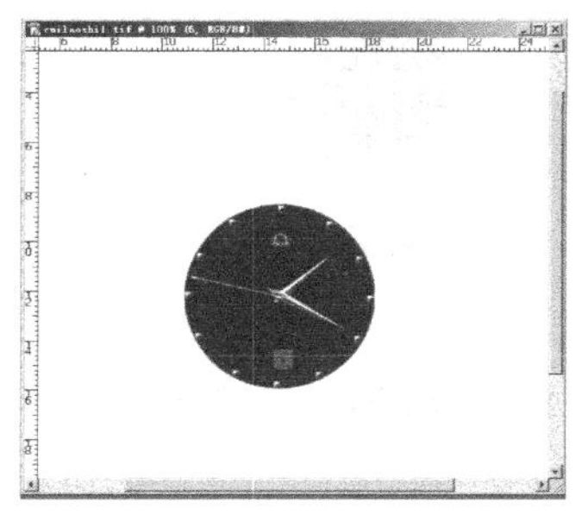

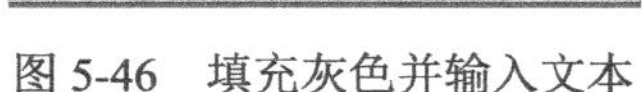

图 5-46 填充灰色并输入文本

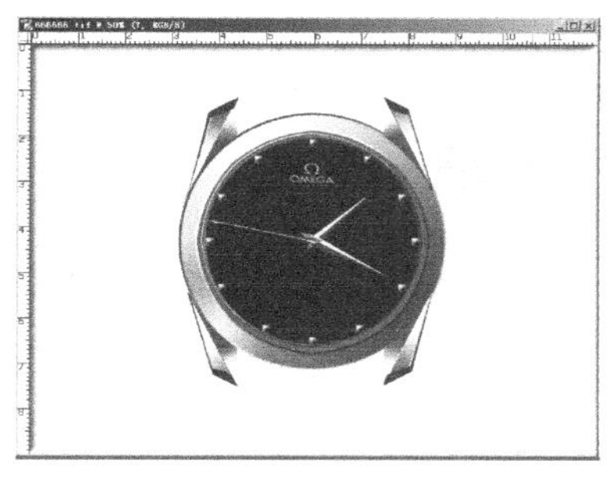

图 5-47 调整表盘大小

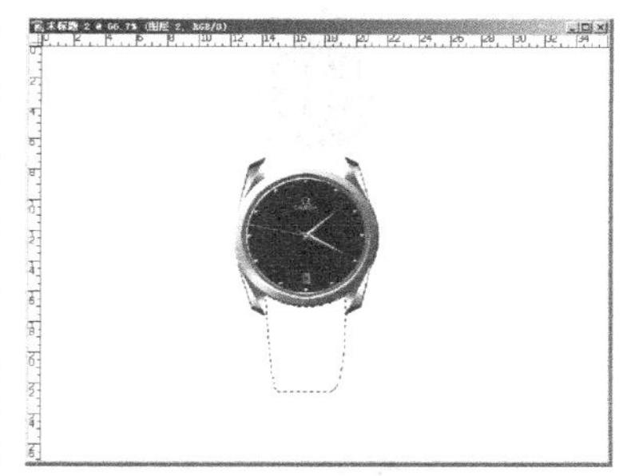

图 5-48 绘制路径

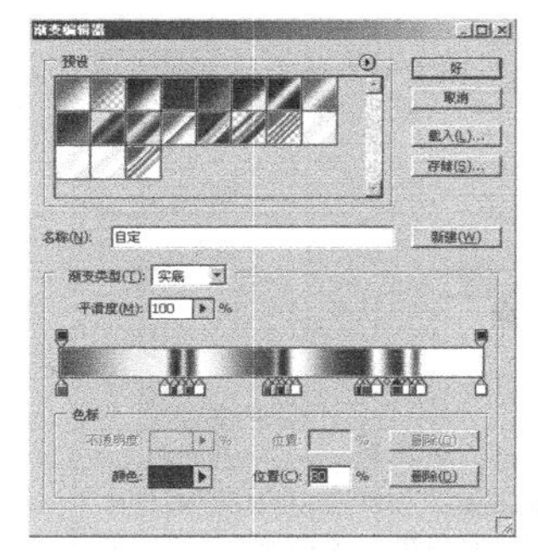

图 5-49 编辑渐变色

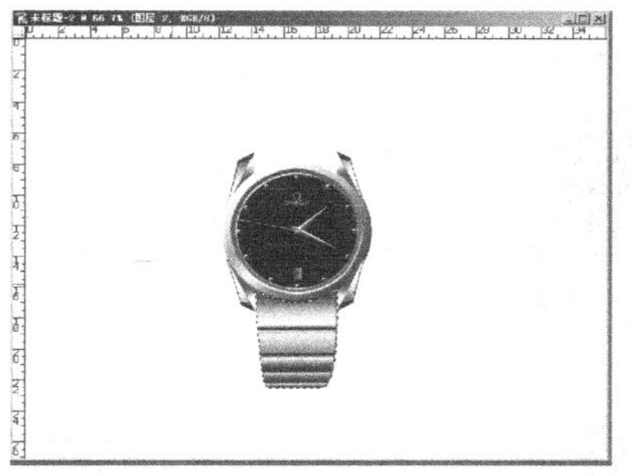

图 5-50 填充渐变色效果

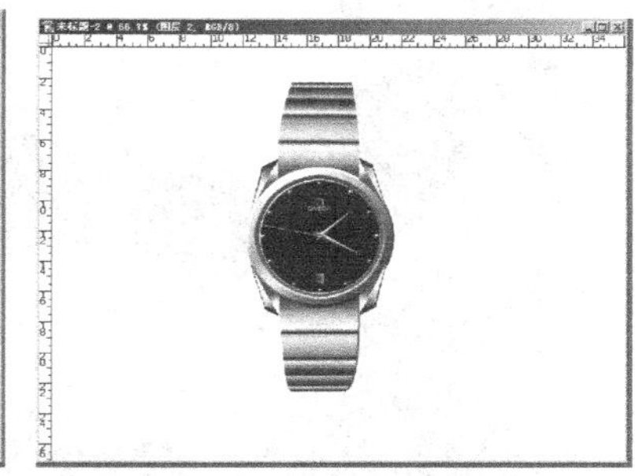

图 5-51 复制并调整效果

（19）新建图层 9，激活矩形选择框，选择矩形框如图 5-52 所示，激活渐变工具，设置渐变对话框如图 5-49 所示。选择“角度渐变”，渐变填充效果如图 5-53 所示。单击菜单“编辑→复制/粘贴”命令，旋转复制层并调整位置，合并图层 9 及复制层为图层 9，效果如图 5-54 所示。

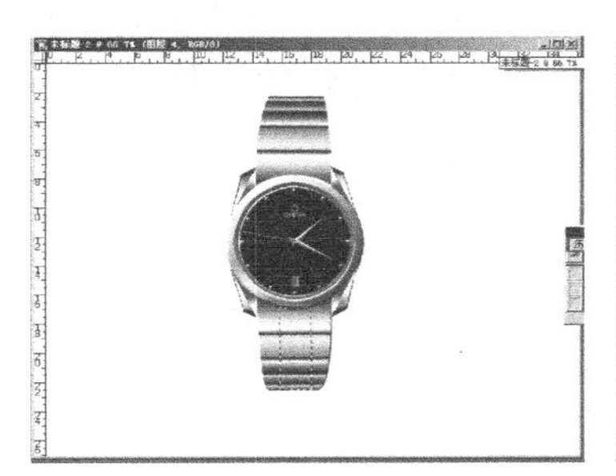

图 5-52 绘制矩形

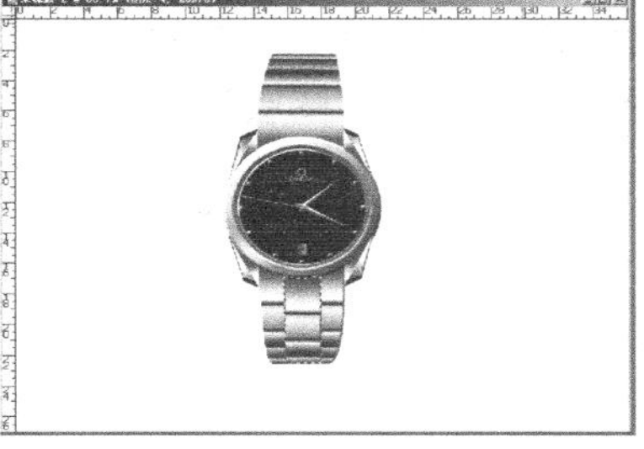

图 5-53 填充渐变色效果

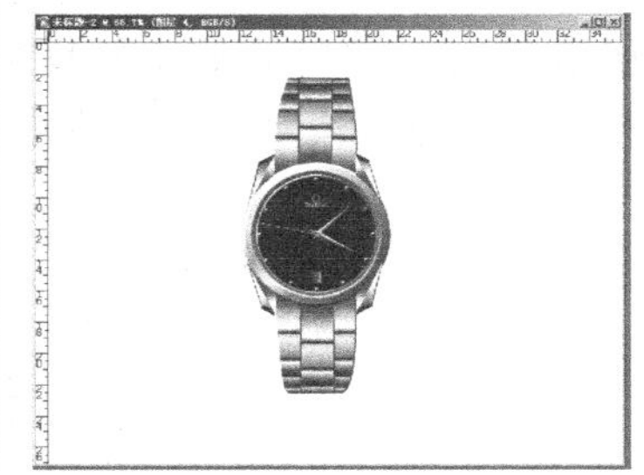

图 5-54 拷贝并调整位置

（20）激活矩形选择框工具，绘制矩形框如图 5-55 所示，然后激活渐变工具，设置渐变工具对话框如图 5-56 所示，由上向下渐变填充，效果如图 5-57 所示。

（21）打开图像，将制作完成的手表复制到新文件中，效果如图 5-58 所示。单击菜单“图像→调整→色相/饱和度”命令，如图 5-59 所示设置参数，单击“确定”按钮，效果如图 5-4 所示。

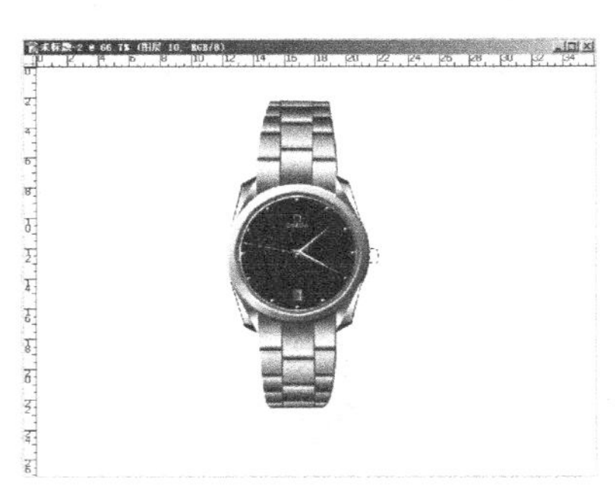

图 5-55 绘制矩形

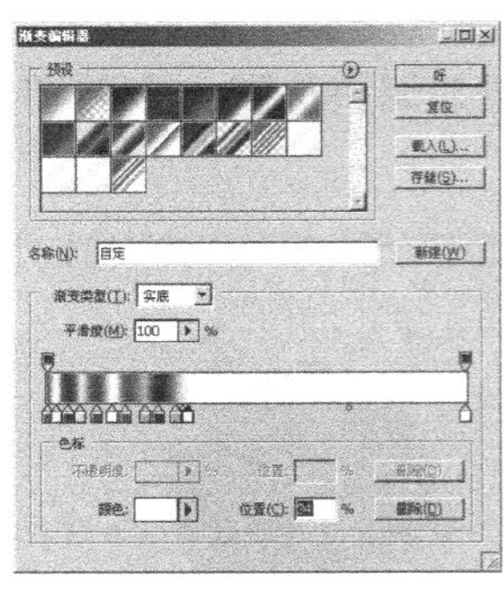

图 5-56 编辑渐变色

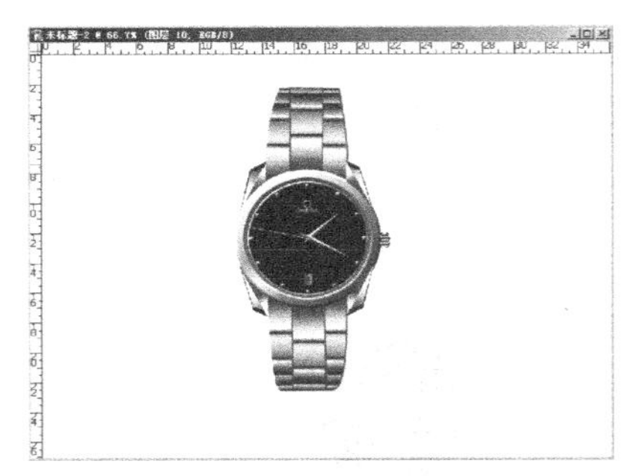

图 5-57 填充渐变色效果

图 5-58 拷贝并调整位置

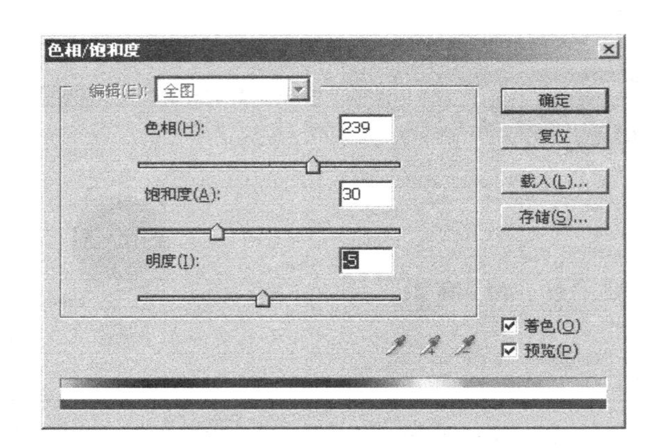

图 5-59 调整“色相/饱和度”

5.4.2 口红广告

口红广告的制作步骤如下。

（1）打开如图 5-60 所示的图片。新建文件，大小为 600 像素×800 像素，分辨率为 300 像素/英寸，将打开的文件复制到新建文件当中，然后调整其大小，使其与新建文件的大小相吻合，然后关闭该层。新建图层 2，此时“图层”面板如图 5-61 所示。

图 5-60 图片

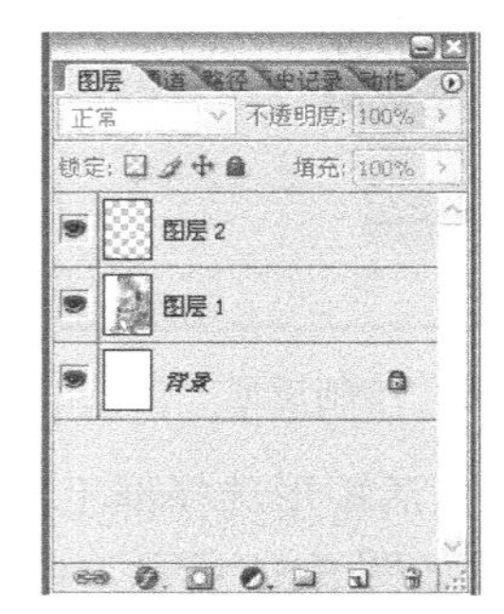

图 5-61 图层面板

（2）以图层 2 为当前层，在画面中绘制椭圆形选区，然后选择属性栏中的“选区相加”按钮，绘制矩形选区，形成如图 5-62 所示的选区。

（3）激活渐变工具，单击属性栏上的渐变色条，设置如图 5-63 所示的渐变色，然后填充选区，效果如图 5-64 所示。

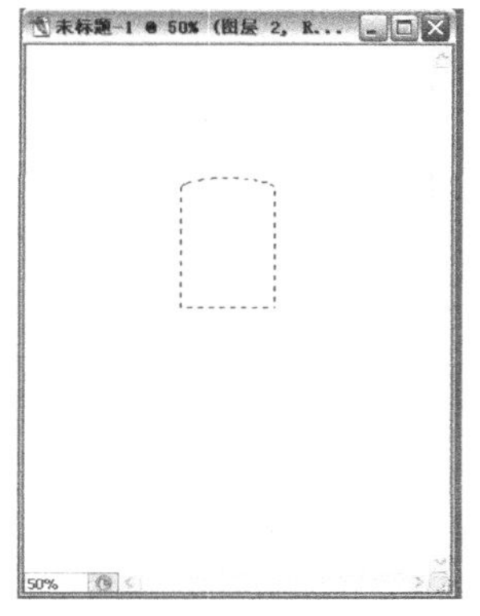

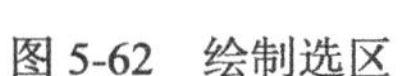

图 5-62　绘制选区

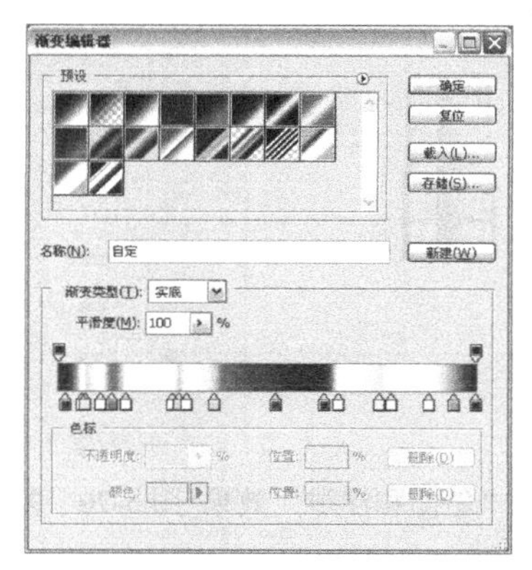

图 5-63　编辑渐变色

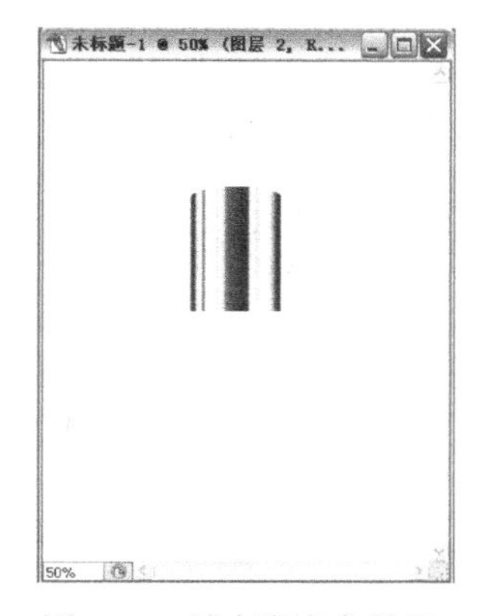

图 5-64　填充渐变色效果

（4）单击菜单“图层→图层样式→斜面和浮雕”命令，如图 5-65 所示在弹出的对话框中设置参数，单击“确定”按钮，效果如图 5-66 所示。

（5）将图层 2 拖至“图层”面板下方的“创建新图层”的按钮处，形成图层 2 副本，分别单击菜单“编辑→变换→缩放”和“透视”两个命令，其变形后的效果如图 5-67 所示。

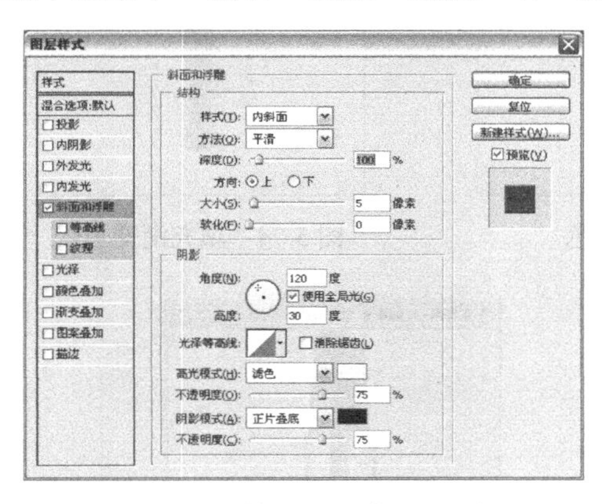

图 5-65　“斜面和浮雕”对话框

图 5-66　执行“斜面和浮雕”效果

图 5-67　变形效果

（6）激活钢笔路径工具，绘制如图 5-68 所示的路径，然后单击“路径”面板下的“创建选区”命令，将路径转化为选取。单击菜单“图层→新建→通过复制的图层”命令，形成图层 3，然后单击菜单“图层→图层样式→斜面和浮雕”命令，如图 5-65 所示在弹出的对话框中设置参数，单击“确定”按钮，效果如图 5-69 所示。

（7）将图层 3 复制两次，此时“图层”面板如图 5-70 所示。调整各自的位置，效果如图 5-71 所示，然后将 3 个图层合并为图层 3。

（8）新建图层 4，通过选择区域的相加原理绘制如图 5-72 所示的选区。激活渐变工具，单击属性栏上的渐变色条，设置如图 5-73 所示的渐变色，然后填充选区，效果如图 5-74 所示。

（9）新建图层5，激活钢笔路径工具，绘制如图 5-75 所示的路径，设置前景色（RGB: 119, 16, 20），单击“路径”面板中的“填充路径”命令，效果如图 5-76 所示。

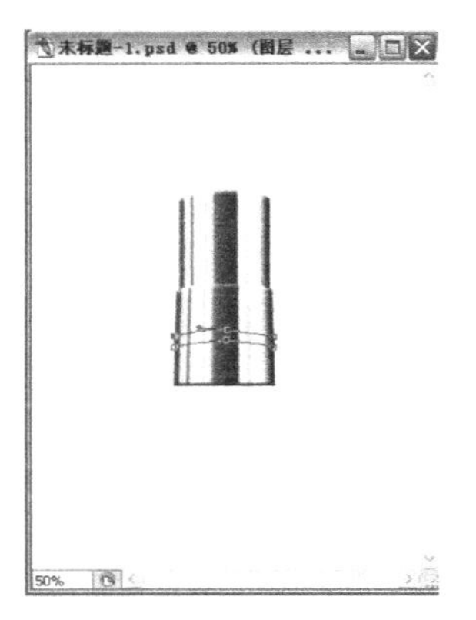

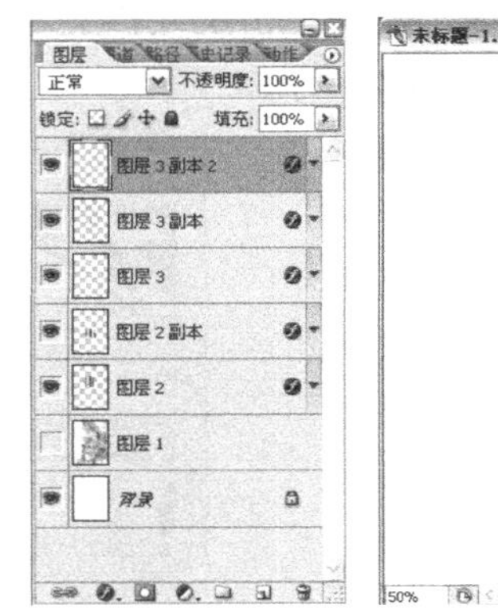

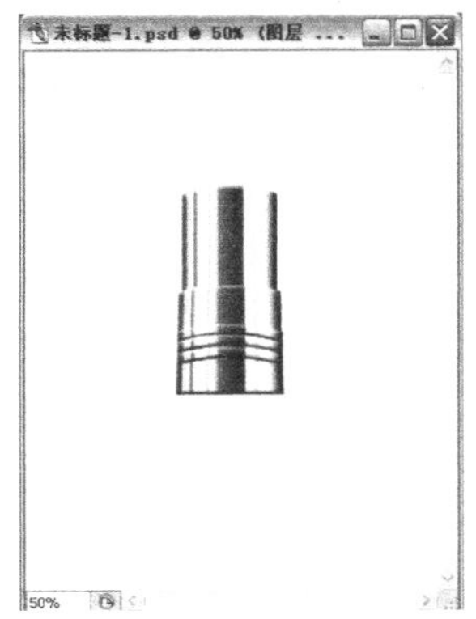

图 5-68 绘制路径 图 5-69 执行“斜面和浮雕”效果 图 5-70 复制图层 图 5-71 调整后效果

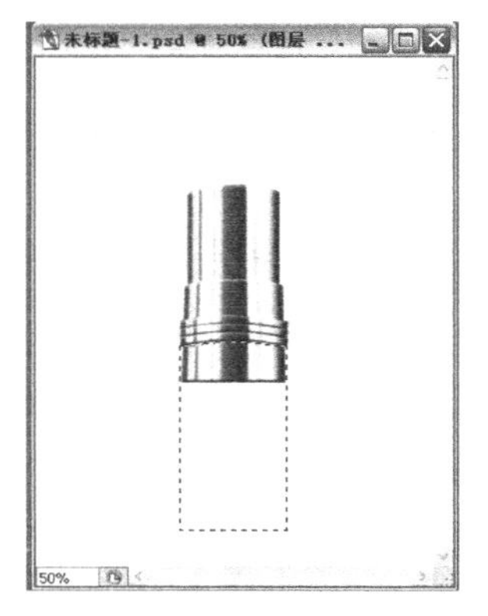

图 5-72 绘制选区

图 5-73 编辑渐变色

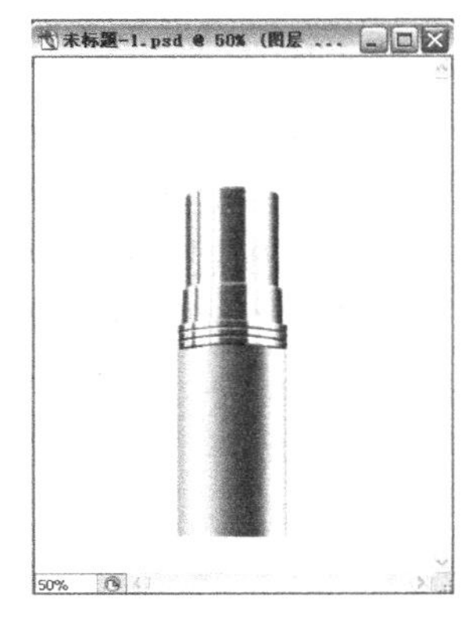

图 5-74 填充渐变色

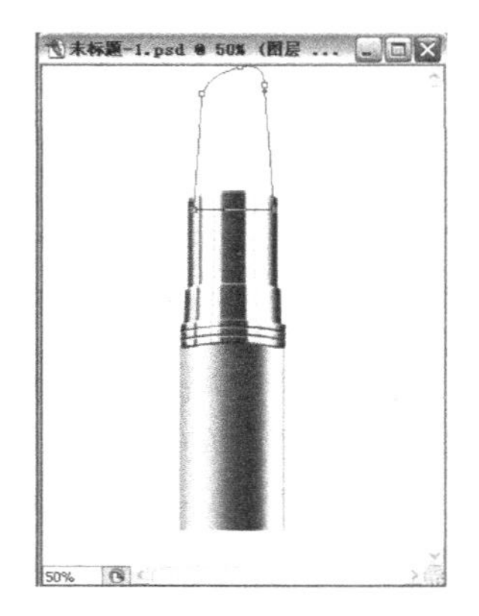

图 5-75 绘制路径

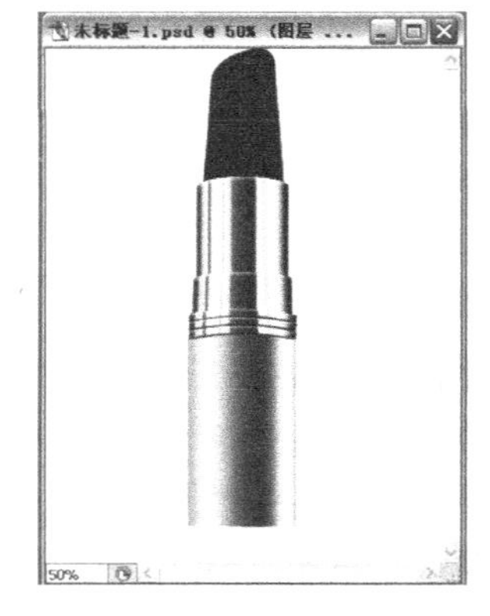

图 5-76 填充路径

（10）以图层 5 为当前层，单击菜单“图层→图层样式→斜面和浮雕”命令，如图 5-77 所示在弹出的对话框中设置参数，单击“确定”按钮，效果如图 5-78 所示。

（11）打开“通道”面板，单击“通道”面板下方的“创建新通道”按钮，形成 Alphal 通道。激活文本工具输入文字“Dior”，如图 5-79 所示。单击“选择→羽化”命令，设置羽化值为 4 像素，填充白色，效果如图 5-80 所示。

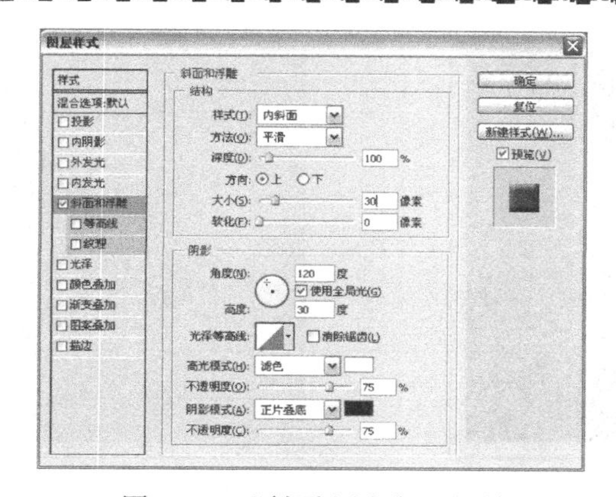

图 5-77　“斜面和浮雕”对话框

图 5-78　执行“斜面和浮雕”效果

（12）保持选区的存在，单击菜单“滤镜→模糊→高斯模糊”命令，在弹出的对话框中设置如图 5-81 所示的参数，单击“确定”按钮，效果如图 5-82 所示。

图 5-79　输入文字

图 5-80　羽化选区

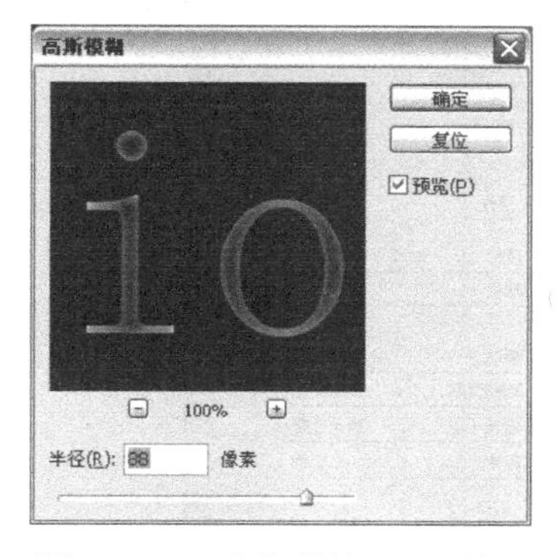

图 5-81　“高斯模糊”对话框

图 5-82　“高斯模糊”效果

（13）保持选区的存在，单击菜单“选择→修改→收缩”命令，设置收缩值为 4 像素，如图 5-83 所示，单击 Delete 键，效果如图 5-84 所示。

（14）返回 RGB 状态，新建图层 6，设置前景色（RGB：209, 148, 39），填充图层 6 效果如图 5-85 所示。单击菜单“滤镜→杂色→添加杂色”命令，在弹出的对话框中设置如图 5-86 所示的参数，继续执行“滤镜→纹理→染色玻璃”命令，在弹出的对话框中设置如图 5-87 所示的参数，单击“确定”按钮，效果如图 5-88 所示。

图 5-83　选区“收缩”效果

图 5-84　删除效果

图 5-85　填充效果

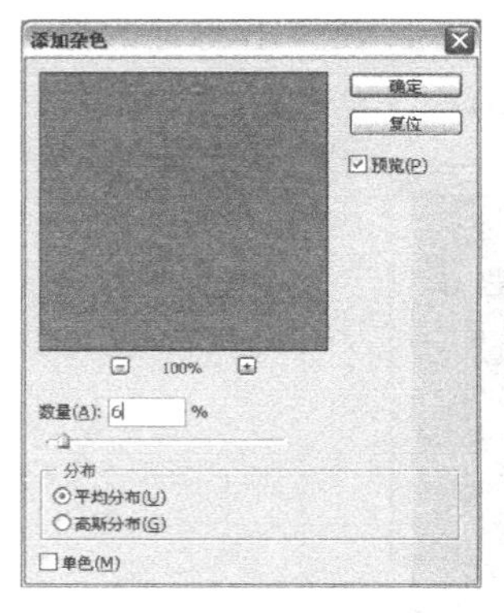

图 5-86　“填加杂色”对话框

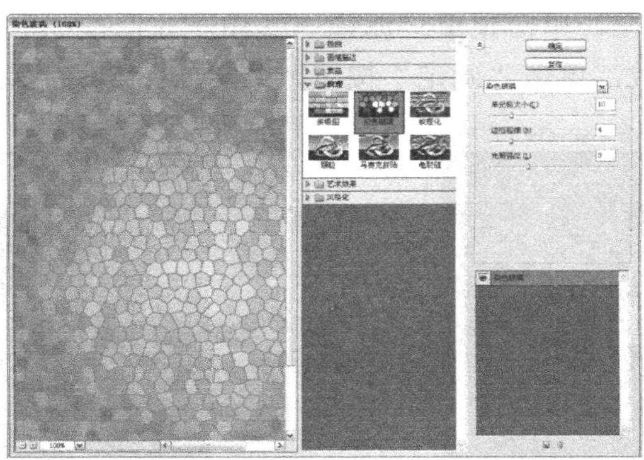

图 5-87　“染色玻璃”对话框

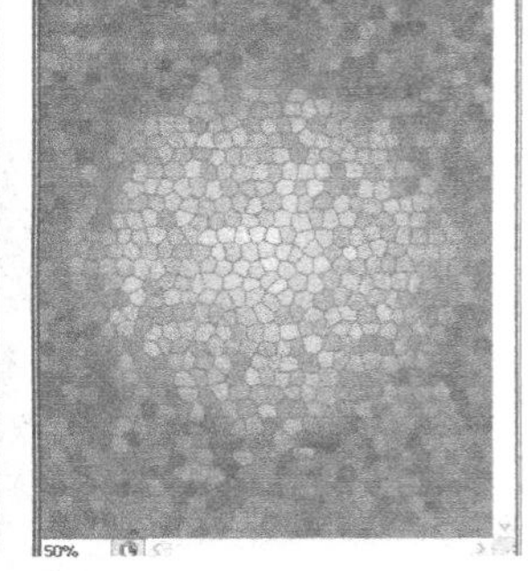

图 5-88　“染色玻璃”效果

（15）以图层 6 为当前层，单击菜单“滤镜→渲染→光照效果”命令，在弹出的对话框中设置如图 5-89 所示的参数（通道必须选择 Alphal），单击“确定”按钮，效果如图 5-90 所示。

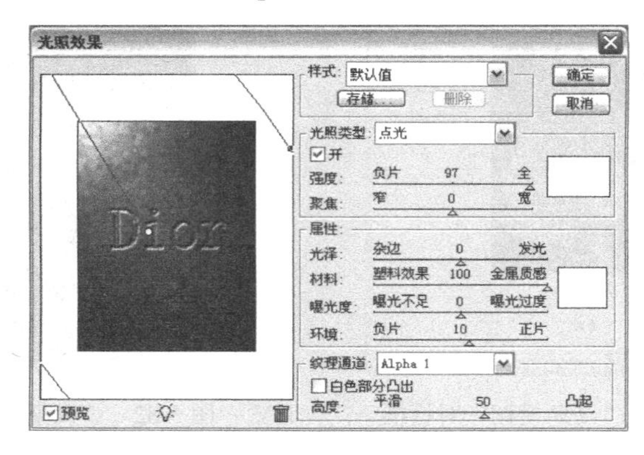

图 5-89　“光照效果”对话框

（16）按住 Shift 键，绘制圆形选区，单击菜单“选择→反选”命令，然后单击 Delete 键，删除多余部分，效果如图 5-91 所示。

（17）将图层 6 通过“编辑”菜单中的“自由变换”命令，调整成如图 5-92 所示的样子，并拖放到“口红”的底部。

图 5-90　执行“光照效果”命令

图 5-91　删除后效果

（18）打开背景图层，此时图层面板如图 5-93 所示。合并部分图层并复制图层 5，如图 5-94 所示。

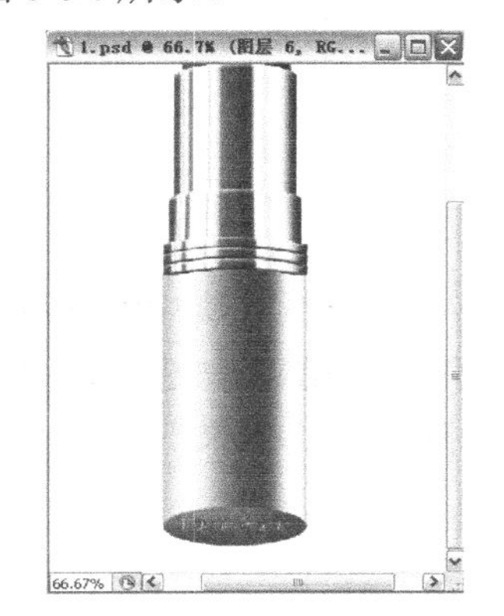
图 5-92　调整口红底部

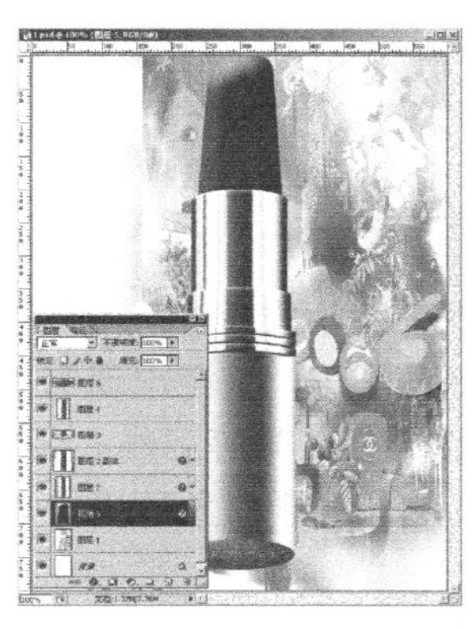
图 5-93　打开背景图层效果

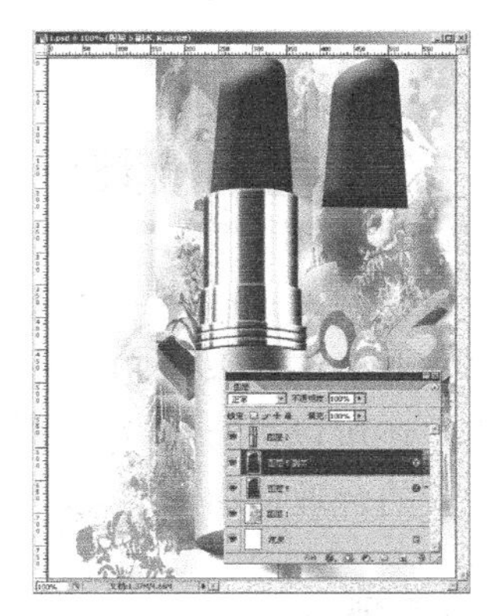
图 5-94　复制图层与效果

（19）单击菜单“图像→调整→色相/饱和度”命令，在弹出的对话框中设置如图 5-95 所示的参数。然后将图层 2 复制后与图层 5 副本合并，效果如图 5-96 所示。复制图层 5 副本为图层 5 副本 2，用同样方法调整“色相/饱和度”参数，效果如图 5-97 所示。

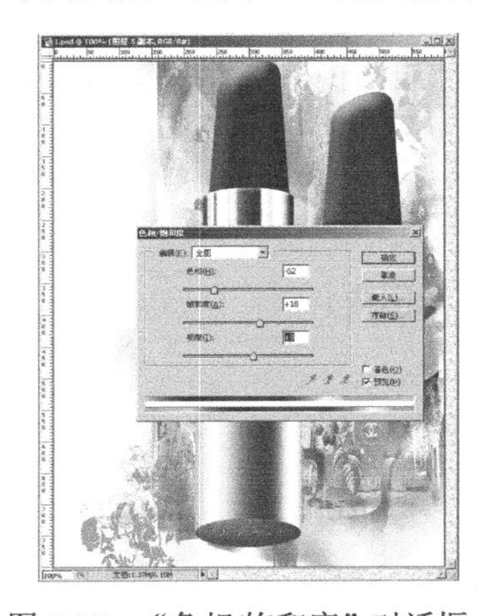
图 5-95　“色相/饱和度”对话框

图 5-96　复制并合并图层

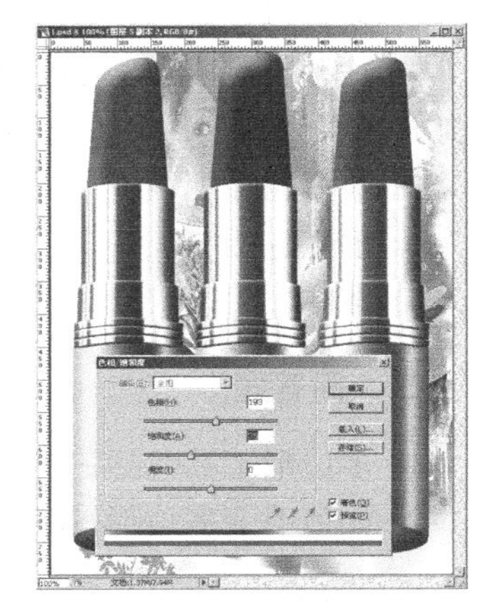
图 5-97　“色相/饱和度”效果

（20）合并 3 只口红并复制形成倒影，调整各图层的“不透明度”参数，输入文字，此时图层面板如图 5-98 所示，将文字栅格化后描边，最终效果如图 5-99 所示。

图 5-98　图层面板

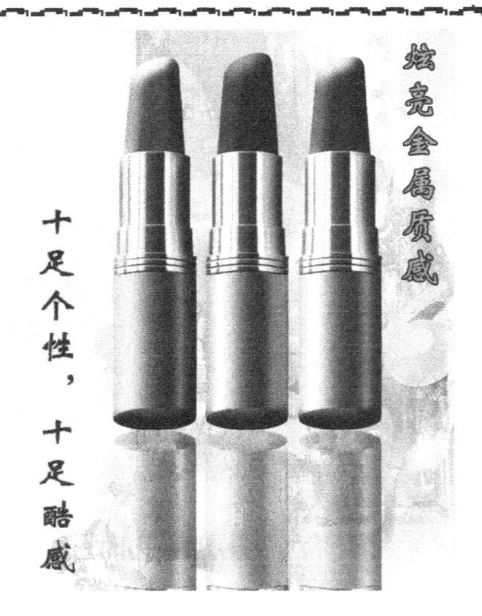

图 5-99　最终效果

5.5　常用小技巧

该实例中主要运用了路径工具组中的相关命令，因此在使用路径工具时应该注意路径的顺畅圆滑，否则容易形成轮廓线的凹凸不平，甚至出现锯齿状。同时利用路径与选区之间的互换，还可以进行褪底、描边及编辑异型图案等工作。“斜面、浮雕和光照效果”命令主要是经验的合理使用，应该注意使用，它有利于对象环境的气氛渲染。

习题 5

一、填空题

1. 路径包括__________路径和________________路径。

2. 按住_________键，在锚点上单击会变为点转换工具，在非锚点上会变为添加锚点工具。按住________键，则会变为方向选取工具。

3. 改变路径上谋个节点的属性，通常采用___________工具。

4. 锚点包括________、_________、_________点。

5. 按住___________键可将钢笔工具绘制的曲线限制在 45° 范围内。

二、简答题

1. 多边形工具包括三种填充形式，它们之间有何区别?

2. 如何改变多边形图案的填充方式?

三、操作题

1. 利用路径工具将图 5-100 中的背景删除。

2. 创作一个自己喜欢的鼠标。

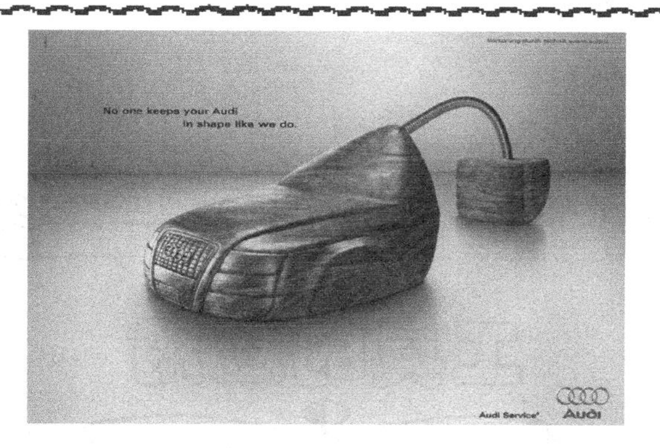

图 5-100

第6章 广告插图——多边形工具的应用

插图是运用绘画的手段对文字所表达的思想内容作艺术的形象化的解释，并以视觉语言传达文字的精神和特定信息的一种通过视觉传达意境的工具。

插图的应用范围很宽，各种传播媒介中所用的配图都可视为“插图”，但如果根据各类插图的特点来区分，可以分为两类：文化传播类和商业信息类。文化传播类主要指书籍中的艺术性插图，是指一切附着于出版物，为文学内容作图释，作装饰，用艺术的手段帮助人们更深入地理解文学内容的图画，而且可作为独立的艺术品存在，如图 6-1 所示是文学作品《指环王》的插图。商业信息类主要是指用于各种商业行为中的招贴、展示、广告中的图像，即各类具有商业目的的图画，如图 6-2 所示是某学校的商业宣传广告插图。

图 6-1 《指环王》的插图

图 6-2 某学校的商业宣传插图

6.1 足球世界杯广告插图案例分析

1. 创意定位

如图 6-3 所示，该广告插图是 2010 年南非世界杯足球赛的广告插图。提起 2010 年南非世界杯足球赛，我们首先想到的是“足球的魅力与非洲的情结”，通过对课题的深入研究和分析，抓住课题的深邃意义，确定此商业插图的创作意念是“激情与自然”。以非洲象征性的深褐色为底色，配合自然、动感、流畅、轻松的线条来表达非洲足球及世界足球给我们带来的快乐与激情。色彩搭配及构图形式也都是紧紧围绕着 2010 年南非足球世界杯主题来进行设计的。

2. 所用知识点

上面的广告插图中，主要用到了 Photoshop CS2 软件中的以下几个命令：

- 多边形工具
- 路径工具
- 参考线
- 智能复制
- 球面化效果
- 渐变工具

图 6-3　2010 年足球世界杯商业插图

3. 制作分析

本广告的制作分为四步完成。

第一步：草图构思。

第二步：以多边形工具、路径工具、参考线、智能复制、球面化效果、渐变工具为制作中的主要工具。

第三步：调整路径以形成自然曲线。

第四步：整合完成。

6.2 知识卡片

1. 多边形工具简介

多边形工具用来创建不同边数的多边形和星形。激活该工具后，在画面中单击并拖动鼠标即可按照预设的选项创建多边形或星形。多边形的工具属性栏如图 6-4 所示。

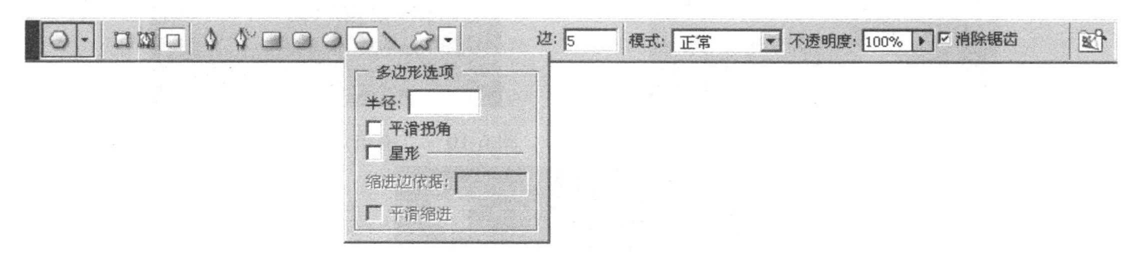

图 6-4　多边形工具属性栏

2. 多边形与路径的使用

- 边：用来设置多边形或星形的边数，它的设置值范围为 3～100。如图 6-5 所示是设置值为 3 创建的多边形，图 6-6 所示是设置值为 10 创建的多边形。
- 半径：用来设置多边形或星形的半径，即图形中心到定点的距离。设置该值后，在画面中单击并拖动鼠标即可按照指定的半径值创建多边形或星形。

图 6-5　三边形

图 6-6　十边形

- 平滑拐角：勾选该项后，创建的多边形和星形将具有平滑的拐角，如图 6-7 所示为勾选该项后创建的四边形，图 6-8 所示为勾选该项后创建的星形。

图 6-7　平滑拐角星形

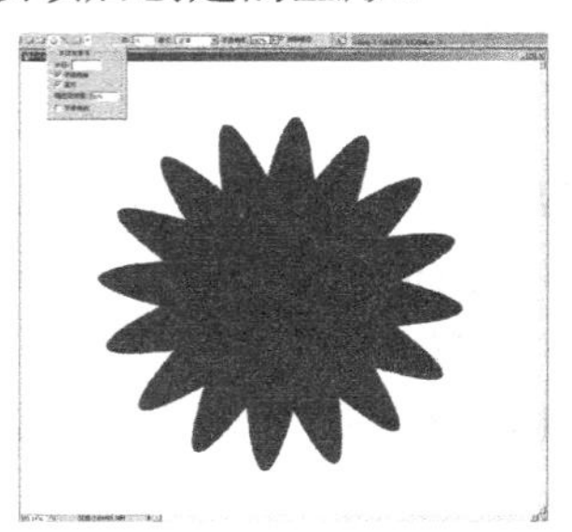

图 6-8　平滑拐角星形

- 星形：勾选该项后，可以创建星形。该选项中的“缩进边依据”项用来设置星形边缩进的百分比，该值越大，边缩进越明显，如图 6-9、图 6-10 所示分别是设置该值为 50%和 90%创建的星形；勾选“平滑缩进”项可以使星形的边平滑地向中心缩进，如图 6-11 所示。

图 6-9　“缩进边依据”为 50%的星形

图 6-10　“缩进边依据”为 90%的星形

图 6-11　“平滑缩进”效果

3．多边形属性栏中三种填充形式对比

多边形属性栏中的“形状”、“样式”、“颜色”三个选项，依据所选的内容不同，表现形

式也不同。如图 6-12 所示，是在相同图案情况下分别选用不同的选项产生的对比效果。

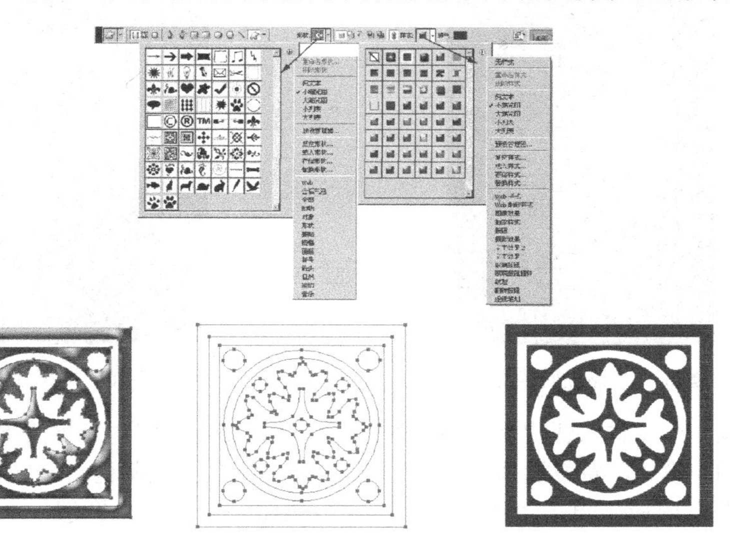

图 6-12　“形状”、“样式”、“颜色”三个选项对比

6.3　实例解析

6.3.1　南非世界杯足球赛广告插图 1

南非世界杯足球赛广告插图 1 的制作步骤如下。

（1）新建文件，命名为“商业插图”，尺寸为 20 厘米×29 厘米，分辨率为 300 像素/英寸，色彩模式为 RGB。

（2）将前景色设为深褐色，按快捷键“Alt+Delete”，将其填充为前景色。激活钢笔工具，选择工具选项栏中的“路径”选项，在画面中绘制图形，如图 6-13 所示。绘制完成后将最初绘制的图形路径加以调整，如图 6-14 所示。调整完成后，在图层面板上新建图层并命名为“Sportsman”，选择此图层将绘制好的路径建立选区，如图 6-15 所示。设置背景色为白色，按快捷键“Ctrl+Delete”，将其填充为背景色，如图 6-16 所示。

图 6-13　绘制路径

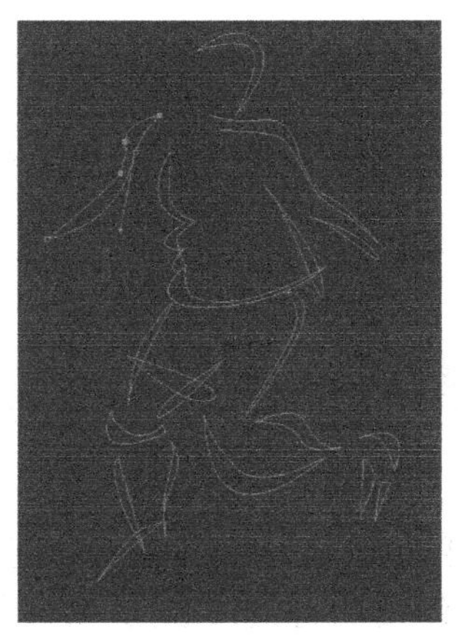

图 6-14　调整路径

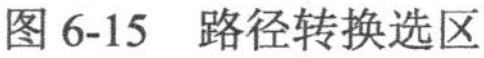

图 6-15　路径转换选区

图 6-16　填充选区

（3）新建一个文件（快捷键：Ctrl+N），命名为“football”，宽度为 800 像素，高度也是 800 像素，RGB 模式，背景选择“白色”。单击“确定”按钮新建一个文件。

（4）在图层面板上单击“创建新的图层”按钮，新建一个图层，系统自动将之命名为“图层 1”。为了下一步更好地定位，通常采用“参考线”来定位，按下快捷键 Ctrl+R 打开标尺，然后在标尺栏上单击鼠标右键，选择“像素”来进行准确定位。然后分别在上边和左边的标尺栏上按住鼠标左键不放，分别将横、竖两条参考线拖到 400 像素，形成一个汇交于画布中心的交叉参考线，如图 6-17 所示。

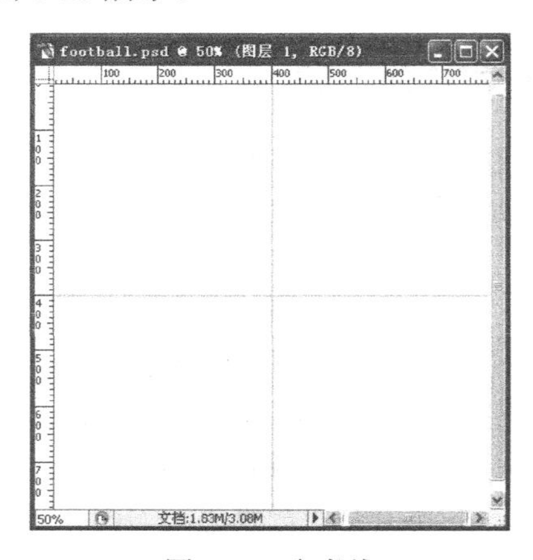

图 6-17　参考线

（5）确认“图层 1”为当前层，激活工具栏中“多边形”工具，然后在属性栏中选中“填充像素”按钮，并且将“边数”设为 5 个，如图 6-18 所示。按快捷键 D，将前景色和背景色恢复成默认的黑色和白色，再以参考线的交点为起点，画出一个五边形的图形（尽量将五边形左右对称），如图 6-19 所示。

图 6-18　设置边数

（6）在图层面板上将“图层 1”拉到“创建新的图层”按钮上，复制出另外一个完全一样的图层，系统自动将其命名为“图层 1 副本”。然后确认选中“图层 1 副本”，按快捷键“Ctrl+T”自由变换图案形状，在五边形上单击鼠标右键，选择“垂直翻转”项，然后回车，可以看到“图层 1 副本”中的五边形已经垂直翻转了。然后按住 Shift 键不放，将翻转后的五边形垂直拉到上面，其距离约为五边形外切圆的半径，如图 6-20 所示。

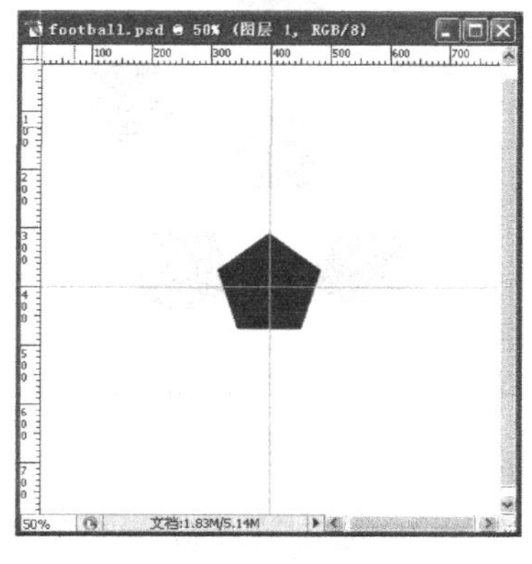

图 6-19　绘制五边形

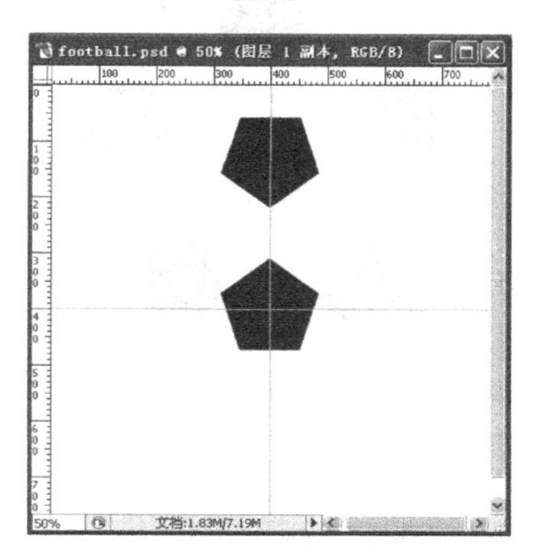

图 6-20　复制五边形

（7）激活工具栏中的“直线工具”，在其属性栏上将线条粗细设置为 2 像素，将两个五边形最相近的顶点用直线连接起来。按 Ctrl+T 键做自由变换，将自由变换中心点移到两条参考线的交点处，在工具选项栏中将图案旋转 72 度，如图 6-21、图 6-22 所示。

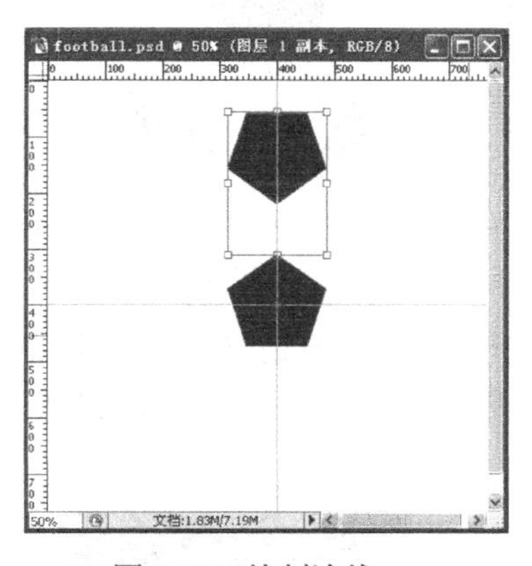

图 6-21　绘制连线

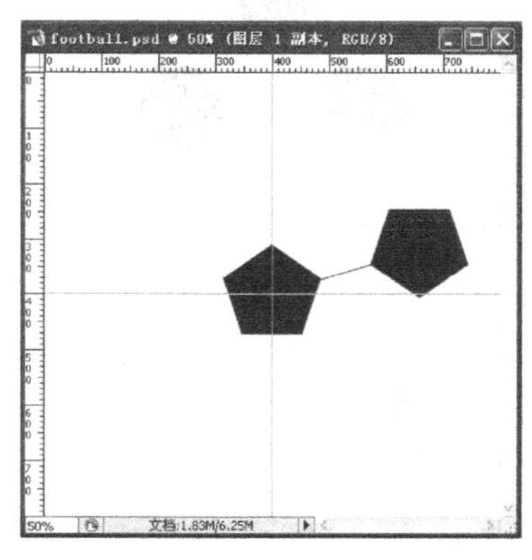

图 6-22　变换位置

（8）在 Photoshop CS2 中，有一个“智能复制”的功能，就是对图像运用了自由变换后，可以用快捷键“Ctrl+Shift+Alt+T”复制上一次自由变换的操作，并且对变换后生成的图像另外生成一个图层。在本例中，上一步对图像进行了旋转 72 度的变换，因此连续按“Ctrl+Shift+Alt+T”4 次就可以将中心五边形的 5 个顶点全部连接好，连接后的图形如图 6-23 所示。

（9）将所有的带有五边形图案的图层全部链接并合并成一个图层，并命名为“Football2”。选中“直线工具”，直线粗细设为 2 像素，将周围 5 个五边形的最相近的顶点用直线连接起来，连接后的图像如图 6-24 所示。

（10）激活工具箱中“椭圆选框”工具，按住 Alt+Shift 键，以参考线交点为起点，绘制圆形，单击菜单“编辑→描边”命令，在弹出来的“描边”设置框中将宽度设为 1 像素，颜色选择黑色，位置选择“居中”，单击“确定”按钮，确认执行描边操作，效果如图 6-25 所示。

（11）单击菜单“滤镜→扭曲→球面化”命令，对图像实行球面化滤镜操作，在弹出的“球面化”设置框里将“数量”框设为 100%，球面化后的效果如图 6-26 所示。

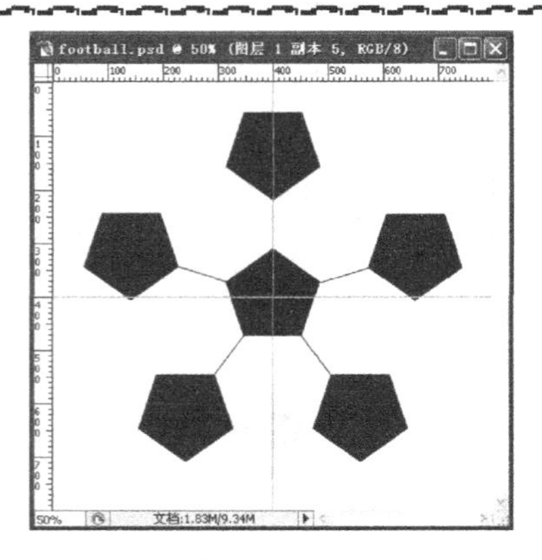

图 6-23　连续按 Ctrl+Shift+Alt+T

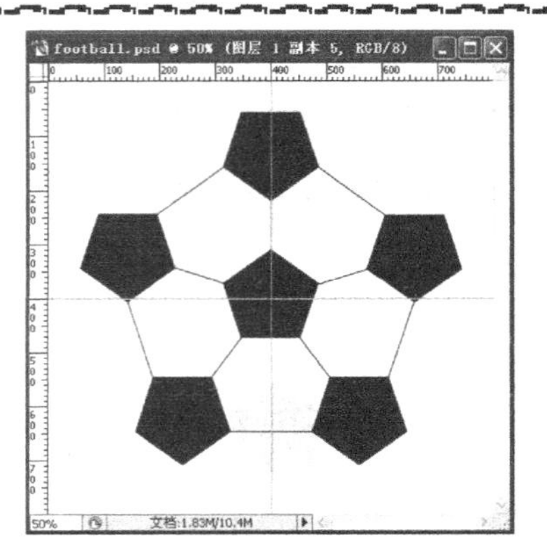

图 6-24　用直线连接顶点

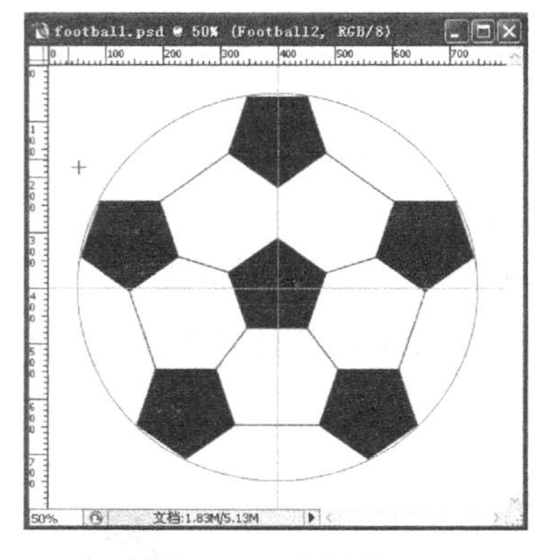

图 6-25　绘制外圆

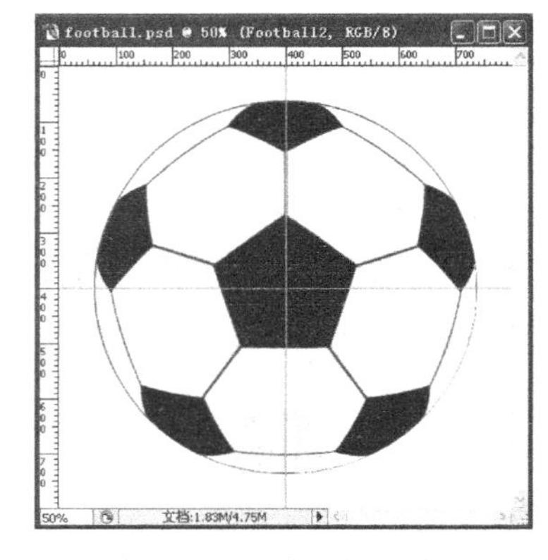

图 6-26　“球面化”效果

（12）激活魔棒工具，将足球的黑色区域选出，新建图层，将前景色设为金色，选中此图层，按住快捷键 Alt+Delete 将其填充为前景色，效果如图 6-27 所示。将此图层拖到商业插图文件中，效果如图 6-28 所示。

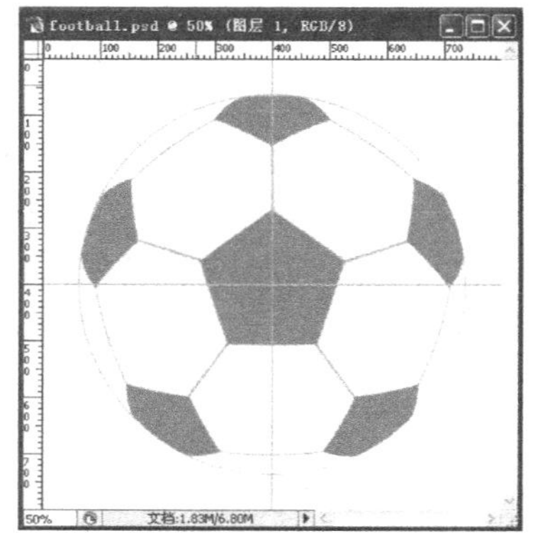

图 6-27　填充效果

图 6-28　拷贝与合成

（13）激活文字工具，分别输入文字“FIFA WORLD CUP”和“SOUTH AFRICA 2010”，选择“SOUTH AFRICA 2010”文本图层，然后单击图层面板中的“添加图层样式”按钮，在弹出的图层样式面板中单击“渐变叠加”面板渐变项中的渐变色带，会弹出渐变编辑器面板，对所需要的颜色进行编辑，如图 6-29 所示。

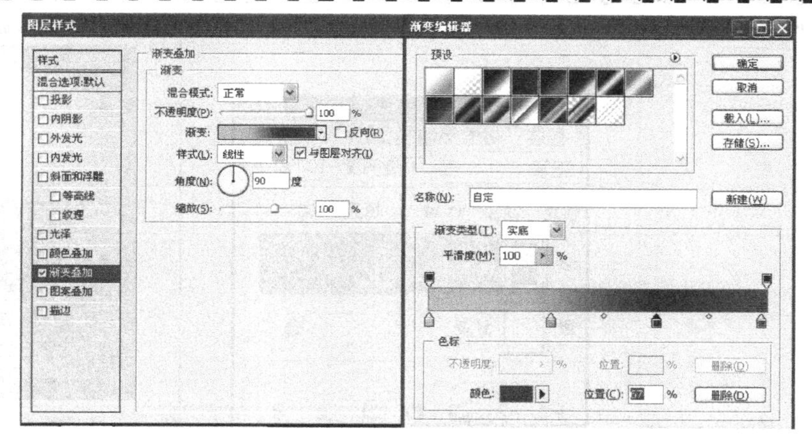

图 6-29　编辑渐变色

（14）最后将设计作品进行适当的构图调整，效果如图 6-3 所示。

6.3.2　南非世界杯足球赛广告插图 2

南非世界杯足球赛广告插图 2 的制作步骤如下。

（1）新建文件，命名为“商业插图”，尺寸为 20 厘米×29 厘米，分辨率为 300 像素/英寸，色彩模式为 CMYK。参数设置如图 6-30 所示。

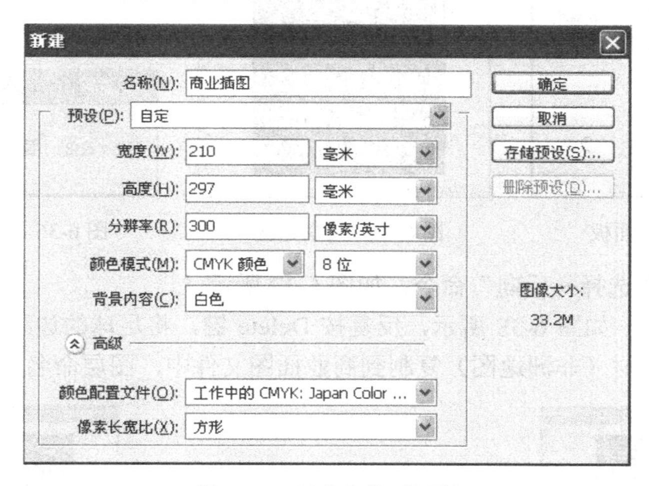

图 6-30　新建文件对话框

（2）激活矩形选框工具，在画面中绘制如图 6-31 所示的选区。

（3）新建图层 1，如图 6-32 所示，激活填充工具，填充选区。

（4）将准备好的素材打开，复制到商业插图文件中，图层命名为“图层 2”，效果如图 6-33 所示，此时图层面板如图 6-34 所示。

（5）激活椭圆选框工具，绘制与足球一般大小的圆，如图 6-35 所示。

（6）单击菜单“选择→羽化”命令，如图 6-36 所示，在其弹出的对话框中设置羽化半径为 30 像素，单击“确定”按钮。

图 6-31 绘制选区

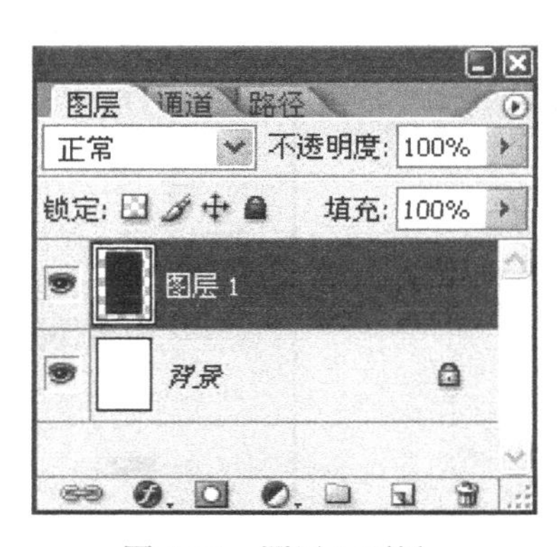

图 6-32 图层 1 面板

图 6-33 素材

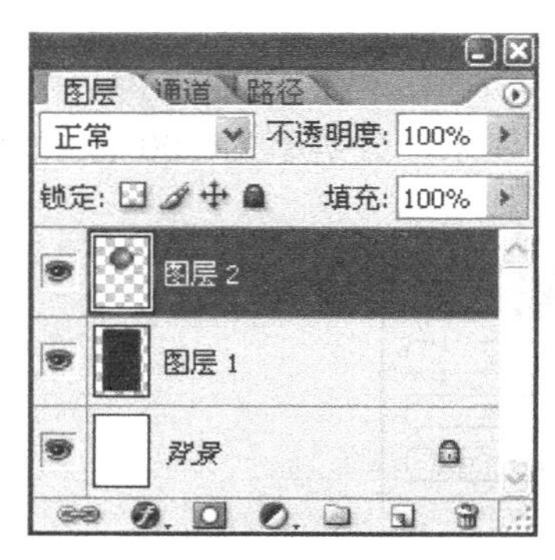

图 6-34 图层 2 面板

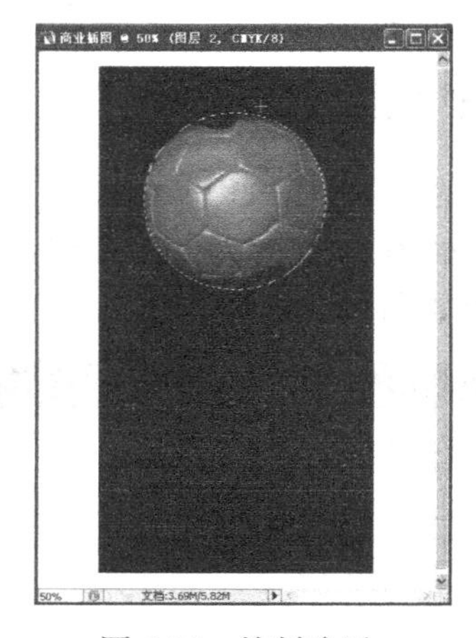

图 6-35 绘制选区

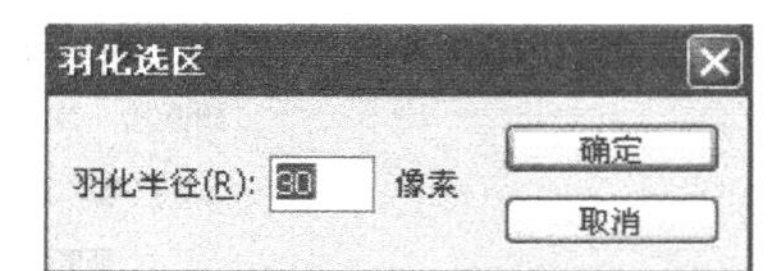

图 6-36 “羽化”对话框

（7）单击菜单“选择→反向”命令，如图 6-37 所示。

（8）选中图层 2，如图 6-38 所示，反复按 Delete 键，将足球的边缘羽化，如图 6-39 所示。再将准备好的素材（非洲地图）复制到商业插图文件中，图层命名为“图层 3”。

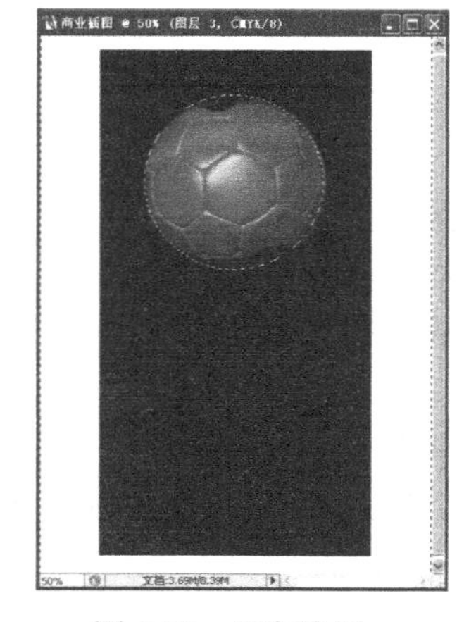

图 6-37 反向选择

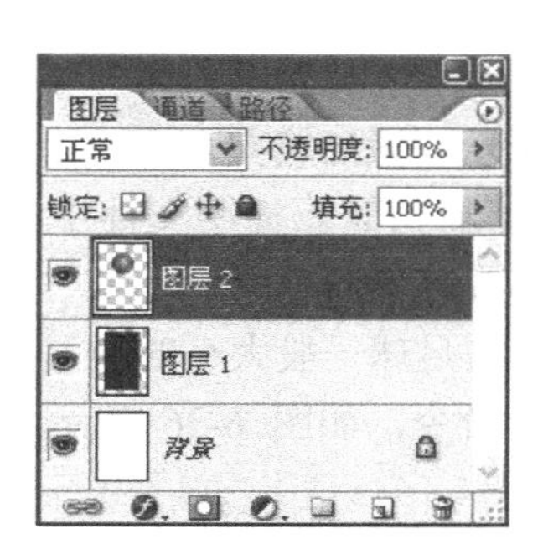

图 6-38 当前图层 2 面板

图 6-39 素材

（9）将图层 3 中的非洲地图填充为背景色，拖至到足球上，效果如图 6-40 所示。此时图层面板如图 6-41 所示。

（10）选中图层 3，激活椭圆选框工具，绘制足球一般大小的圆，如图 6-42 所示。

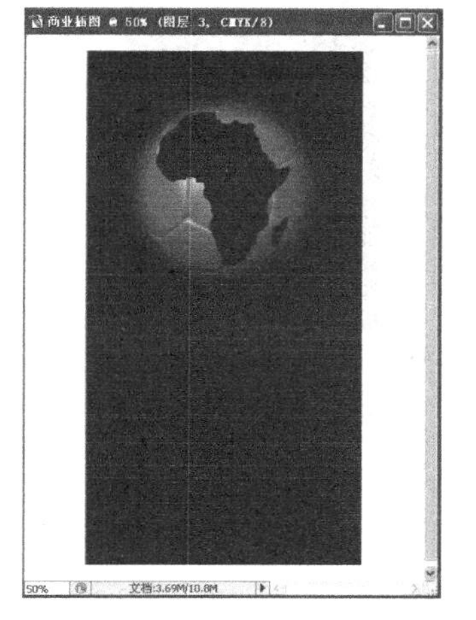

图 6-40　填充背景色

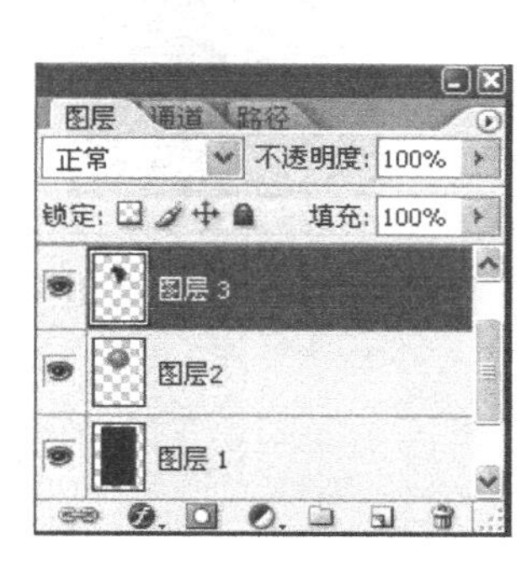

图 6-41　当前图层 3 面板

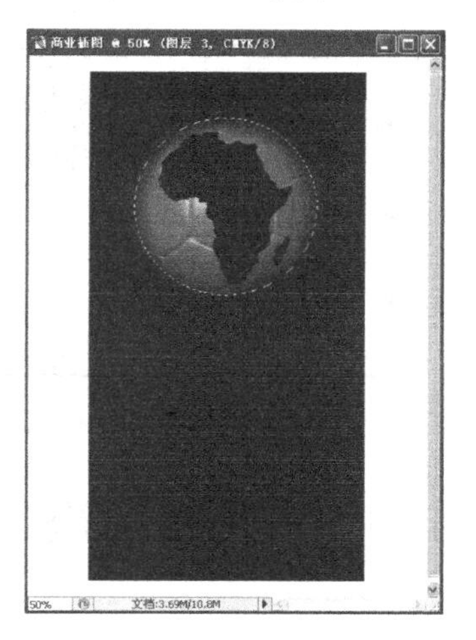

图 6-42　绘制圆选区

（11）单击菜单“滤镜→扭曲→球面化”命令，如图 6-43 所示设置参数。单击“确定”按钮，效果如图 6-44 所示。

（12）选中图层 3，选择椭圆选框工具，拖至足球一般大小的圆，用上面介绍羽化的方法对图层 3 中非洲地图进行羽化处理，如图 6-45 所示。

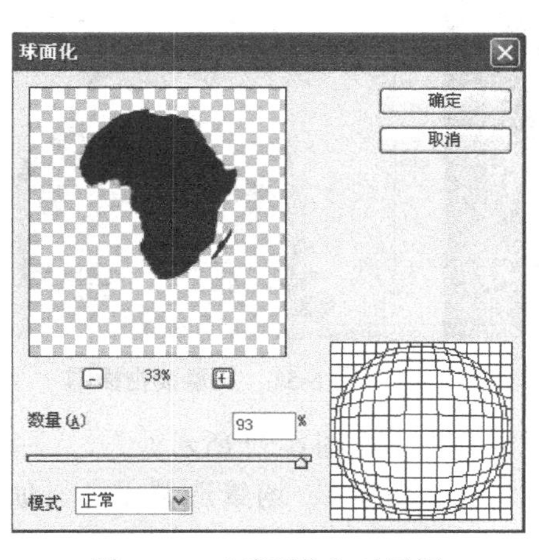

图 6-43　“球面化”对话框

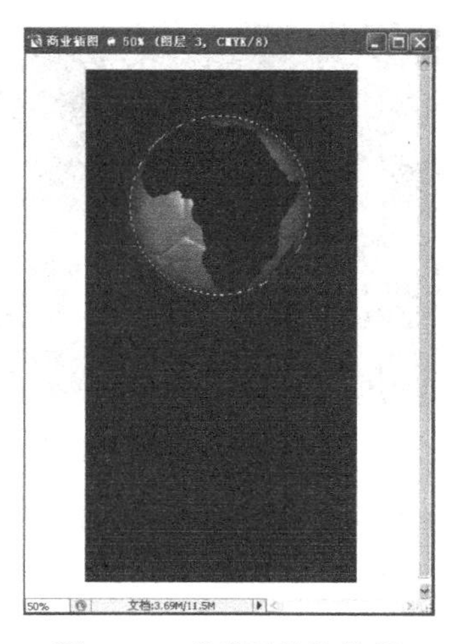

图 6-44　“球面化”效果

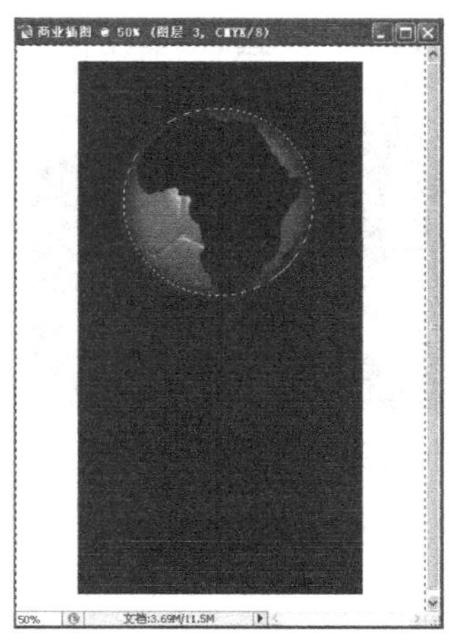

图 6-45　羽化效果

（13）羽化完成后，如图 6-46 所示，在图层面板中选择“叠加”模式，将不透明度设为 50%，效果如图 6-47 所示。

（14）最后将文字加入到画面中，对作品进行整体和局部的调整。最终完成作品如图 6-48 所示。

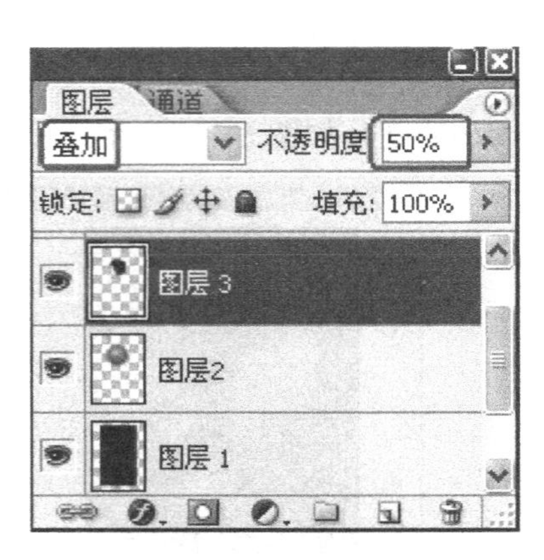

图 6-46 “叠加”模式

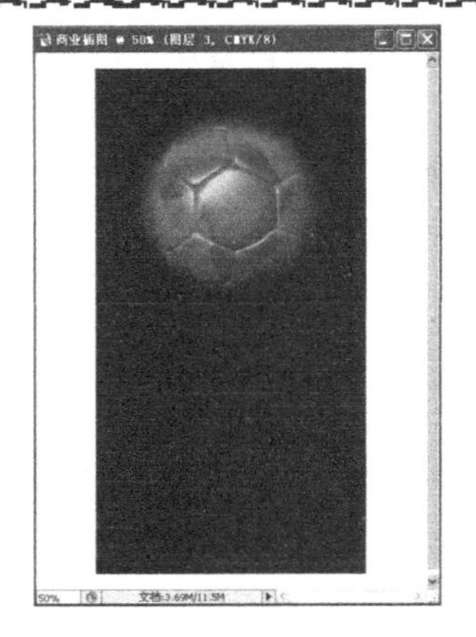

图 6-47 “叠加”效果

图 6-48 最终效果

6.4 相关知识链接

1. 商业插图的应用领域

广告插图：这类插图一般用于商品或者广告，以及公益性服务（如图 6-49 所示）。

出版物插图：这是非常普遍的类型，出版物按类型不同分为文学艺术类（如图 6-50 所示）、儿童读物类（如图 6-51 所示）、自然科学类、社会人文类等，而插图的内容也根据不同的选题性质而发生变化。

图 6-49 公益性插图

图 6-50 艺术类插图

图 6-51 儿童读物插图

卡通吉祥物设计：一般分为企业类、社会类、产品类吉祥物，如图 6-52 所示。

影视、游戏美术设定：一般有人物造型设计（如图 6-53 所示）、场景造型设计（如图 6-54、图 6-55 所示）等。

图 6-52 卡通造型

图 6-53 人物造型设计

图 6-54　场景造型设计之一

图 6-55　场景造型设计之二

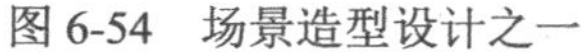

2. 广告插图的表现形式

插图的表现形式随着时代的发展越来越丰富和多样化，从手工绘制，木版、石版印刷发展到现代的喷绘、电脑等高科技的使用。

3. 广告插图的表现主题

广告插图的主题通常采用幽默性、讽刺性、象征性、幻想性、戏剧性、意象性、直叙性、寓言式、装饰性等手法表达。

习题 6

一、填空题

1. 设置多边形或星形的边数，其边的范围为____________。

2. 路径是由____________组成的一种非打印的图形元素，它在 Photoshop 中起着位图与矢量元素之间桥梁的作用。

3. 我们可以从弹出式菜单中选择__________命令将新自定的形状存储为当前形状库的一部分，并在需要的时候通过载入形状命令将保存好的形状文件载入。

4. 使用 Alt+__________组合键，单击鼠标左键可缩小图像显示比例。

5. 图像的显示比例与图像实际尺寸是有区别的，图像的显示比例是指____________，而不是与图像实际尺寸的比例。

二、简答

1. 商业插图的应用领域有哪些？

2. 商业插图的分类及表现形式？

三、操作题

1. 运用椭圆选框工具、横排文字工具、填充工具、变换选区制作图 6-56 所示的商业插图。

2. 运用矩形选框工具、移动工具、填充工具、横排文字工具制作图 6-57 所示的商业插图。

图 6-56　商业插图

图 6-57　商业插图

第 7 章　数码影像设计——图像、通道、蒙版、索引色的应用

自 1991 年第一架数码相机问世以来，数码相机的发展可谓日新月异。最初的数码相机用于通过卫星从太空向地面传送照片，以后逐渐转为民用。数码相机具有一些传统相机所无法比拟的优势：用传统相机拍摄的图像要进行数字化处理，需经过拍照、冲洗、扫描三个步骤，而用数码相机摄影则无需胶卷、暗室和扫描仪，拍摄的图像可直接输入到计算机中，用户可在计算机中对图像进行编辑、处理，在电脑或电视中显示，通过打印机输出或通过电子邮件传给别人，大大提高了工作效率；用传统相机拍照无法立即看到结果，有时拍了一整卷也没有一张满意的，而数码相机则实现了“所见即所得”——立刻看到被拍摄下来的图像，如不满意可立即删去，并且腾出了可再利用的存储空间，也不会有人再嘲笑你不会摄影。数码相机的存储器可以重复使用，不像传统相机那样需不断购买胶卷，非常经济；大部分数码相机都具有视频输出功能，可作为一种图像演示设备；用数码相机拍出的照片都以文件形式存在，可反复复制，长期保存，不会变色和失真，不存在普通底片和照片的霉变和影像褪色等情况。这些优势再加上近两年来 Internet 的普及，使数码相机一经问世，便以爆炸般的速度迅速走红全球。

7.1　数码影像案例分析

1. 创意定位

越来越多的数码相片与我们的生活息息相关，例如，可以自己动手将数码相片制作成桌面壁纸（如图 7-1 所示），使刻板的桌面变得丰富多彩。

2. 所用知识点

图像的调整（色阶、曲线、色彩平衡、色相与饱和度调整）。

快速蒙版的使用。

蒙版和通道（颜色通道和 Alpha 通道）。

图层透明度的调整。

3. 制作分析

图片的制作分三步完成。

第一步：为了使原始图像更加出色，使用“图像→调整”中的相关命令。

第二步：将人物保存选区，用到了快速蒙版与通道。

第三步：将人物粘贴入选区中，用到了图层蒙版。

图 7-1 数码照片桌面壁纸

7.2 知识卡片

7.2.1 图像的调整

1. 色阶调整图像

通过应用色阶命令，可以修整清晰度下降的图像。

（1）打开图像如图 7-2 所示，可以看到，整个图像轮廓比较模糊。

（2）单击菜单“图像→调整→色阶”命令，弹出如图 7-3 所示的“色阶”对话框。其中色阶命令里主要有两大滑块调整部分：第一部分的三个滑块分别控制图像的暗调、中间调、亮调；第二部分的两个滑块调节图像的整体亮度。

图 7-2 素材

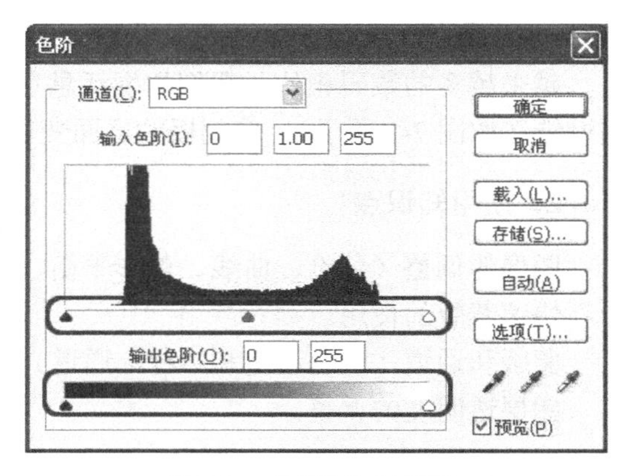

图 7-3 “色阶”对话框

（3）如图 7-4 所示调整参数，单击“确定”按钮，调整后的图像效果如图 7-5 所示。

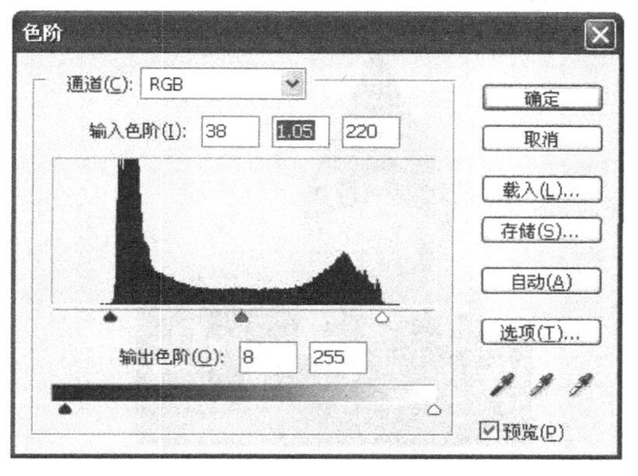

图 7-4　在“色阶”对话框中调整参数

图 7-5　调整“色阶”后的效果

2. 曲线调整图像

曲线与色阶一样，都用于调整图像的色调及颜色。色阶是通过改变高亮、中间调、暗调值来调整图像的，而曲线是利用伽玛曲线，更细致地调整图像的。因此，它的工作原理虽然比较复杂，却可以进行精确的图像调整工作。

（1）打开图像如图 7-6 所示，可以看到原始图像比较模糊。

（2）单击菜单“图像→调整→曲线”命令，弹出如图 7-7 所示的“曲线”对话框。

图 7-6　素材

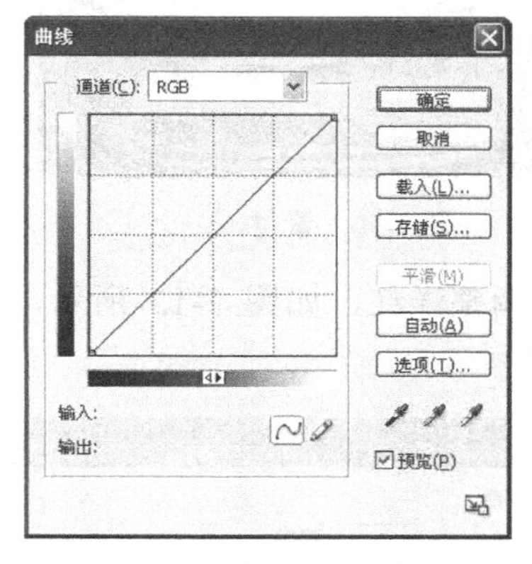

图 7-7　“曲线”对话框

其中：

曲线命令主要由 X 轴、Y 轴和一条随意变化的曲线组成。X 轴（横向）调节图像整体的颜色对比度，曲线越靠左边，图像整体的颜色对比度就越强烈；Y 轴（纵向）是图像整体亮度调节轴，曲线越靠上，整个图像就会越亮。

（3）打开预览选项，观察预览效果，按住鼠标左键，在曲线上拖动即可调整。如图 7-8 所示设置参数，单击“确定”按钮，调整后的图像效果如图 7-9 所示。

注：使用曲线时可以多尝试经典的“S”形曲线。

3. 色彩平衡的使用方法

色彩平衡运用起来简单而且方便，可以轻松地调整或者更改颜色，是很多设计师和 Photoshop 用户都经常使用的功能。打开图像如图 7-10 所示，对其色彩进行调节。

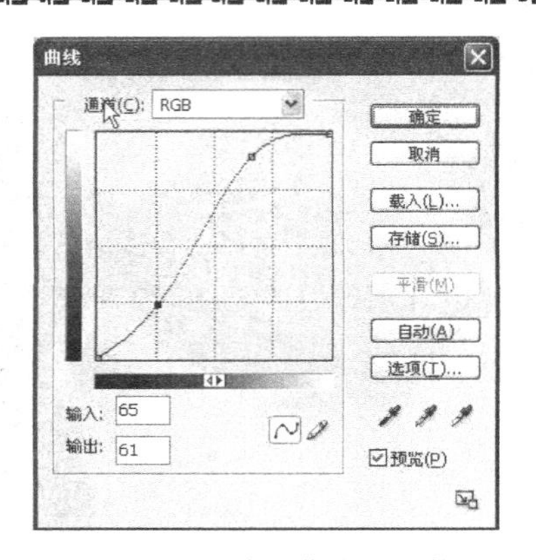

图 7-8　调整“曲线”参数

图 7-9　调整“曲线”效果

（1）单击菜单“图像→调整→色彩平衡”命令，弹出如图 7-11 所示的“色彩平衡”对话框。

图 7-10　素材

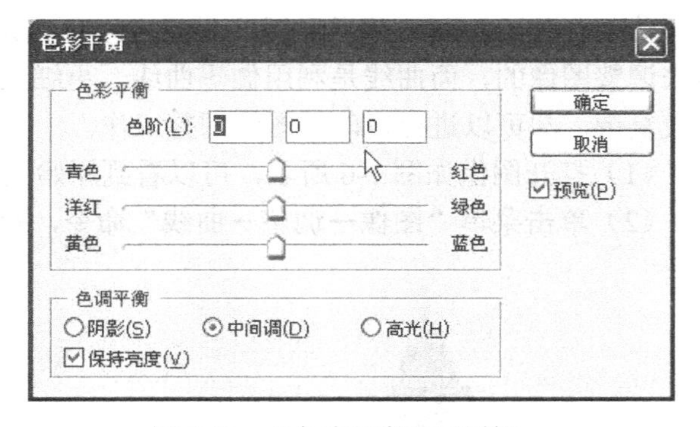

图 7-11　“色彩平衡”对话框

首先调整洋红，如图 7-12 所示，使洋红数值达到 100，单击“确定”按钮，效果如图 7-13 所示。

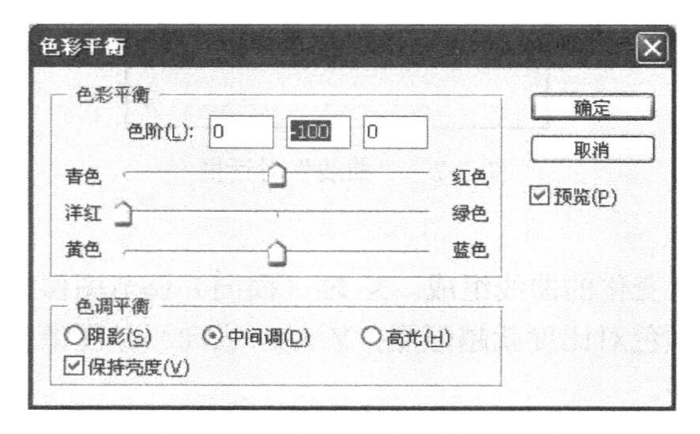

图 7-12　调整“色彩平衡”参数

图 7-13　调整“色彩平衡”效果

如果同时对图像的红色与黄色进行调整，如图 7-14 所示设置参数，则效果如图 7-15 所示。

4. 色相/饱和度的用法

打开图像如图 7-16 所示，单击菜单“图像→调整→色相/饱和度”命令，弹出如图 7-17 所示的对话框。

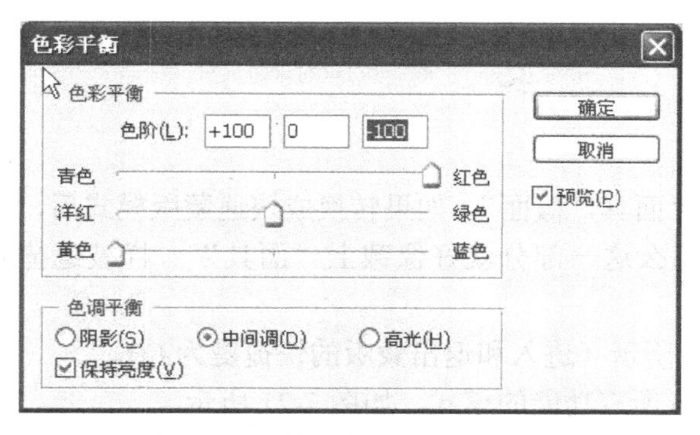

图 7-14　调整“色彩平衡”参数

图 7-15　调整“色彩平衡”效果

图 7-16　素材

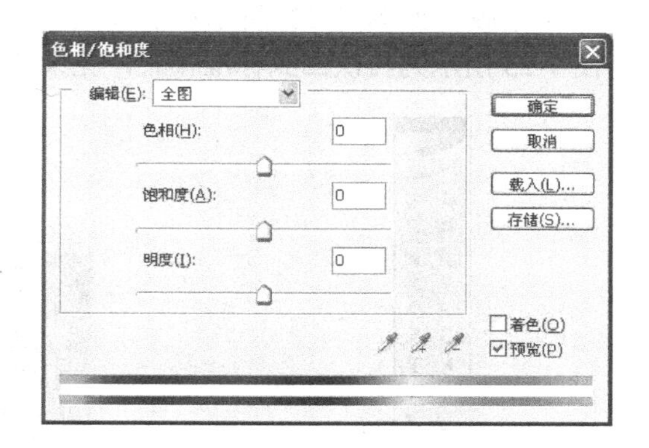

图 7-17　“色相/饱和度”对话框

色相：如果向右拖动滑块，最下端的颜色环会顺时针移动，同时颜色将被更改。如果向左拖动，颜色环会逆时针方向移动。黑色和白色不会应用色相值。

饱和度：指的是颜色的清浊程度。该选项的取值范围为-100～100。

明度：图像颜色和饱和度对比不被调节，只调节整体图像的亮度。

如图 7-18 所示设置参数，调整后的图像效果如图 7-19 所示。

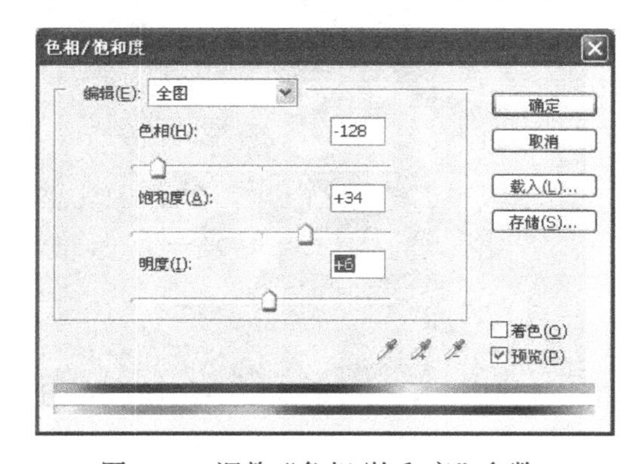

图 7-18　调整“色相/饱和度”参数

图 7-19　调整“色相/饱和度”效果

Photoshop 的图像调整是多种多样的，并不是仅仅利用某一种方法，而是通常几个命令综合使用。例如，如果对于图像的某一局部不满意，就需通过选取，对该区域单独进行调整。

7.2.2 通道与蒙版

1. 蒙版

蒙版的英文名称是 Mask，它的含义是“面具，假面”。如果转换成快速蒙版模式后，在特定区域上编辑填充，如应用画笔工具，那么这一部分就好像戴上“面具”一样被遮掩起来。制作蒙版就是为了设置选区。

蒙版工具位于工具栏的下端，如图 7-20 所示（进入和退出蒙版的快捷键为 Q）。

左边为标准模式，即可以应用 Photoshop 所有功能的模式，如图 7-21 所示。

右边为快速蒙版模式，即制作蒙版区域的模式，通过 Photoshop 提供的各种填色工具，可以制作蒙版。如图 7-22 所示在快速蒙版模式中，使用画笔工具在背景中填充默认前景色。图 7-23 所示为再次回到标准模式，花朵图像被激活成了选区。

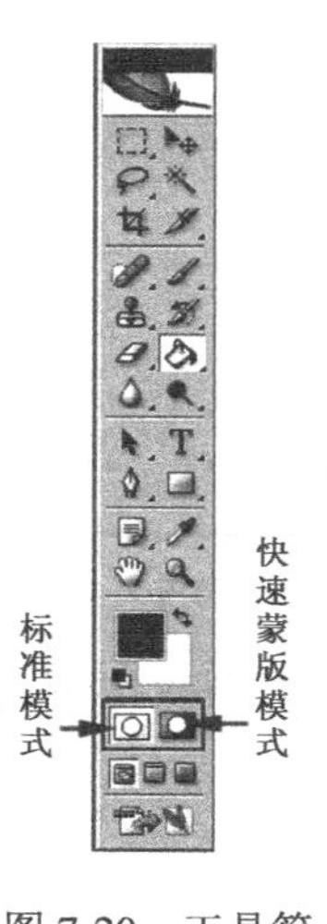

图 7-20 工具箱

图 7-21 标准模式

图 7-22 快速蒙版模式

图 7-23 选区的形成

2. 通道

通道分为颜色通道和 Alpha 通道。

颜色通道的作用就是记录构成图像的各个颜色信息。随着图像模式的不同，通道面板上会自动显示出相应的各个颜色通道。

RGB 模式的图像是混合红、绿、蓝（Red，Green，Blue）颜色制作的图像，查看通道面板，可以看到红、绿、蓝通道，及合并 3 种颜色通道的 RGB 通道，如图 7-24 所示。

CMYK 模式图像的通道是由青色、洋红、黄色、黑色（Cyan，Magenta，Yellow，Black）4 个颜色通道，及合并各个颜色通道的 CMYK 通道，一共 5 个通道构成，如图 7-25 所示。

Alpha 通道的一个目的在于保存选区的通道，与由图像模式决定的基本颜色通道不同，它不会对构成整体图像的颜色产生直接的影响，可以将确定的选区进行保存，以供随时打开保存的选区使用。如图 7-26 所示。

注：快速蒙版建立的选区一经取消就不被保存在通道面板中。

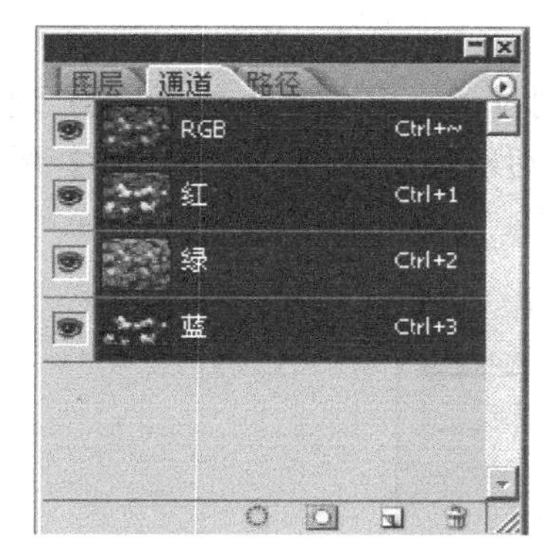

图 7-24　RGB 通道

图 7-25　CMYK 通道

图 7-26　Alpha 通道

3．图像的合成

下面用通道来进行简单的图像合成。

（1）打开图片“旧书”，用多边形套索工具将书的局部设置绘制选区，如图 7-27 所示。

（2）保持选区，单击菜单“窗口→通道”命令，在通道面板上新建 Alpha1 通道，将选区中填充默认前景色，效果如图 7-28 所示。

图 7-27　素材

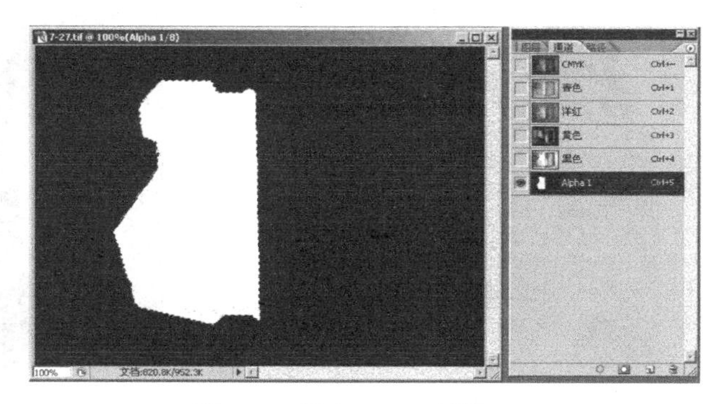

图 7-28　填充 Alpha 通道

（3）取消选区，单击菜单“滤镜→模糊→高斯模糊”命令，如图 7-29 所示，设置参数“半径”为“15”。单击“确定”按钮，效果如图 7-30 所示。

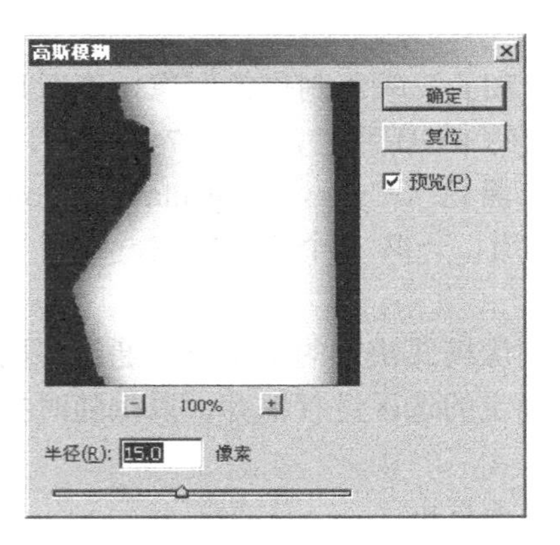

图 7-29 “高斯模糊”对话框

图 7-30 “高斯模糊”效果

（4）单击 RGB 通道，回到标准状态。在按住 Ctrl 键的同时，鼠标左键单击 Alpha1 通道，载入选区。返回图层面板，单击该图层（若是背景层，则双击背景层，如图 7-31 所示，单击“确定”按钮即可）。这样在通道中设置的选区已完成。

图 7-31 新建图层面板

（5）这一步作神奇的“合成”效果，打开图片如图 7-32 所示。按 Ctrl+A 键全选该图片并复制。激活“旧书”图层，单击菜单“编辑→贴入”命令，如图 7-33 所示，调整图像至合适大小。

图 7-32 素材

图 7-33 粘贴并调整素材

（6）此时的合成还显得很生硬，将图层面板中的图层模式“正常”改为“正片叠底”模式，如图 7-34 所示，这样两张图片就非常自然地合成在一起了，效果如图 7-35 所示。

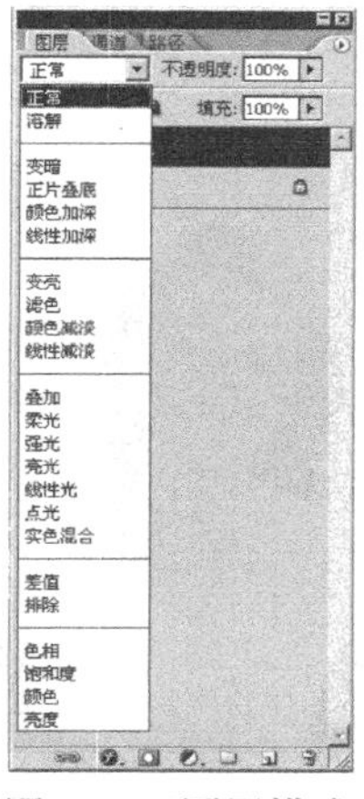

图 7-34　图层模式

图 7-35　“正片叠底”效果

7.3　实例解析

7.3.1　数码影像案例

数码影像的制作步骤如下。

（1）打开数码原始照片，如图 7-36 所示。

图 7-36　原始照片

（2）单击菜单“图像→调整→曲线”命令，在如图 7-37 所示的对话框中调整曲线变化，提高画面整体亮度，效果如图 7-38 所示。

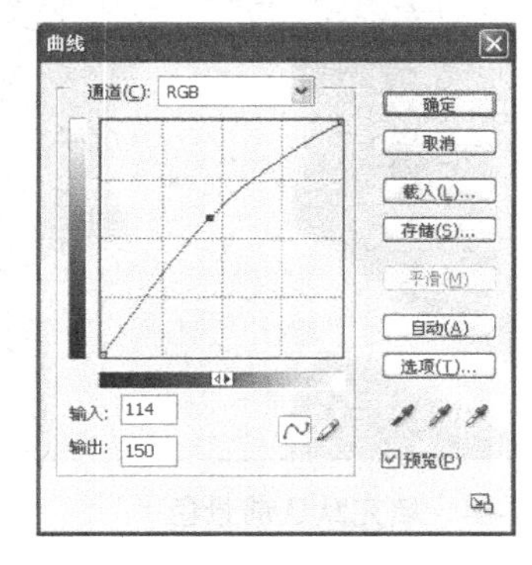

图 7-37　“曲线”参数调节

图 7-38　“曲线”调节效果

（3）单击菜单“图像→调整→色相/饱和度”命令，在如图 7-39 所示的对话框中调整曲线变化，单击“确定”按钮，效果如图 7-40 所示。

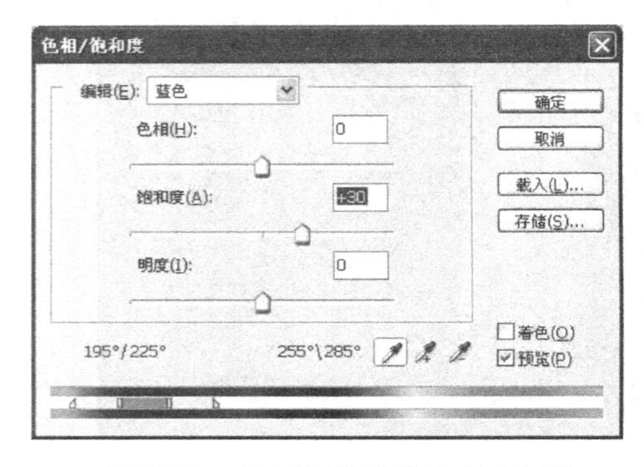

图 7-39 “色相/饱和度”参数调节

图 7-40 “色相/饱和度”调节效果

（4）提取人物为以后的工作所用。

进入快速蒙版模式，选择适当大小的柔角画笔对人物外围进行描绘，如图 7-41 所示，单击菜单“图像→调整→反相”命令，效果如图 7-42 所示。

图 7-41 在快速蒙版模式描绘人物

图 7-42 “反相”效果

（5）返回标准形式，人物的选区已设置好，如图 7-43 所示。

（6）保持该选区，打开通道面板新建通道 Alpha1，将选区填充默认前景色，如图 7-44 所示。保存该文件为 PSD 格式，这样该选区可以随时使用，并将该文件命名为“人物选区”。

图 7-43 返回到标准模式

图 7-44 填充默认前景色

（7）新建一个适当大小的文件，将刚才保存的“人物选区”图片复制到该文件中，调整大小和位置，如图7-45所示。

（8）新建图层，进入快速蒙版模式，使用渐变工具填充，效果如图7-46所示。

图7-45　填充R:150,G:200,B:255颜色

图7-46　效果图

（9）退出快速蒙版，将该选区填充为RGB（150, 200, 255）颜色，效果如图7-47所示。保持选区存在，再新建通道Alpha1，填充前景色。

（10）将刚才的“人物选区”文件中的人物“贴入”该选区中，自由变换调整大小和位置，并将其水平翻转，效果如图7-48所示。

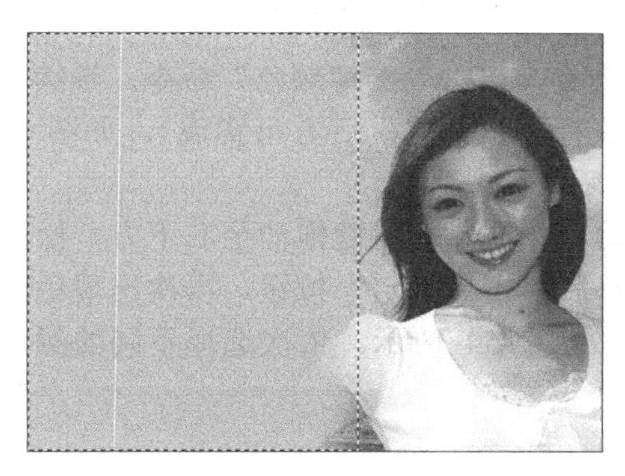

图7-47　RGB（150，200，255）颜色下的效果

图7-48　拷贝素材

（11）将图层透明度改为30%，效果如图7-49所示。

（12）激活文本工具，输入文字，最终效果如图7-50所示。

图7-49　改变透明度

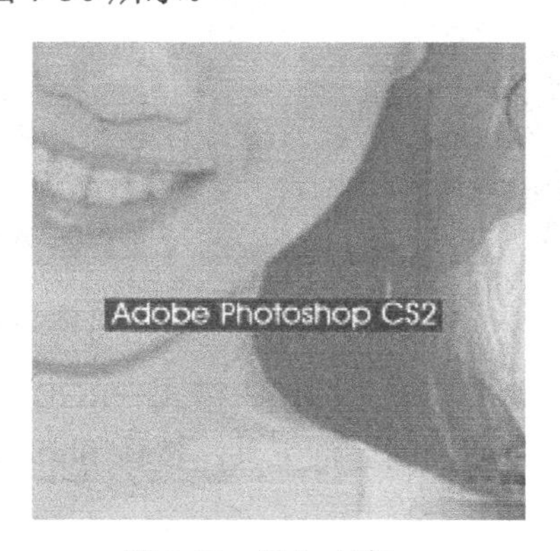

图7-50　输入文字

7.3.2　索引色案例

将图像色彩模式转换为索引色模式，会删除图像中大部分的颜色信息，仅保留 256 色。将 RGB 图像转换为索引颜色后，用户可以编辑该图像的颜色表，或将其输入到仅支持 8 位颜色的应用程序中。这种转换也通过删除图像的颜色信息来减小文件大小。

（1）新建文件，设置前景色与背景色为默认色（黑白），如图 7-51 所示。

（2）单击菜单“滤镜→渲染→分层云彩”命令，效果如图 7-52 所示。

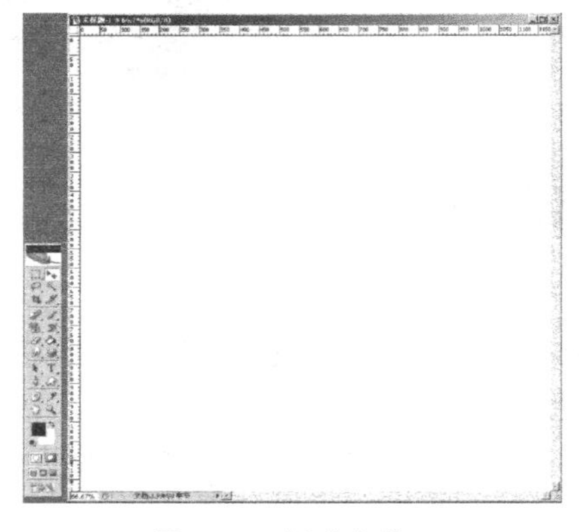

图 7-51　新建文件

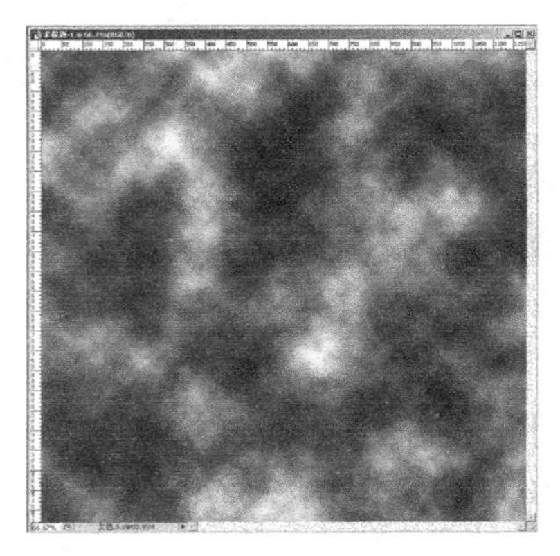

图 7-52　“分层云彩”效果

（3）单击菜单“图像→模式→灰度/索引色”命令，单击“扔掉颜色”命令。继续单击菜单“图像→模式→色彩表”命令（此命令只有执行“索引色”后方可实现），如图 7-53 所示。

（4）选择“自定”选项，从色块的左上角开始，按住鼠标左键拖动至右下方，松开鼠标左键后，第一次色彩对话框表示起点颜色，选择后单击“确定”按钮，再次出现色彩对话框，表示终止颜色，单击“确定”按钮，效果如图 7-54 所示。依次选择不同的颜色过渡，最终效果如图 7-55 所示。

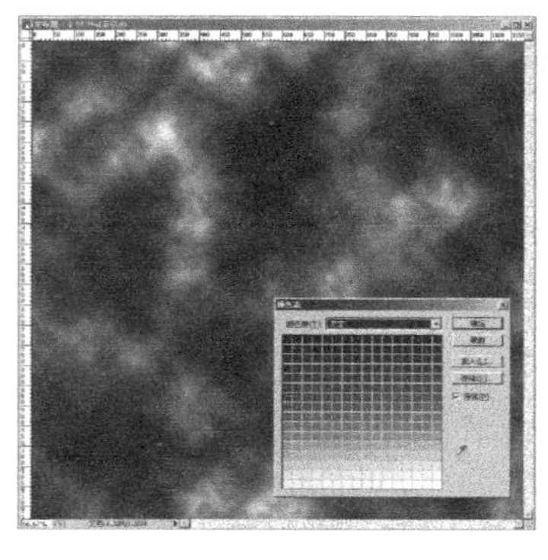

图 7-53　索引色彩表

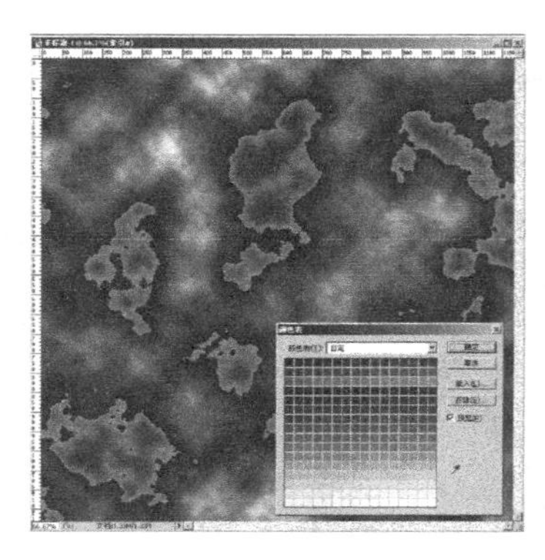

图 7-54　选择起止颜色

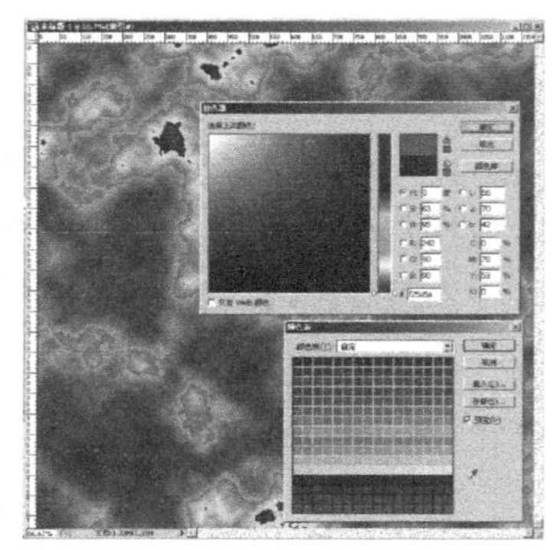

图 7-55　索引色效果

（5）单击菜单“图像→模式→RGB”命令，将颜色转换为 RGB 色彩模式。

（6）激活椭圆选框工具，按住 Shift 键绘制正圆，如图 7-56 所示。剪切选取并关闭背景层，效果如图 7-57 所示。

（7）将背景层填充为黑色。按住 Alt 键单击图层，经圆形选择。单击菜单“选择→修改→扩展选区”命令，将选区扩大 20 像素，效果如图 7-58 所示。

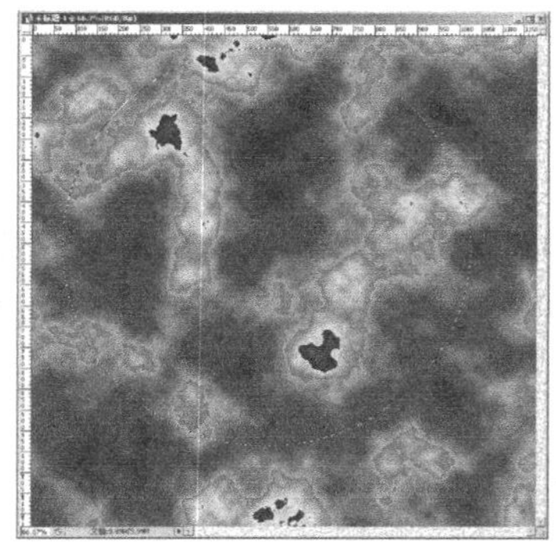

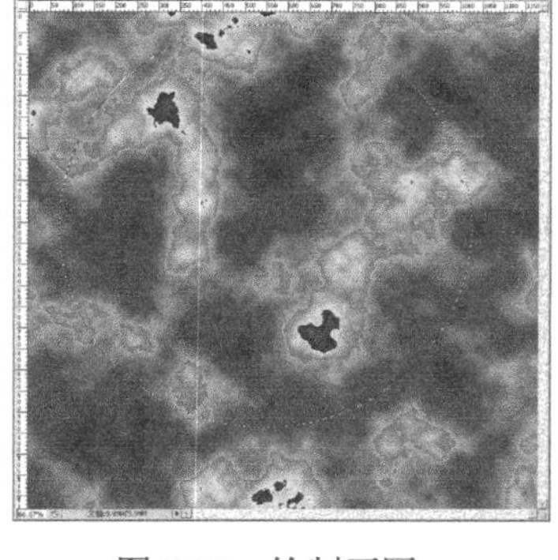

图 7-56　绘制正圆　　图 7-57　关闭背景层　　图 7-58　执行“扩展选区”

（8）单击菜单“滤镜→扭曲→球面化”命令，如图 7-59 所示设置参数，单击“确定”按钮，效果如图 7-60 所示。

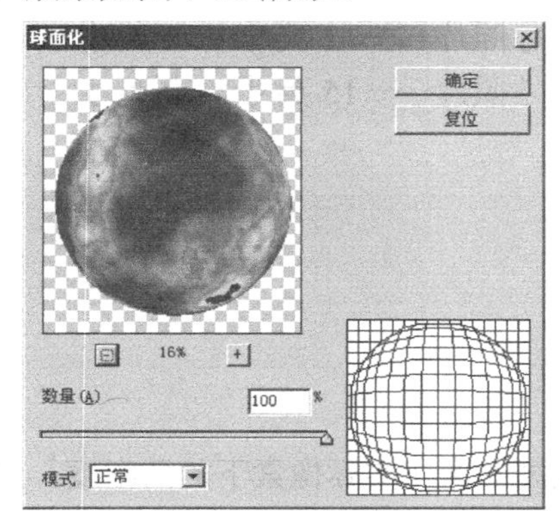

图 7-59　“球面化”对话框

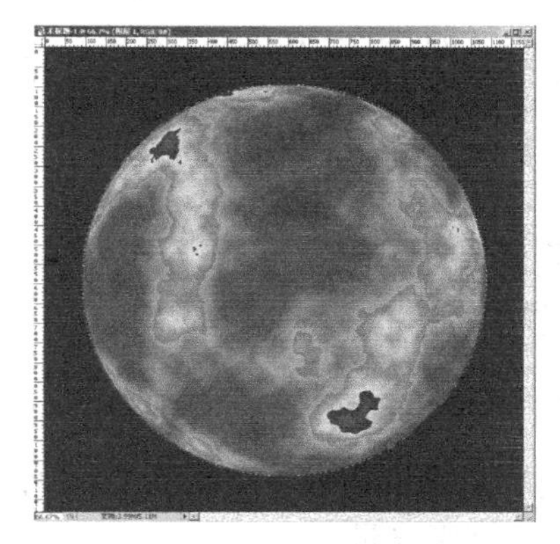

图 7-60　“球面化”效果

（9）再次“球面化”后，单击菜单“选择→反向→选择→羽化”命令，设置“羽化”半径为 10，单击“确定”按钮，按 Delete 键数次，效果如图 7-61 所示。地球模型基本完成。

（10）单击菜单“滤镜→渲染→镜头光晕”命令，如图 7-62 所示设置参数，单击“确定”按钮，效果如图 7-63 所示。

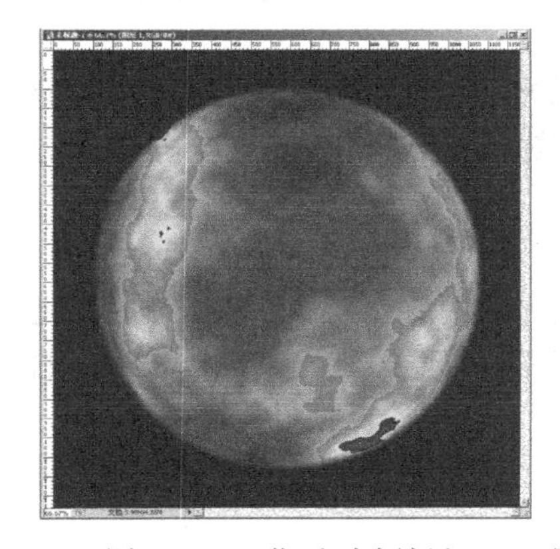

图 7-61　羽化后删除效果

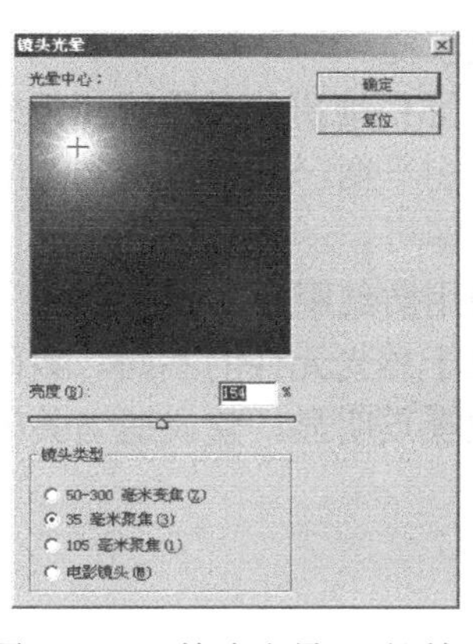

图 7-62　“镜头光晕”对话框

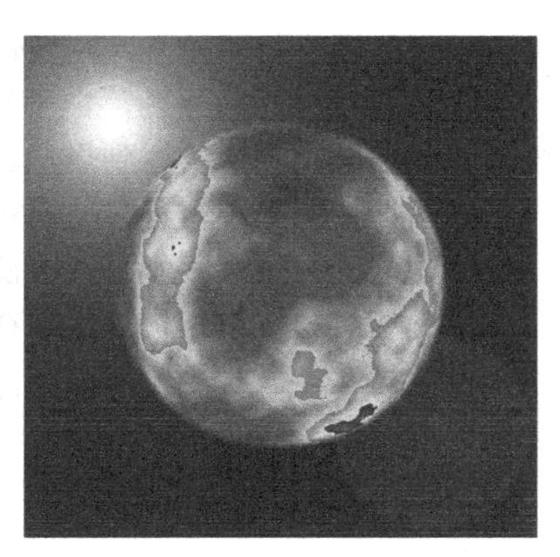

图 7-63　“镜头光晕”效果

7.4 常用小技巧

数码照片原始尺寸的比例往往与冲印尺寸不完全一样，所以我们要用裁切工具进行裁切，选择需要的尺寸。当照片横竖混杂，尺寸的宽和高需要对调时，只需单击图 7-64 中红色标注的图标即可方便地完成尺寸对调。

图 7-64 剪切属性栏

常用照片比例大小：

5 英寸照片——5 英寸×3.5 英寸
6 英寸照片——6 英寸×4 英寸
7 英寸照片——7 英寸×5 英寸
8 英寸照片——8 英寸×6 英寸
10 英寸照片——10 英寸×8 英寸
12 英寸照片——12 英寸×10 英寸
15 英寸照片——15 英寸×10 英寸

7.5 相关知识链接

1. 数码摄影应该注意的问题

（1）拍摄时尽可能地使用三角架，一方面可以提高图像在实际像素下的清晰度，另一方面为了保证曝光量。

（2）合理使用感光度（ISO 值），数码相机感光度值一般分为 ISO50、100、200、400、800，甚至 1600。光线充足的情况下应使用低感光度，如在阳光充足的海边沙滩；光线较弱时应使用高感光度（这样快门速度相对提高，减弱因快门速度过慢而引起的图像模糊），如灯光昏暗的酒吧。

在调整感光度时不可忽视的一点是：低感光度拍摄的噪点相对较少，图像较细腻；高感光度拍摄的噪点相对较多，图像较粗糙。

（3）正确使用白平衡，白平衡通俗地讲就是数码相机感光元件对实际光线色温的一种调整，使画面颜色还原度达到最佳。白平衡一般分为阳光、阴影、白炽灯和荧光灯，拍摄时选择与拍摄场景的光线相对应的模式即可。

使用闪光灯拍摄人像时，请使用防红眼功能。

数码相机与传统相机的区别在于感光元件的不同。数码相机的感光元件随着工作时间过长温度会提高，这时所拍摄的图像噪点明显。建议适当关闭相机降温，特别是经过长时间的曝光之后。

2. 数码照片的后期处理

Photoshop 尤其在数码照片后期处理方面功能十分强大，但是切忌忽视拍摄质量而依赖后期处理。好的图片在拍摄时就已经产生，经过后期处理会更加出色。

数码照片后期处理时，在图像的调整方面务必谨慎，以免“伤”图，图片中的大量信息会因为调整不当而丢失，影响层次，除非有特殊效果要求。

数字输出方式的成熟，只有短短十多年的历史，而色彩的管理运用更是近些年才有的事情，但数字技术所带来的技术进步是有目共睹的。数字技术将视觉艺术引领至一个崭新的时代。

习题 7

一、填空：

1. 曲线与色阶一样，都用于调整图像的__________以及颜色。
2. 色阶命令里一共有_____个滑块。
3. 调整图像的色相可以用_____工具命令。
4. 在 RGB 色彩模式下，色彩平衡可调整___种颜色。
5. 索引色包括_____种色。

二、简答

1. 通道的作用是什么？与快速蒙版有什么区别？
2. 改变图像的颜色通常采用哪些方法？

三、操作题

1. 利用索引色创建一支蜡烛效果，如图 7-65 所示。
2. 自我创建满意的桌面壁纸效果。

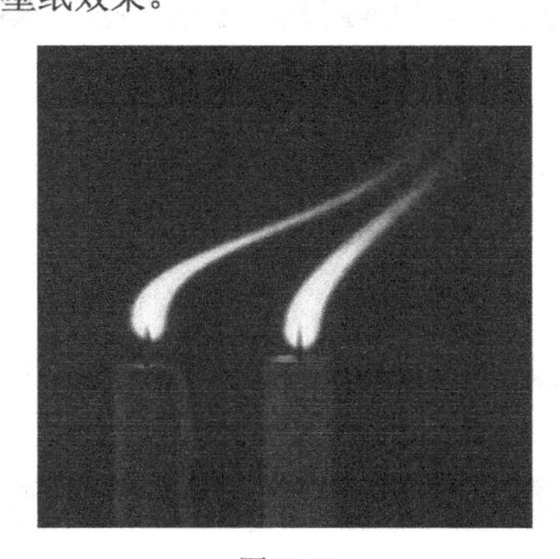

图 7-65

第 8 章　装帧设计——动作的应用

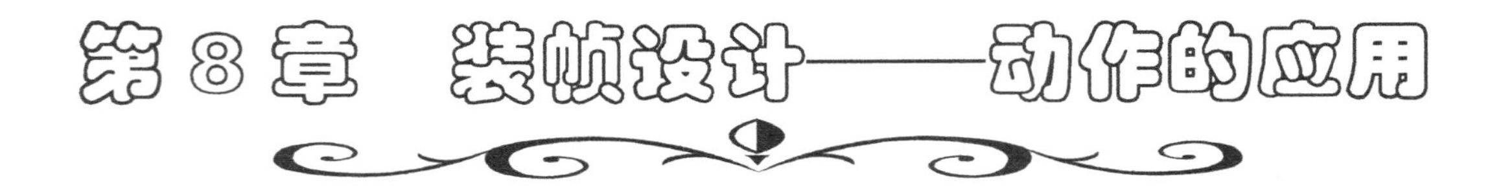

8.1　《詹姆斯画册》装帧设计案例分析

1. 创意定位

如图 8-1、图 8-2 所示，此书籍是一本描写当代大学生生活的画册。它多以速写的形式出现，尽可能地使读者感觉轻松愉快，能给读者带来更多的艺术享受和精神享受。此书类似于一本回忆录，以倒叙的手法展示当前大学生的学习和生活状态，因此在设计上也是尽可能地围绕这一主题，封面乃至内页纸张的质感，模仿怀旧照片，稍稍带点照片因陈旧而发黄的感觉。在书的内容上，采用速写线描的表现技法，来突出一种轻松、简单、愉快的感觉。在书的装帧设计上作者并没有延续以往书籍翻页的方向的规律，而是采用了由左向右翻的形式，配合倒叙的手法，给读者带来与众不同的感觉。

在色彩和构图上并没有采用丰富的色彩和严谨的构图，而是采用了单色和灵活、随意的构图，这也是为了配合书的内容和当初设计此书想要达到的某种艺术效果而进行整体设计的。

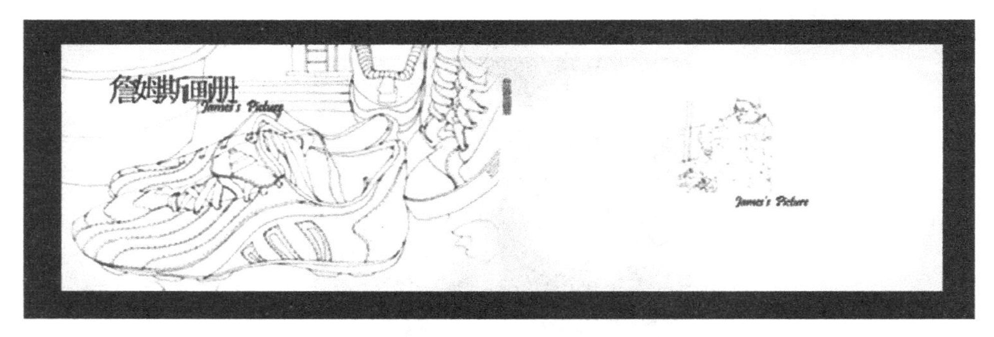

图 8-1　展开图

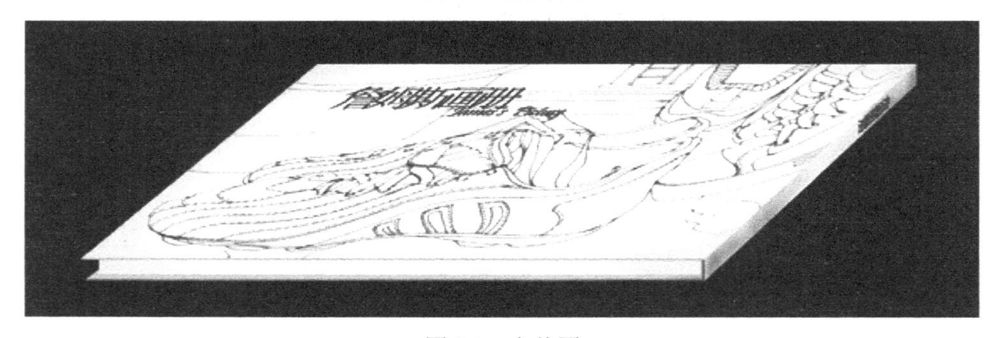

图 8-2　立体图

2．所用知识点

上面的商业插图中，主要用到了 Photoshop CS2 软件中的以下几个命令：

- 动作命令
- 画笔工具
- 加深工具
- 矩形选择工具
- 文字工具
- 变形透视工具

3．制作分析

此书籍装帧制作分为四步。

第一步：草图。

第二步：制作，用到了动作命令、画笔工具、加深工具、文字工具、矩形工具变形透视工具、橡皮工具。

第三步：调整，用到了橡皮擦工具和加深工具。

第四步：最后整合完成。

8.2　知识卡片

8.2.1　内置动作的运行

（1）打开一张图片，如图 8-3 所示。单击菜单“窗口→动作”命令，打开“动作”浮动面板，如图 8-4 所示。

图 8-3　素材

图 8-4　动作面板

（2）单击“动作”面板的侧三角按钮，弹出面板菜单，如图 8-5 所示，选择“图像效果”选项。

（3）在图像效果选项中包含一组新的动作组，如图 8-6 所示。

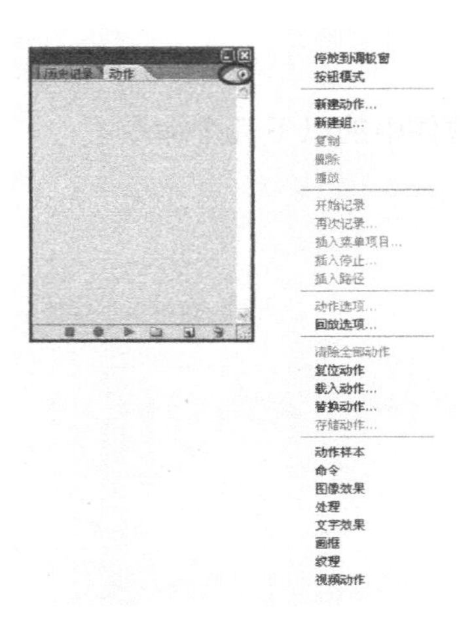

图 8-5　动作类型组

图 8-6　具体动作

（4）激活图 8-3 所示的素材，单击动作面板中的“细雨”选项，单击“播放”按钮，图像效果如图 8-7 所示。

图 8-7　“细雨”效果

（5）再次打开图 8-3，选择“细雨”选项，单击侧三角，在弹出的下拉菜单中选择“回放”选项，如图 8-8、图 8-9 所示，改变“回放”选项。此时单击“播放”按钮，会发现图片生成细雨效果的过程会放慢，这时在认为不满意的一步中单击“停止播放”按钮，如图 8-10 所示进行修改和补充，最终达到满意的效果。

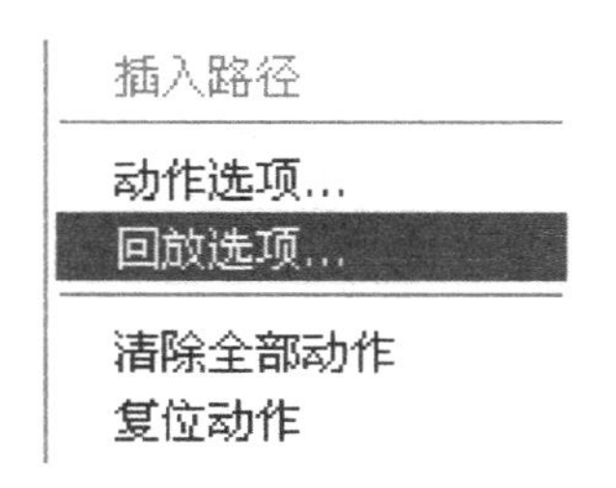

图 8-8　“回放”选项

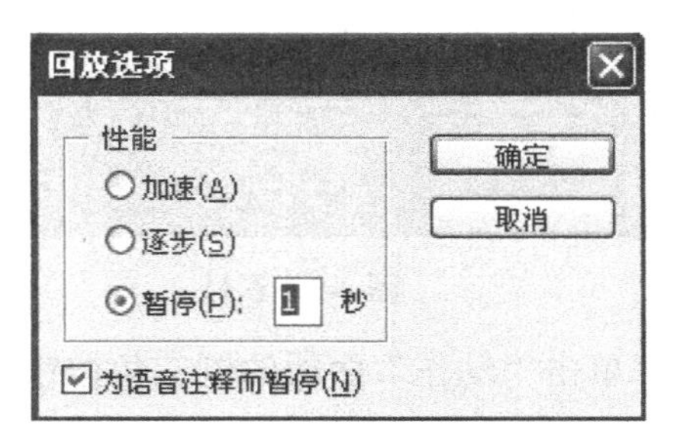

图 8-9　“回放”选项

图 8-10　“回放”过程

（6）“动作”选项自带的效果很多，在这里就不一一举例说明了。

8.2.2　自定义动作的运用

（1）创建新动作前首先应新建一个动作组，以便将动作保存在动作组中。如果不创建新的动作组，则新建的动作会保存在调板当前的动作组中。

（2）打开一张图片，如图 8-11 所示。打开动作面板。

（3）单击面板中的“创建新组”按钮，打开“新建组”对话框，如图 8-12 所示，单击“确定”按钮，新建一个动作组。

图 8-11　素材

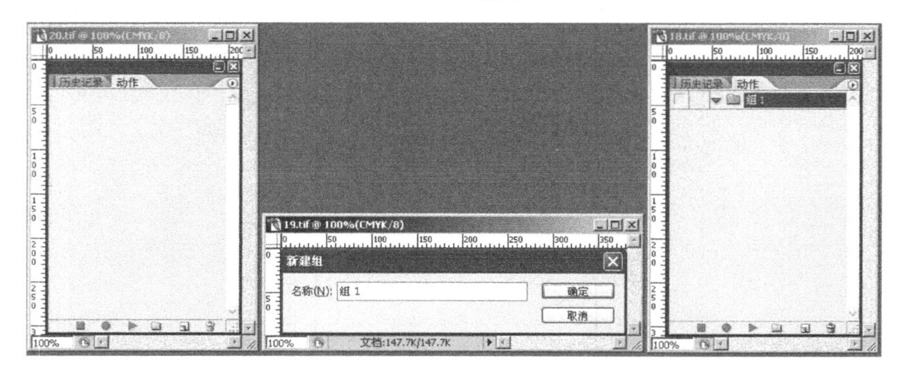

图 8-12　新建动作组

（4）单击面板中的“创建新动作”按钮，打开“新建动作”对话框，设置“颜色”选项为蓝色，如图 8-13 所示。单击“记录”按钮，新建一个动作，此时“动作”面板中的“开始记录”按钮显示为红色，如图 8-14 所示。

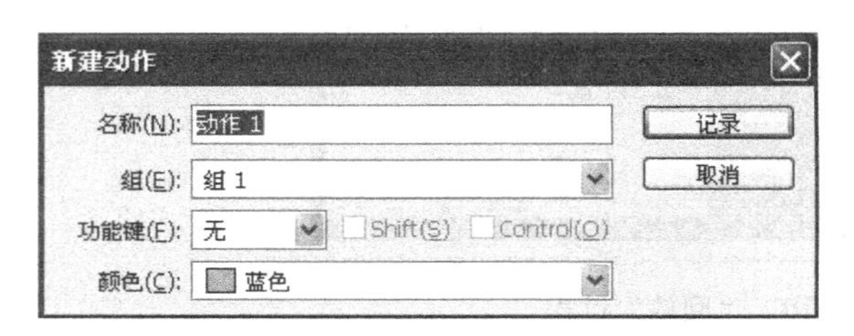

图 8-13　设置“颜色”选项

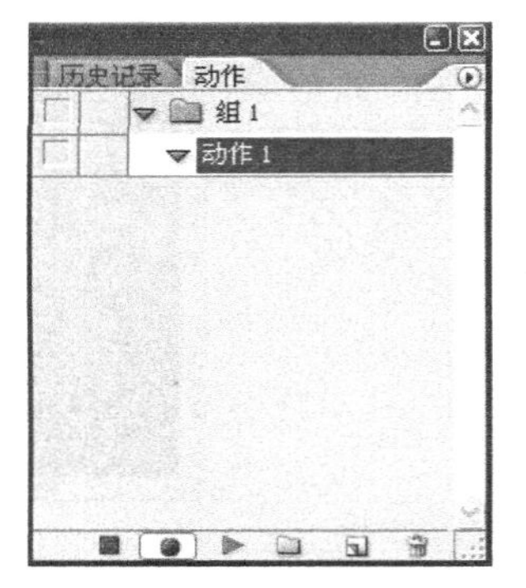

图 8-14　红色按钮

（5）单击菜单“滤镜→纹理→染色玻璃”命令，在打开的对话框中设置如图 8-15 所示参数，单击“确定”按钮，效果如图 8-16 所示。

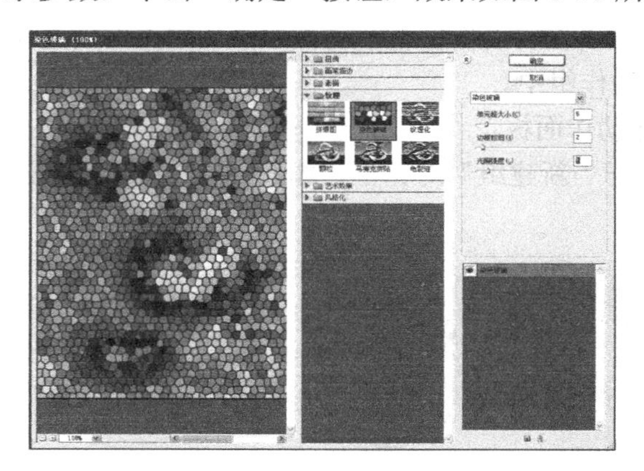

图 8-15　“染色玻璃”对话框

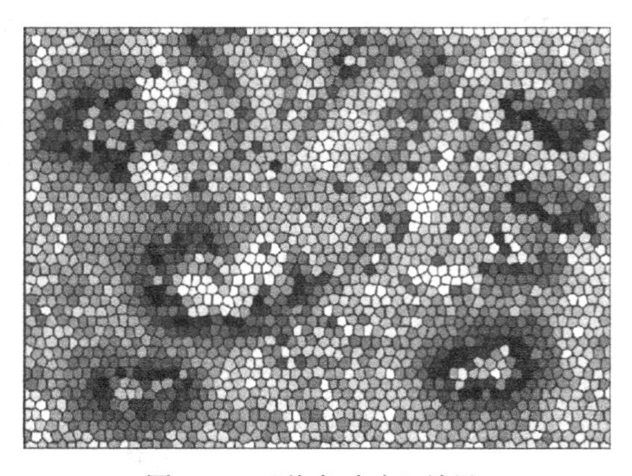

图 8-16　“染色玻璃”效果

（6）单击动作面板中的“停止播放/记录”按钮，完成动作的录制，如图 8-17 所示，红色按钮消失。单击侧三角中的“按钮模式”命令，可以看到，新建的“动作 1”显示为蓝色，如图 8-18 所示，这是由于设置颜色为蓝色的结果。

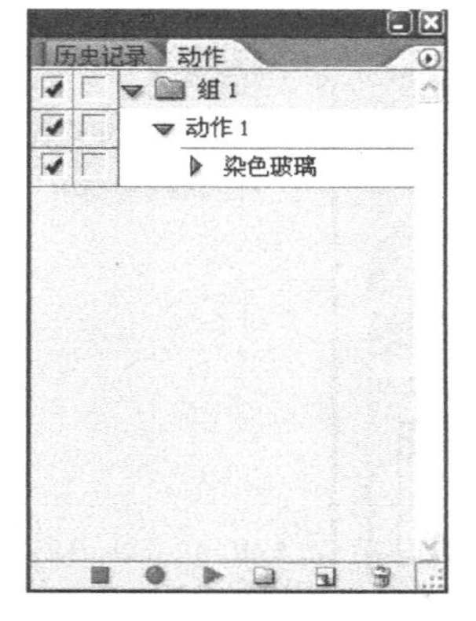

图 8-17　完成动作设置

图 8-18　新建动作显示蓝色

8.3　实例解析

（1）先打开素材（手写板创作），如图 8-19、图 8-20 所示。

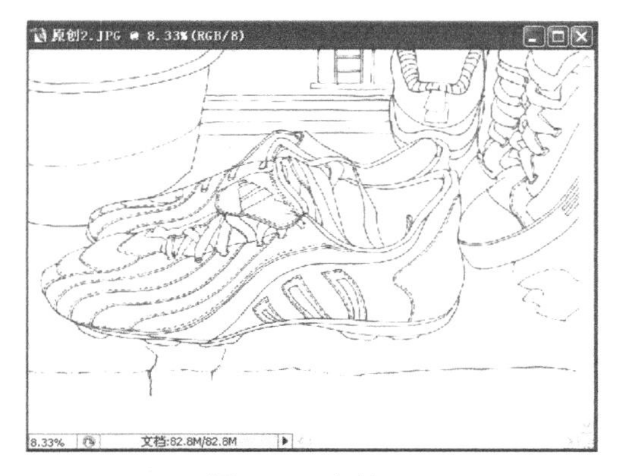

图 8-19　素材

图 8-20　素材

（2）新建一个空白页，根据设计的书籍大小来设定尺寸，打开标尺，用辅助线标出书脊的位置，并将两张素材复制到新建的空白页中，效果如图 8-21 所示。

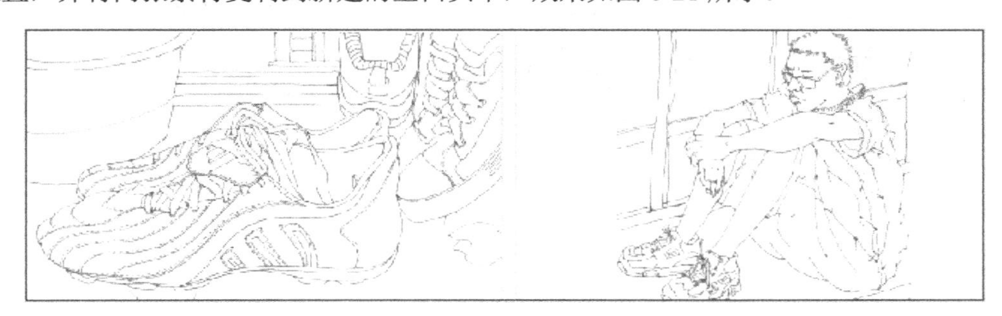

图 8-21　新文件生成

（3）对版式进行近一步的调整。单击菜单“编辑→自由变换”命令，调整画面的大小，效果如图 8-22 所示。

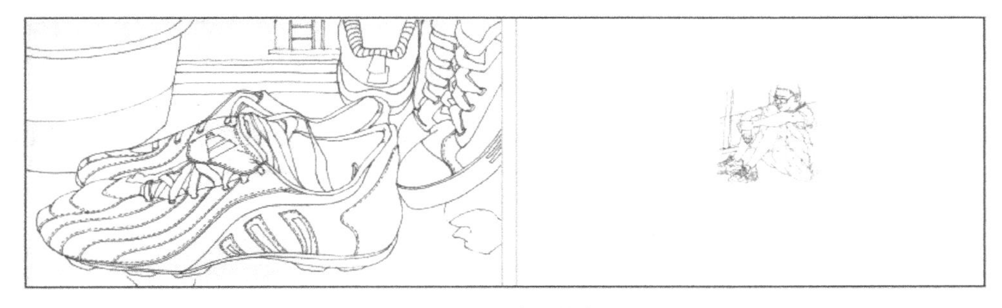

图 8-22　调整文件大小

（4）调整完毕后，合并所有图层。单击菜单“窗口→动作”命令，打开“动作”面板中的调板菜单，选择“图像效果”选项，在其下拉菜单中选择“仿旧照片”命令，如图 8-23 所示。

（5）单击“播放”按钮，执行仿旧照片命令，效果如图 8-24 所示。

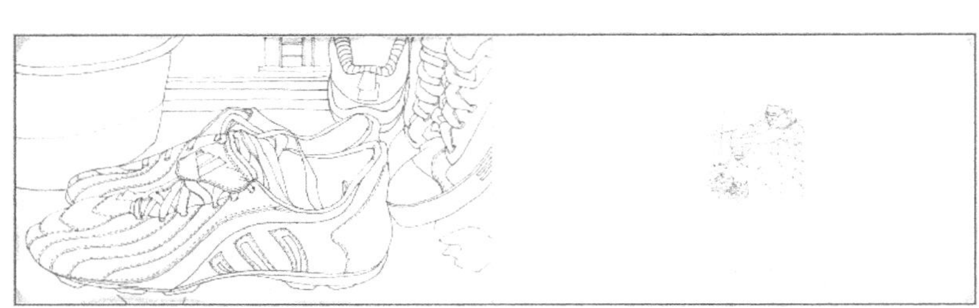

图 8-23 选择“仿旧照片”命令　　　　图 8-24 执行“仿旧照片”效果

（6）分别选择工具栏中的“加深”工具和“橡皮擦”工具，在其属性栏中分别设置不同的参数，如图 8-25 所示，对书籍的整体效果作进一步的修整，效果如图 8-26 所示。

图 8-25 设置“加深”和“橡皮擦”工具属性栏参数

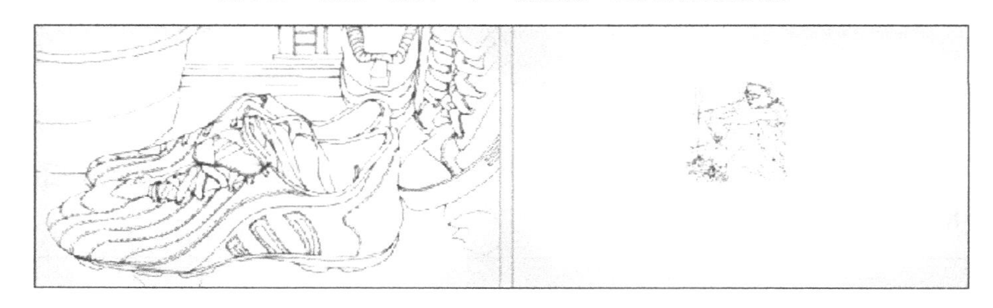

图 8-26 修正后效果

（7）激活文字工具，输入文字如图 8-27、图 8-28 所示，注意调整字与字之间的距离。

图 8-27 输入文字

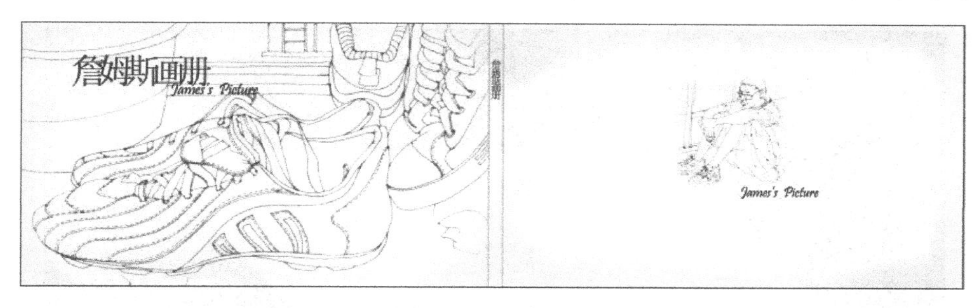

图 8-28　调整文字

（8）新建一个文件，将底色填充为黑色，激活矩形选框工具，将设计好的书籍的封面、书脊、封底，分别用矩形选框工具选出依次复制到新建文件中，如图 8-29 所示。

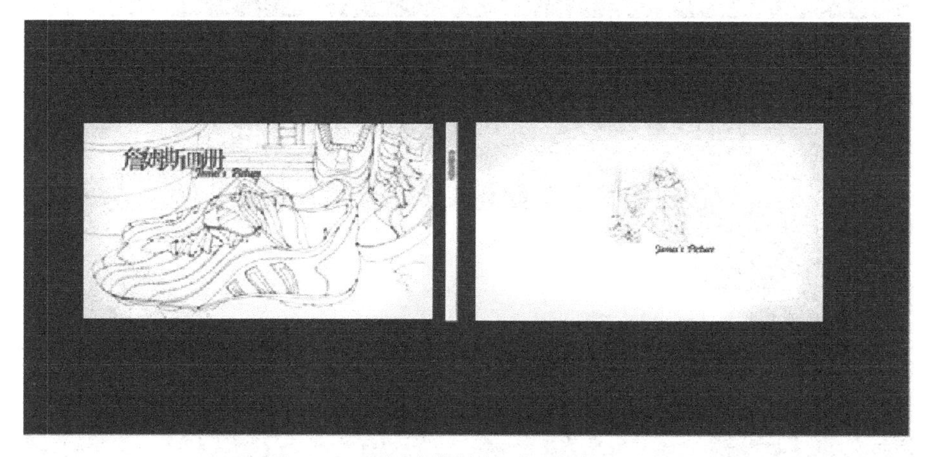

图 8-29　分割书籍的封面、书脊、封底

（9）先将书脊和封底两个图层隐藏，如图 8-30 所示，单击菜单“编辑→变换→透视”命令，调整封面透视图，如图 8-31 所示。再依次将其他两面调整，这样整个书籍的立体效果完成，再利用矩形选框工具进行修改和调整，效果如图 8-32 所示。

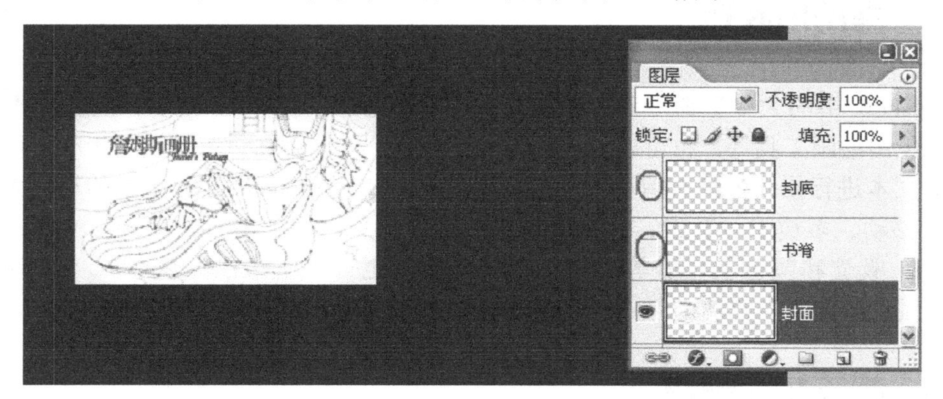

图 8-30　隐藏图层

（10）再分别激活工具栏中的“加深”工具、“橡皮擦”工具、“矩形选框”工具，对最后的设计作品进行修改，最终效果如前图 8-2 所示。

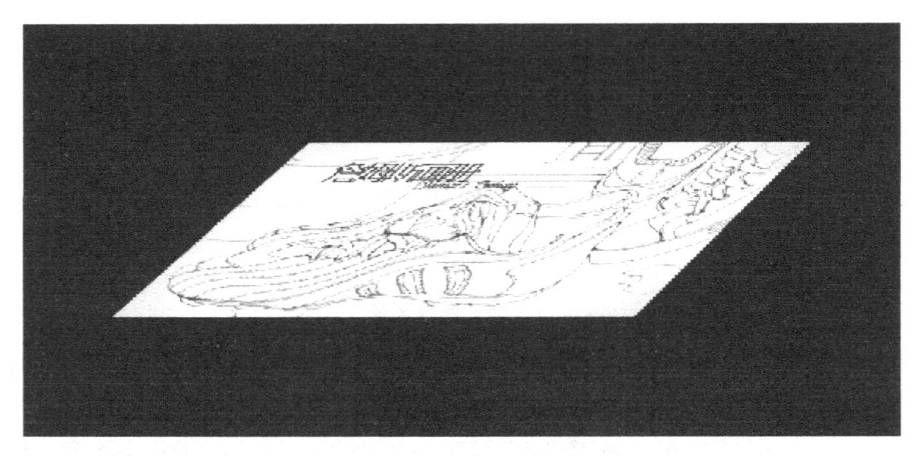

图 8-31 调整透视关系

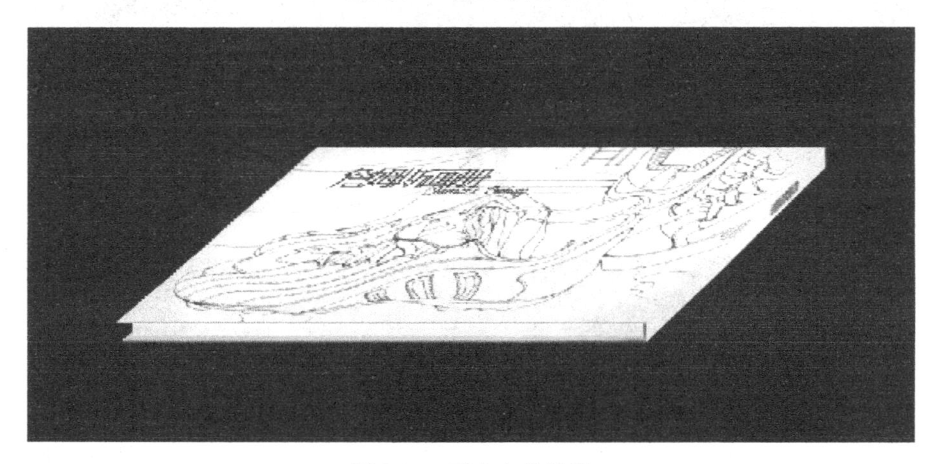

图 8-32 建立立体效果

8.4 常用小技巧

Photoshop 中的大多数命令和工具操作都可以记录在动作中，即使有些操作不能被记录，例如使用绘画工具等，也可以通过插入停止命令，使动作在执行到某一步时暂停，然后便可以对文本进行修改，修改后可继续播放后续的动作。Photoshop 可记录的动作大致包括用选框、移动、多边形、套索、魔棒、裁剪、切片、魔术橡皮擦、渐变、油漆桶、文字形状、注释、吸管和颜色取样器等工具执行的操作，也可以记录在“色板”、“颜色”、“图层”、“样式”、“路径”、“通道”、“历史记录”和“动作”面板中执行的操作。

8.5 相关知识链接

1. 封面设计的基本要求

1）封面的构思设计

首先应该确立设计的表现形式要为书的内容服务，要用最感人、最形象、最易被视觉接受的表现形式，所以封面的构思就显得十分重要，要充分理解书稿的内涵、风格、体裁等，做到构思新颖、切题，有感染力。构思的过程与方法大致可以有以下几种。

（1）想象

想象是构思的基点。想象以造型的知觉为中心，能产生明确的有意味的形象。我们所说的灵感，也就是知识与想象的积累与结晶，它对设计构思是一个开窍的源泉。

（2）舍弃

构思的过程往往"叠加容易，舍弃难"。构思时往往想得很多，堆砌得很多，对多余的细节不忍放弃。张光宇先生说"多做减法，少做加法"，就是真切的经验之谈。对不重要的、可有可无的形象与细节，应坚决忍痛割爱。

（3）象征

象征性的手法是艺术表现最得力的语言，可以用具体形象来表达抽象的概念或意境，也可用抽象的形象来意喻表达具体的事物，这些都能为人们所接受。

（4）探索创新

流行的形式、常用的手法、俗套的语言要尽可能避开不用；熟悉的构思方法，常见的构图，习惯性的技巧，都是创新构思表现的大敌。构思要新颖，就需要不落俗套，标新立异。要有创新的构思就必须有孜孜不倦的探索精神。

2）封面的文字设计

封面上的文字要求简练，主要是书名（包括丛书名、副书名）、作者名和出版社名，这些留在封面上的文字信息，在设计中起着举足轻重的作用。在设计过程中，为了丰富画面，可重复书名，加上拼音或外文书名，或加上目录和适量的广告语。有时为了画面的需要，在封面上也可以不安排作者名和出版社名，而让它们出现在书脊和扉页上，封面只留下不可缺少的书名。

封面文字中除书名外，均选用印刷字体，故这里主要介绍书名的字体。常用于书名的字体分为三大类：书法体、美术体、印刷体。

（1）书法体

书法体笔画间追求无穷的变化，具有强烈的艺术感染力、鲜明的民族特色及独到的个性，且字迹多出自社会名流之手，具有名人效应，受到广泛的喜爱。如《求是》、《娃娃画报》等书刊均采用书法体作为书名字体（如图 8-33 所示）。

（2）美术体

美术体又可分为规则美术体和不规则美术体。前者作为美术体的主流，强调外型的规整，笔画变化统一，具有便于阅读、便于设计的特点，但较呆板。不规则美术体则在这方面有所不同。它强调自由变形，无论从笔画处理还是字体外形均追求不规则的变化，具有变化丰富、个性突出、设计空间充分、适应性强、富有装饰性的特点。不规则美术体与规则美术体及书法体比较，既具有个性又具有适应性，所以许多书刊均选用这类字体（如图 8-34 所示）。

（3）印刷体

印刷体沿用了规则美术体的特点。早期的印刷体较呆板、僵硬，现在在这方面有所突破，吸纳了不规则美术体的变化规则，大大丰富了印刷体的表现力，而且借助电脑使印刷体在处理方法上既便捷又丰富，弥补了其个性上的不足。

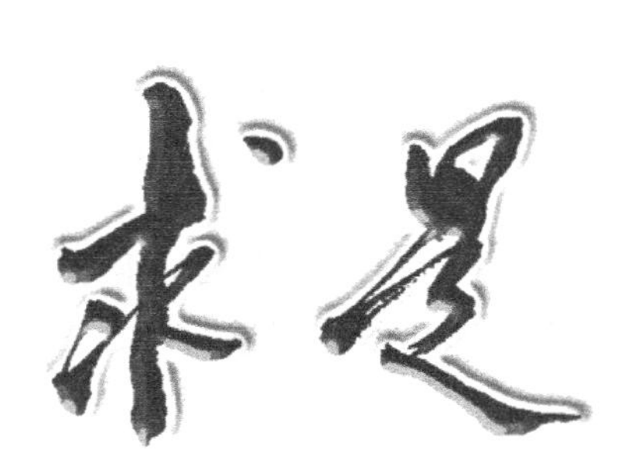

图 8-33　书法体

图 8-34　美术体

有些国内书籍刊物在设计时将中英文刊名加以组合，形成独特的装饰效果。如《世界知识画报》用“W”和中文刊名的组合，形成自己的风格。

刊名的视觉形象并不是一成不变地只能使用单一的字体、色彩、字号来表现。把两种以上的字体、色彩、字号组合在一起会令人耳目一新。可将刊名中的书法体和印刷体结合在一起，使两种不同外形特征的字体产生强烈的对比效果。

3）封面的图片设计

封面的图片以其直观、明确、视觉冲击力强、易与读者产生共鸣的特点，成为设计要素中的重要部分。图片的内容丰富多彩，最常见的是人物、动物、植物、自然风光，及一切人类活动的产物。封面上的图形形式包括摄影、插图和图案，有写实的、抽象的、写意的。

图片是书籍封面设计的重要环节，往往在画面中占很大面积，成为视觉中心，所以图片设计尤为重要。一般青年杂志、女性杂志均为休闲类书刊，它的标准是大众审美，通常选择当红影视歌星、模特的图片做封面；科普刊物选图的标准是知识性，常选用与大自然先进科技成果有关的图片；而体育杂志则选择体坛名将及竞技场面图片；新闻杂志选择新闻人物和有关场面，它的标准既不是年轻美貌，也不是科学知识，而是新闻价值；摄影、美术刊物的封面则选择优秀的摄影和艺术作品，它的标准是艺术价值（如图 8-35 所示）。

图 8-35　封面图片运用

4）封面的色彩设计

封面的色彩处理是设计的重要一关。得体的色彩表现和艺术处理，能在读者的视觉中产生夺目的效果。色彩的运用要考虑内容的需要，用不同色彩对比的效果来表达不同的内容和思想。在对比中力求统一协调，以间色互相配置为宜，使对比色统一于协调之中。书名的色彩运用在封面上要有一定的分量，如纯度不够，就不能产生显著夺目的效果。另外，除了绘画色彩用于封面外，还可用装饰性的色彩表现。文艺书封面的色彩不一定适用教科书，教科书、理论著作的封面色彩就不适合儿童读物。要辩证地看待色彩的含义，不能形而上学地使用。

一般来说，设计幼儿刊物的色彩要针对幼儿娇嫩、单纯、天真、可爱的特点，色调往往处理成高调，减弱各种对比的力度，强调柔和的感觉，如图 8-36 所示；女性书刊的色调可以根据女性的特征，选择温柔、妩媚、典雅的色彩系列；体育杂志的色彩则强调刺激、对比，追求色彩的冲击力；而艺术类杂志的色彩就要求具有丰富的内涵，要有深度，切忌轻浮、媚俗，如图 8-37 所示；科普书刊的色彩可以强调神秘感；时装杂志的色彩要新潮，富有个性；专业性学术杂志的色彩要端庄、严肃、高雅，体现权威感，不宜强调高纯度的色相对比。

图 8-36　幼儿刊物的色彩运用

图 8-37　艺术类杂志的色彩运用

色彩配置上除了协调外，还要注意色彩的对比关系，包括色相、纯度、明度对比。封面上没有色相冷暖对比，就会感到缺乏生气；没有明度深浅对比，就会感到沉闷而透不过气来；没有纯度鲜明对比，就会感到古旧和平俗。我们要在封面色彩设计中掌握住明度、纯度、色相的关系，同时用这三者的关系去认识和寻找封面上产生弊端的缘由，以便提高色彩修养。

上面介绍了书籍封面设计四个基本要素的设计方法，要将这些要素有序地组合在一个画面里才能构成书籍的封面。掌握封面设计的基本方法，绝不能教条地套用，而要有针对性地采用，才能设计出优秀的书籍封面，使读者一见钟情，爱不释手。

2．版面设计的基本要求

版式设计所涉及的内容比较多，除了一些印刷装帧中的工艺技术因素外，最主要的就在于艺术设计上。一般来说，书籍的封面装帧设计有其具体的设计要求或标准，体现在以下几个方面。

（1）主题性：书籍封面的装帧设计要充分体现出书籍的内容、主题和精神，这也是书籍封面设计的目的。主题性要求书籍的封面设计要根据书籍的内容主题来确定设计的思路、形式，使封面成为读者直接感知书籍内容信息的重要途径。

（2）原创性：创意是任何设计的灵魂所在，只有创造出新的设计形式、新的设计思路和新的图像图形视觉，才能使设计不是流于对内容简单的理解，而是对具体内容表达的再创造。

（3）装饰性：在设计手法、设计形式上，版式设计具有很强的装饰性和形式感，要灵活运用各种形式语言、色彩语言来进行视觉美感的创造。

（4）可读性：设计的目的是为了更好地传达书籍的内容信息，所以设计要有清晰明了的形式和主题。没有信息传达的准确性和形式设计的可读性，设计就有可能是混乱的、失败的。

3. 美术设计的基本要求

（1）护封设计和封面设计符合书籍的内容和要求。要把书脊看作一个完整的平面，除了保持书脊的文字功能性元素俱备之外，图形类的元素也可以组成一幅完整的画面。

（2）护封设计和封面设计组合在整体方案之中（例如文字、色彩）。

（3）封面选用的材料应合理。

（4）封面设计适应书籍装订的工艺要求（例如封面与书脊连接处、平装书的折痕和精装书的凹槽等）。

（5）图片（照片、插图、技术插图、装饰等）组合在基本方案之中，是符合书籍的要求并经过选择的。

（6）技术：版面均衡（字距有没有太宽或太窄）。

（7）版面：目录索引、表格和公式的版面质量与立体部分相称，字距与字的大小、字的风格相适应（在正文字体、标题字体和书名字体方面，标点符号和其他专门符号的字距是否合适）；字距整体设置要恰当，标题的断行要符合文字的含义。字体的醒目与字体的风格应相适应；同时注意只有左边整齐的版面，右边同样要注意和谐统一。

（8）拼版：拼版连贯和前后一致；标题、章节、段、图片等的间隔统一；应当避免标点出现在页面第一行第一个字位置的情况。

习题 8

一、填空题

1. 选择文字工具，输入文字部分，进行整体调整，双击文字图层，按快捷键__________调节字与字之间的距离。

2. 新建一个动作，此时“动作”面板中的开始记录按钮显示为__________色。

3. 单击“动作”面板中的________________按钮，完成动作的录制。

4. 创建动作前首先应新建一个__________，以便将动作保存在该组中，如果不创建新的动作组，则新建的动作会保存在______________________。

5. 选择工具箱中的加深工具，或橡皮擦工具，按快捷键__________将加深工具和橡皮擦工具的画笔调________。

二、简答题

1. 简要概述封面设计的基本要求？
2. 简要概述版面设计的基本要求？

三、操作题

运用动作命令，羽化命令，文字工具，自由变换命令完成图 8-38 所示作品。

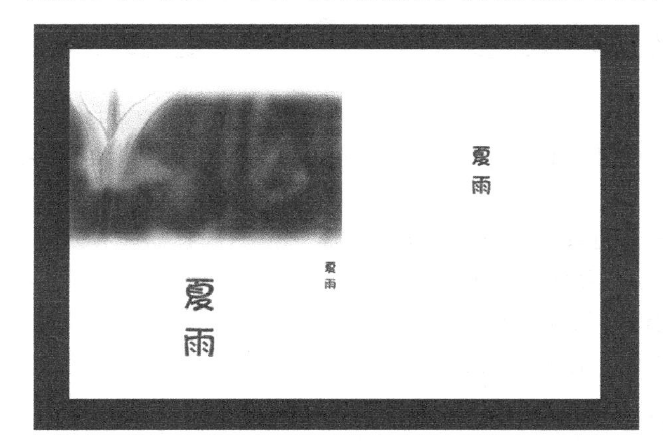

图 8-38

第9章　企业VI设计——艺术效果、杂色等滤镜命令综合运用

VI 设计是 CI 设计的一部分。CI 是什么？CI 亦称 CIS，即企业形象识别系统。CI 由四部分组成：

MI——企业理念识别系统（Mind Identity）

BI——企业行为识别系统（Behavior Identity）

VI——企业视觉识别系统（Visual Identity）

HI——企业听觉识别系统（Hear Identity）

CIS 系统各部分的含义

（1）MI 主要是企业的经营理念、精神标语、企业性格、经营策略。MI 是企业的灵魂，一个企业能否成功的关键是看其 MI 能否符合人们心中的标准。

（2）BI 是一个企业对外的一种行为规范。一个企业要有一套统一的行为规范，使企业的管理进入新的层次。BI 包括对企业干部教育、员工教育（分为服务态度、电话礼貌、服务水准、作业精神、迎接礼貌）、生产福利、工作环境、生产设备、公害对策、研究发展开发方向等。

（3）VI 是整个企业视觉形象识别系统，代表这一个公司的规范统一程度。

VI 设计主要从设计名称、标志、标准字体、印刷字体、标准色彩、宣传口号出发，根据企业的性质、经营理念制作出符合该企业的视觉形象。应用部分从办公设备、招牌、旗帜标识、建筑外观、橱窗、衣着制服、交通工具、产品包装、广告宣传、展示陈列规划等方面入手设计。根据企业的理念、性质设计符合企业的视觉形象。

（4）HI 是规范企业听觉的识别系统，从礼貌用语、电话接听用语、企业的音乐等方面规范企业管理。

9.1　台北 1+1 餐馆 VI 设计案例分析

1．创意过程

温馨、浪漫、时尚、休闲是这个餐馆的特色。

整个标志的表达方式是通过窗子看到一对情侣在温馨浪漫的餐馆中进餐聊天的场景，以一对在窗前谈话的情侣为元素做成印章的形式，表达餐馆的整体风格，如图 9-1 所示。

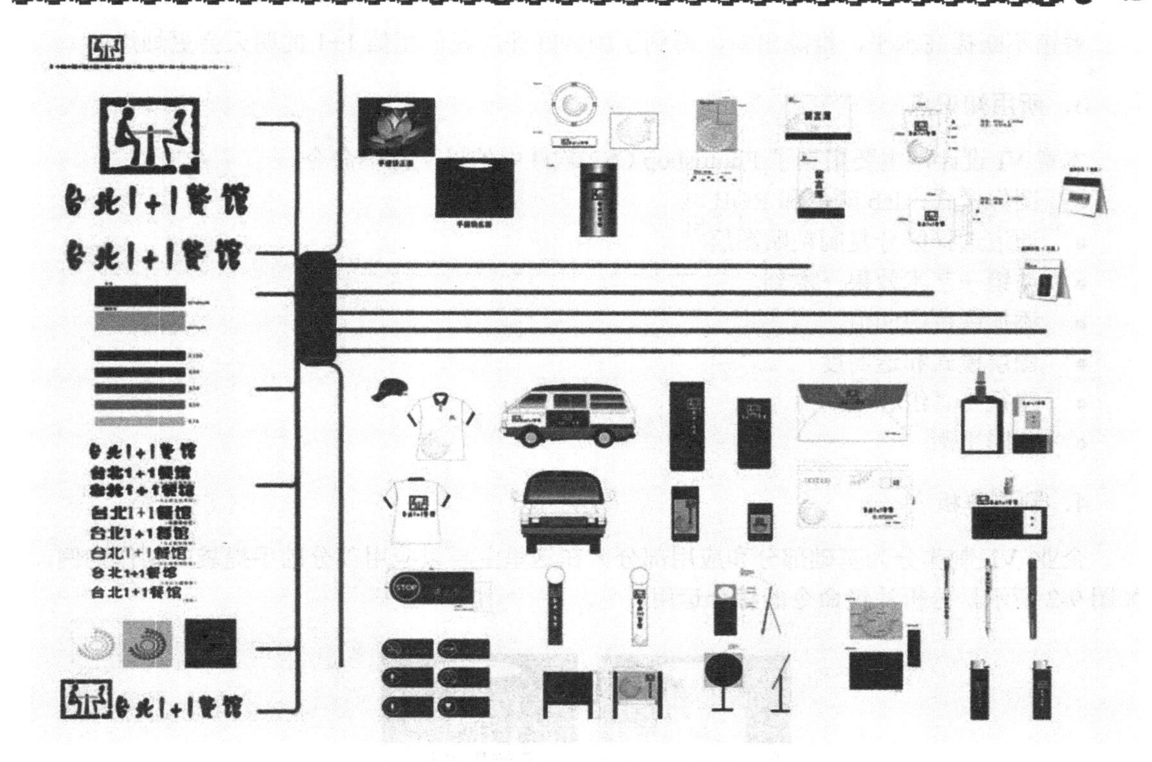

图 9-1　台北 1+1 VI 设计综合

红色代表浪漫、温馨；黄色表现餐馆舒适、自然。用一对情侣为元素、谈话情景为主题来表现餐馆的休闲浪漫。用印章的形式来表现窗户的感觉呈现了台北 1+1 餐馆的整体风格，突出了其主要的客源——大学生。

整个标志的氛围使顾客感受到台北 1+1 是一个全心全意为顾客服务的时尚休闲的中式餐馆。在企业的经营理念上则让顾客知道台北 1+1 是一个校园连锁餐馆。

2．企业理念规范（MI）

台北 1+1 餐馆秉承美食、健康的经营方针，融健康、营养、美味于一体，在装饰上以时尚休闲的风格为背景，做到真正的校园连锁，全心全意地打造校园饮食文化。

自开业以来，台北 1+1 餐馆以良好的信誉、优质的服务、精美地道的口味受到顾客的青睐。餐馆在管理上提倡“以人为本”，要求每位员工要有主人翁的精神。餐馆推出的菜式不但具有色、香、味、形、质最佳的特色，而且具有养生保健之功效。

我们希望以轻松活泼的形态来定位自我，因此，我们的服务理念是：温馨生活每一天；服务宗旨是：真诚关爱、客人满意、员工满意。服务目标是：让这里成为你学习的乐园，生活的乐园，放松的乐园。

作为师生的就餐场所，餐馆就要把这里建设成为大家临时的家。我们要让就餐者在体会到温馨的同时，享受别致的气氛。餐馆在环境气氛的营造方面颇费了一番心思，在注重气氛的同时，以有品位、有层次的服务作为其特点，注重引进地方菜、特色菜，制定价格不等的系列菜品，方便顾客选择。另外，餐馆还提出绿色、健康的美食口号，在加工过程中尽量减少消耗，降低成本。

餐馆不断提高水平，推陈出新，得到了顾客好评。我们相信 1+1 的明天会更灿烂!

3．所用知识点

本章 VI 设计，主要用到了 Photoshop CS2 软件中的以下几个命令：

- 图像模式：lab 颜色和 RGB
- 通道选择区分复制粘贴图层
- 滤镜→艺术效果→木刻
- 添加杂色中间值
- 图层模式和透明度
- 路径工具组和笔刷
- 色彩平衡

4．制作分析

企业 VI 制作分为基础部分和应用部分。在这里主要以应用部分的手提袋的制作为例，如图 9-2 所示，分析滤镜命令的综合运用。

手提袋正面

手提袋反面

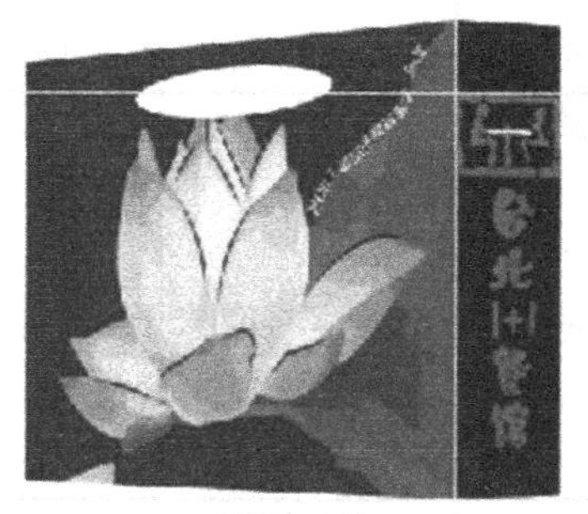

手提袋正面

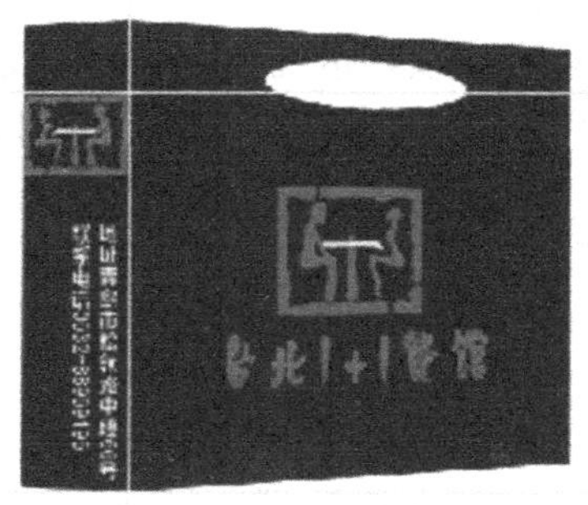

手提袋反面

图 9-2　手提袋

手提袋的制作步骤分为三步：

第一步，图片处理，采用了图像模式中的 lab 颜色、RGB 模式。

第二步，效果制作，用到了滤镜艺术效果、木刻、杂色中间值、图层模式和正片叠加。

第三步，图形的处理首先用到了文字处理，然后利用色彩平衡进行调整。

9.2　知识卡片

9.2.1　滤镜工具的使用

1. 滤镜工具的简介

为了丰富照片的图像效果，摄影师们往往在照相机的镜头前加上各种特殊影片，这样拍摄得到的照片就包含了所加镜片的特殊效果，称为“滤色镜”。

特殊镜片的思想延伸到计算机的图像处理技术中，便产生了“滤镜”，也称为“滤波器”，是一种特殊的图像效果处理技术。一般地，滤镜都是遵循一定的程序算法，对图像中像素的颜色、亮度、饱和度、对比度、色调、分布、排列等属性进行计算和变换处理，其作用是使图像产生特殊效果。

（1）滤镜工具是 photoshop 中主要的制作工具之一，普通用户要想快速提高图像处理能力，使自己的作品看上去更加绚丽多姿，最简捷的方法就是理解并灵活使用滤镜。

（2）滤镜的效果组成

运用滤镜首先要了解滤镜有哪些特效，单击菜单栏中“滤镜”命令会弹出如图 9-3 所示的菜单，可以看到滤镜的主要特效种类。

2. 滤镜的特点

（1）滤镜只能用于可视图层，可以反复使用，但是一次只能用于一个图层。

（2）滤镜只能用于位图索引颜色和 8 位 RGB 模式的图像中，某些滤镜只对于 RGB 模式图像起作用，有些在 CMYK 模式下无效，如图 9-4 所示。

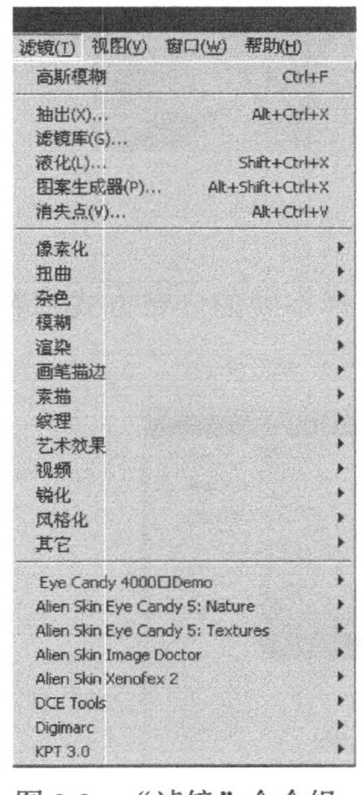

图 9-3　“滤镜”命令组

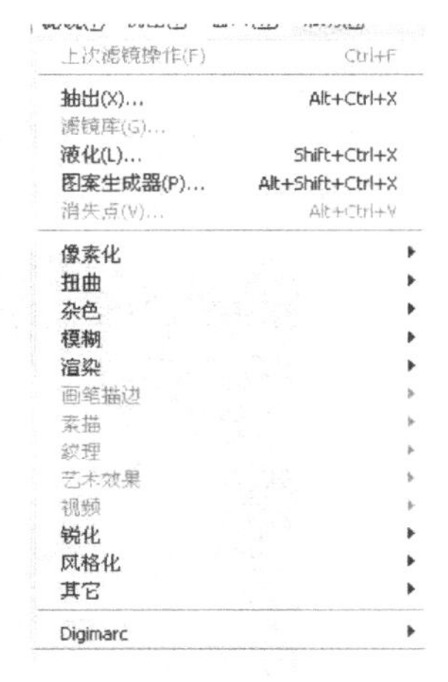

图 9-4　CMYK 模式下的滤镜特点

在本章节中主要运用到的滤镜是杂色滤镜、模糊滤镜、艺术效果滤镜。

3．滤镜工具的使用

（1）杂色滤镜

杂色滤镜可以添加或删除图像中的杂色和带有随机分布色阶的像素，主要用于除去图像中的杂点和划痕。

① 蒙尘与划痕滤镜

该滤镜可以去除画面中的噪点，保持图像的清晰度。可以通过调整参数来完成图像的去噪。单击菜单“滤镜→杂色→蒙尘与划痕”命令，效果对比如图 9-5 所示。

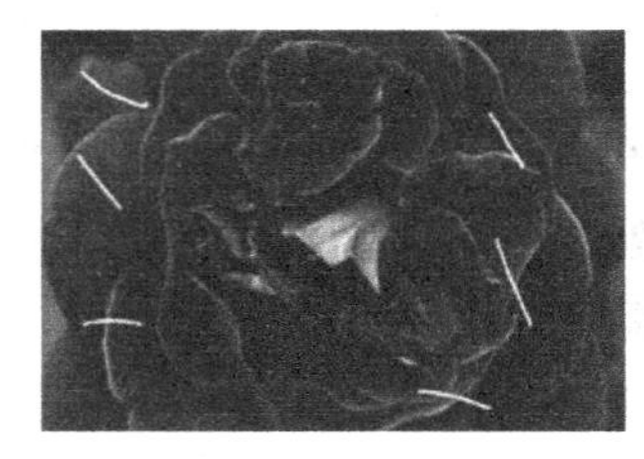
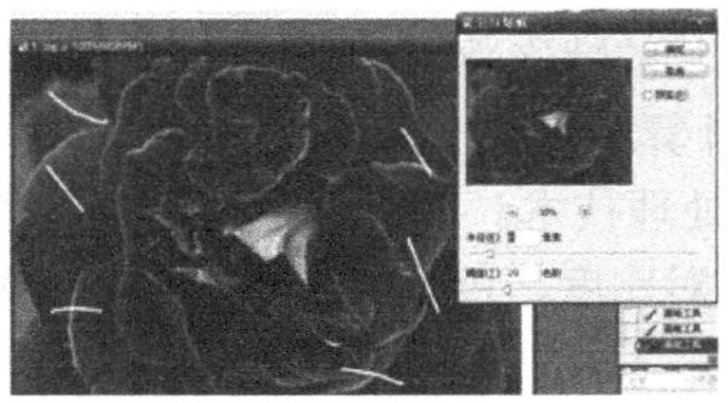
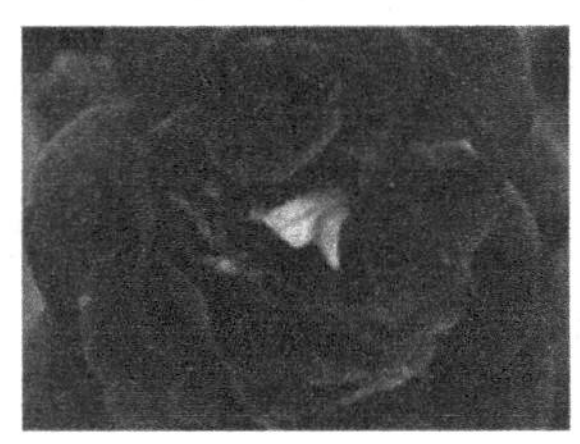

图 9-5 “蒙尘与划痕”对比效果

② 去斑滤镜

去斑滤镜能够除去图像中的杂点而不损坏图像的细节，但由于没有参数可以调节，因此其整体去除杂点功能较弱。

单击菜单“滤镜→杂色→去斑”命令，效果对比如图 9-6 所示。

图 9-6 “去斑”效果

③ 添加杂色滤镜

该命令一般用在老照片的制作过程中。在弹出的对话框中选择不同的分布方式和数量会有不同的杂色效果，如图 9-7～9-10 所示为不同参数下的对比效果。

原图片

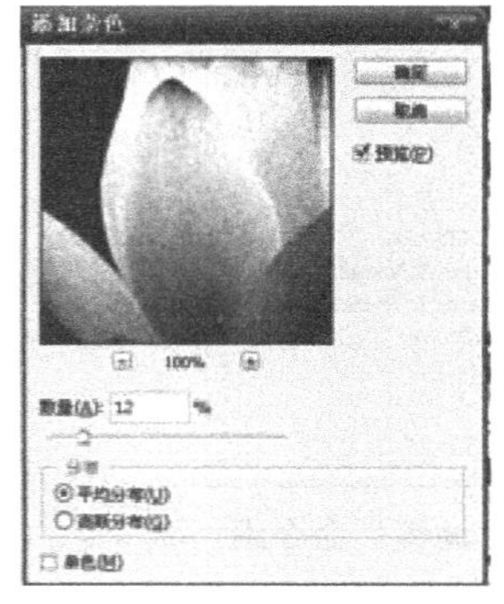

图 9-7 “蒙尘与划痕”选项对比效果

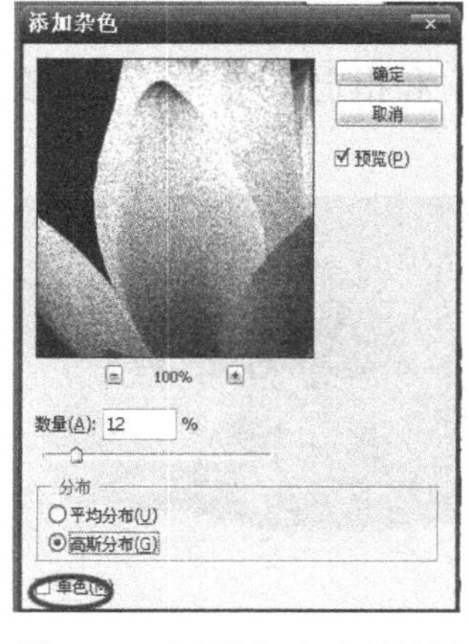

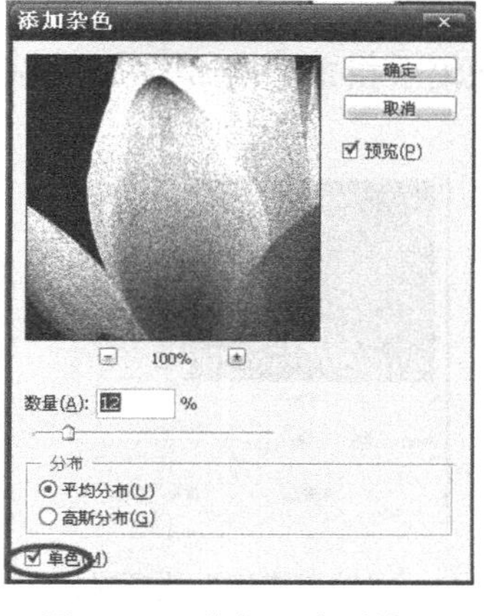

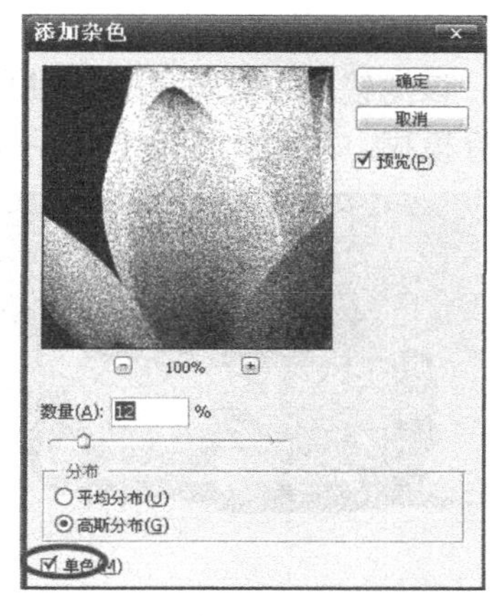

图 9-8　无“单色”选项效果　　图 9-9　“单色”选项效果　　图 9-10　“高斯分布”选项效果

④ 中间值滤镜

中间值滤镜能使图像产生晕染，达到色域清晰的效果。根据个人需要设置半径值如图 9-11 所示。

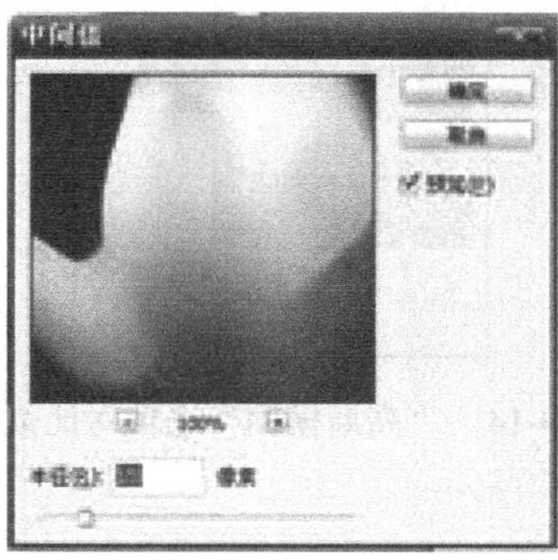

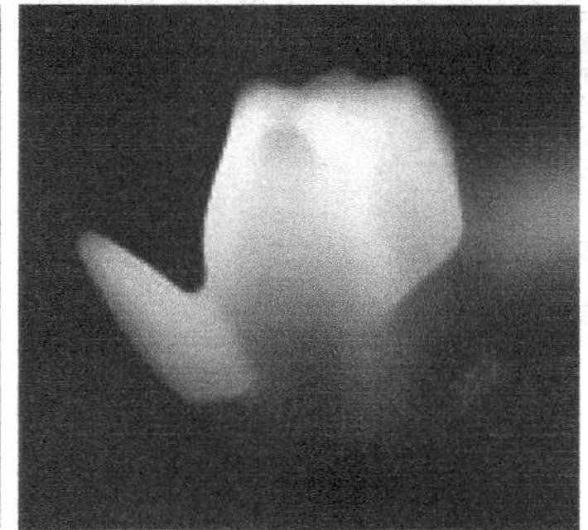

图 9-11　“中间值”选项对比效果

⑤ 减少杂色滤镜

该滤镜主要是处理有斑点的图像，使得色彩杂点、亮度杂点在图像中更加明显。它可以在高级模式下对每个通道单独减少杂色。此滤镜是 Photoshop CS2 中的新增功能，效果对比如图 9-12 所示。

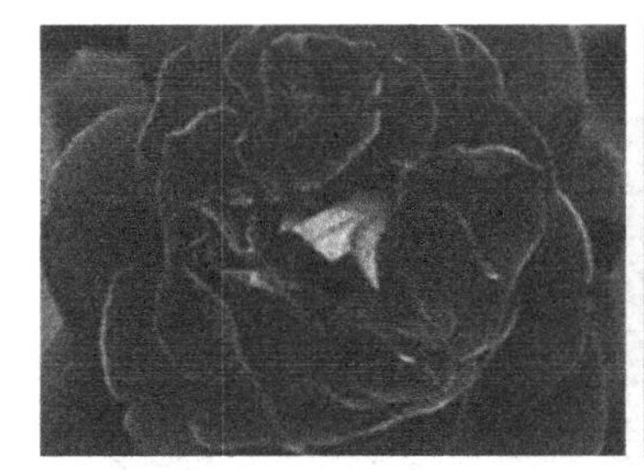

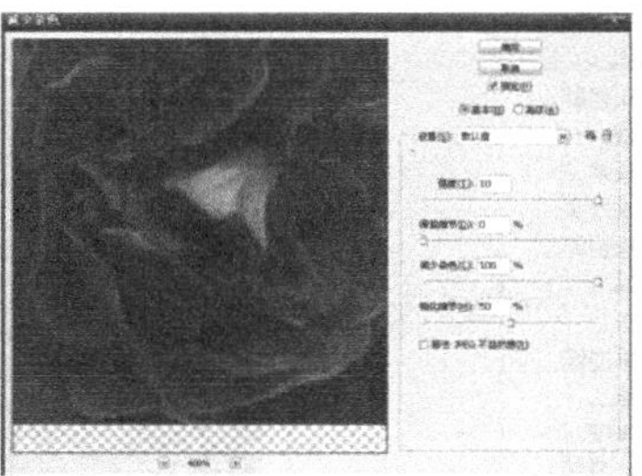

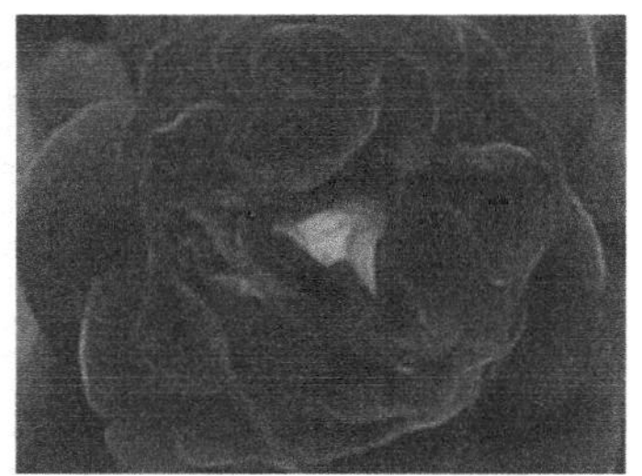

图 9-12　“减少杂色”选项对比效果

（2）模糊滤镜

模糊滤镜的作用主要是使选区或图像柔和，减淡图像中不同色彩的边界线，掩盖图像的缺陷，创造特殊效果。

① 动感模糊滤镜

该滤镜可以根据需要，使图像沿着指定方向（–360～360 度）和指定强度（1～999 度）进行模糊，效果如图 9-13 所示。

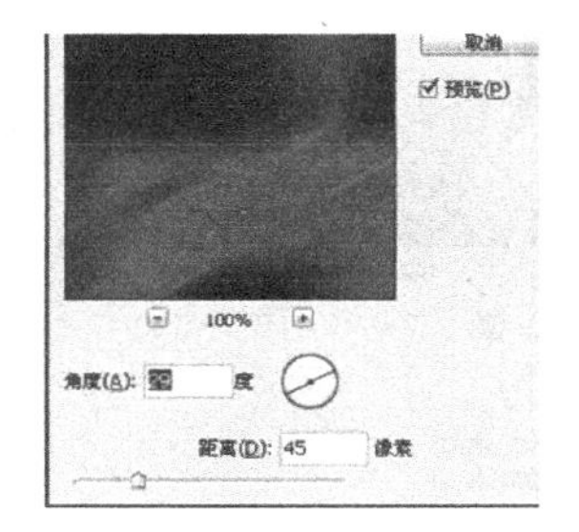

图 9-13　“动感模糊”选项对比效果

② 高斯模糊滤镜

高斯模糊可以按指定数值快速模糊选区或图像，产生一种朦胧的效果。模糊的半径值范围在 0.1～250 像素之间。执行高斯模糊，效果如图 9-14 所示。

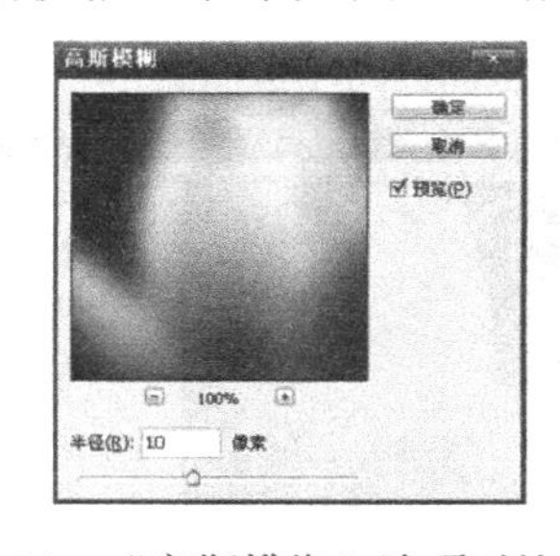

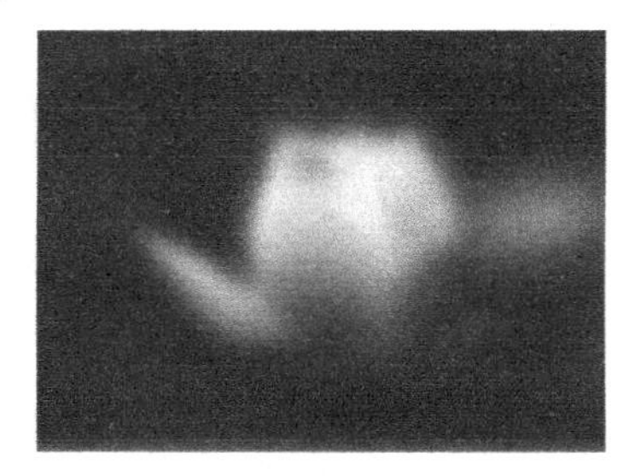

图 9-14　“高斯模糊”选项对比效果

（3）艺术效果滤镜

艺术效果滤镜就像一位熟悉各种绘画风格和绘画技巧的艺术大师，可以使一幅平淡的图像变成大师的力作，且绘画形式不拘一格。它能产生油画、水彩画、铅笔画、粉笔画、水粉画等各种不同的艺术效果。

艺术效果滤镜菜单栏下共有 15 种不同的滤镜，菜单如图 9-15 所示。应用这些滤镜可以创造出不同风格的艺术效果，从而产生各式各样的绘画作品。该组滤镜将以图 9-16 为标准展示效果（此滤镜在 CMYK 模式下不能使用）。

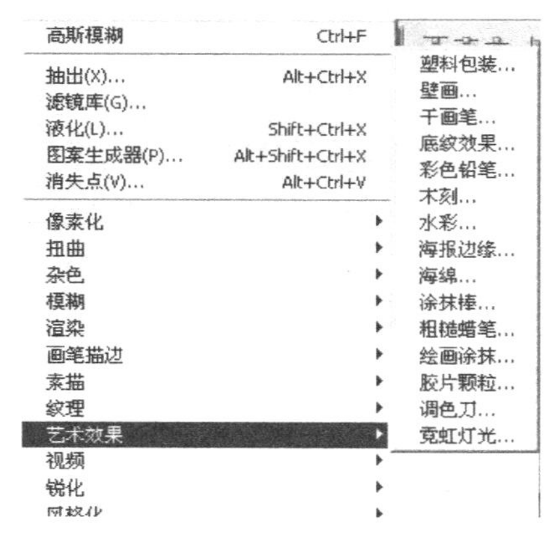

图 9-15　艺术效果滤镜组

图 9-16　素材

① 彩色铅笔滤镜

该滤镜模拟使用彩色铅笔在纯色背景上绘制图像，主要的边缘被保留并带有粗糙的阴影线外观，纯背景色通过较光滑区域显示出来。该滤镜是以各种颜色的铅笔在单一的背景上沿着特定的方向勾画图像，重要边缘用粗糙的画笔勾画，单一颜色将被背景颜色代替。可以通过调节“铅笔宽度”来调节画笔宽度，调节“描边压力”来调节画笔的压力。纸张的亮度调节主要通过调节画笔绘制区域的亮度来实现，画纸的颜色替换为背景色，亮度的数值越大，画纸的颜色就越接近背景色，效果如图 9-17 所示。

- 铅笔的宽度：可以利用滑块来调整铅笔的宽度。
- 描边压力：可以调整当前图像描边压力。
- 纸张亮度：可以调整纸张的亮度。

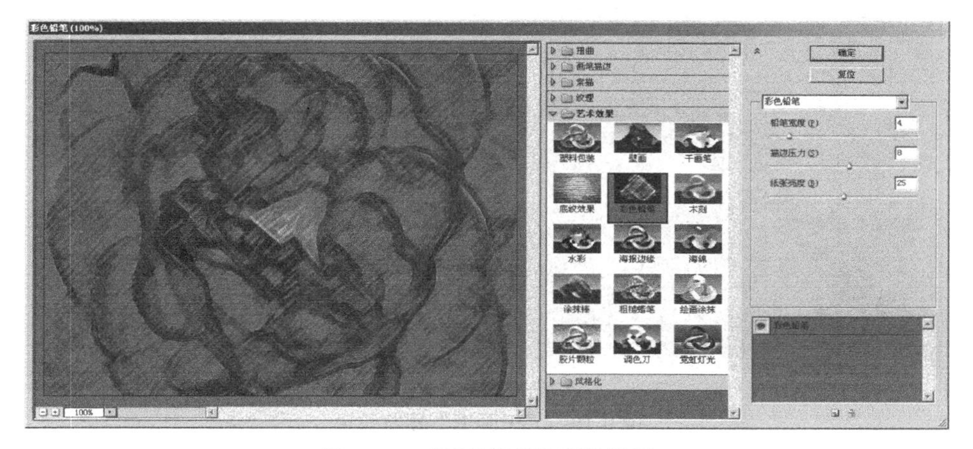

图 9-17　“彩色铅笔”预览效果

② 木刻滤镜

该滤镜使图像好像由粗糙剪切的彩纸组成，高对比度图像看起来像黑色剪影，而彩色图像看起来像由几层彩纸组成。木刻滤镜用来减少原有图像的颜色，类似的颜色用同一颜色代替，将图像制作成如同用彩色纸片拼贴的效果。另外，在其对话框中可对“色阶数”、“边缘简化度”、“边缘逼真度”项进行设置，如图 9-18 所示。

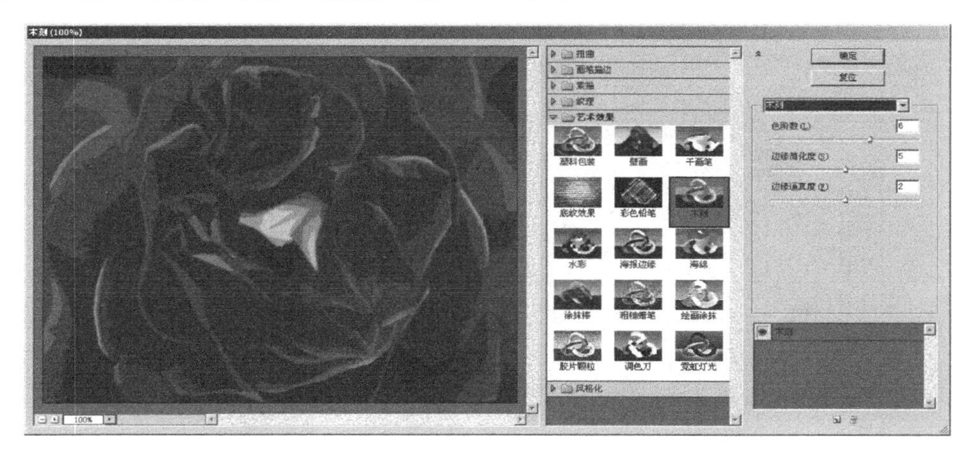

图 9-18　“木刻”预览效果

- 色阶数：调整当前图像的色阶。
- 边缘简化度：调整当前图像色阶的边缘化度。
- 边缘逼真度：调整当前图像色阶边缘的逼真度。

③ 干画笔滤镜

该滤镜能模仿使用干燥的毛笔进行作画，笔迹的边缘断断续续、若有若无，产生一种干枯的油画效果，如图 9-19 所示。

- 画笔大小：调整当前文件画笔的大小。
- 画笔细节：调整画笔的细微细节。
- 纹理：调整图像的纹理，数值越大纹理效果就越大，数值越小纹理效果就小。

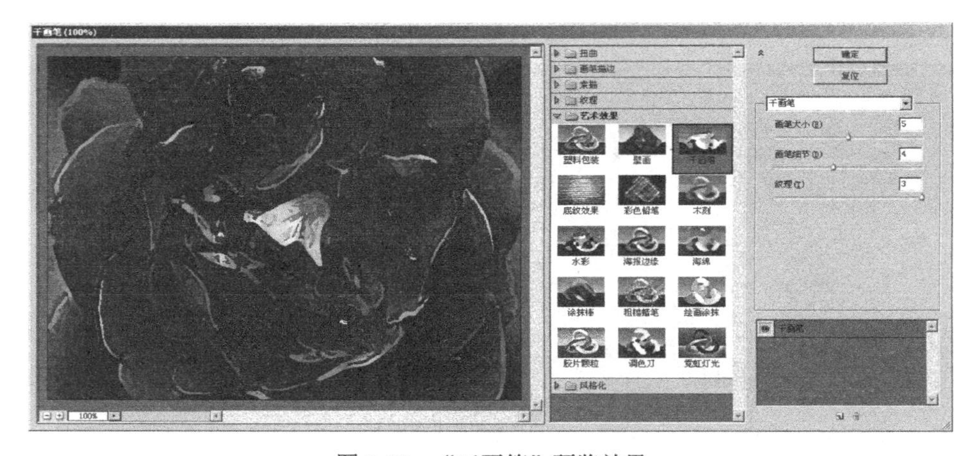

图 9-19　“干画笔”预览效果

④ 胶片颗粒滤镜

该滤镜能够在给原图像加上一些杂色的同时，调亮并强调图像的局部像素，如图 9-20 所示。它可以产生一种类似胶片颗粒的纹理效果，使图像看起来如同早期的摄影作品。

- 颗粒：调整图像的颗粒。数值越大，颗粒效果越清晰。
- 高光区域：调整当前图像的高光区域。
- 强度：调整当前图像颗粒的强度。数值越小，效果越清晰。

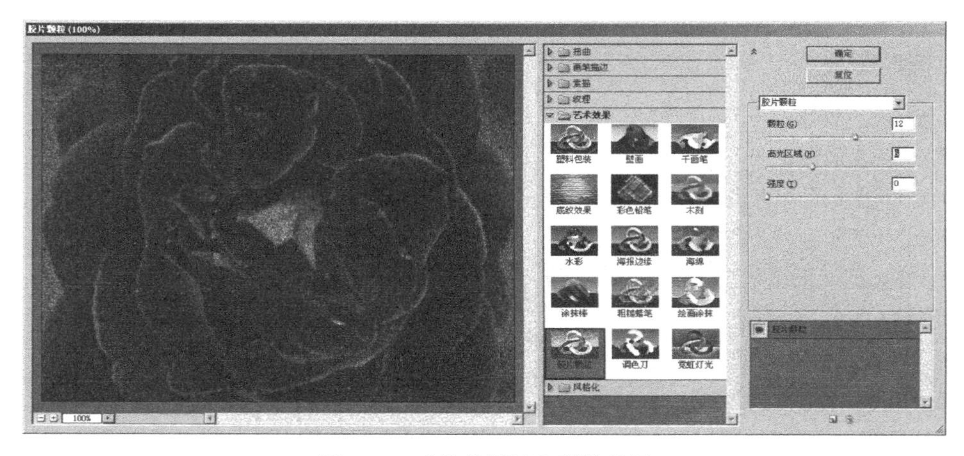

图 9-20　“胶片颗粒”预览效果

⑤ 壁画滤镜

该滤镜能强烈地改变图像的对比度，使暗调区域的图像轮廓更清晰，最终形成一种类似古壁画的效果，如图 9-21 所示。

- 画笔大小：调整画笔的大小。
- 细笔细节：调整细笔的效果。
- 纹理：调整图像的纹理。数值越大，壁画的效果体现的更明显。

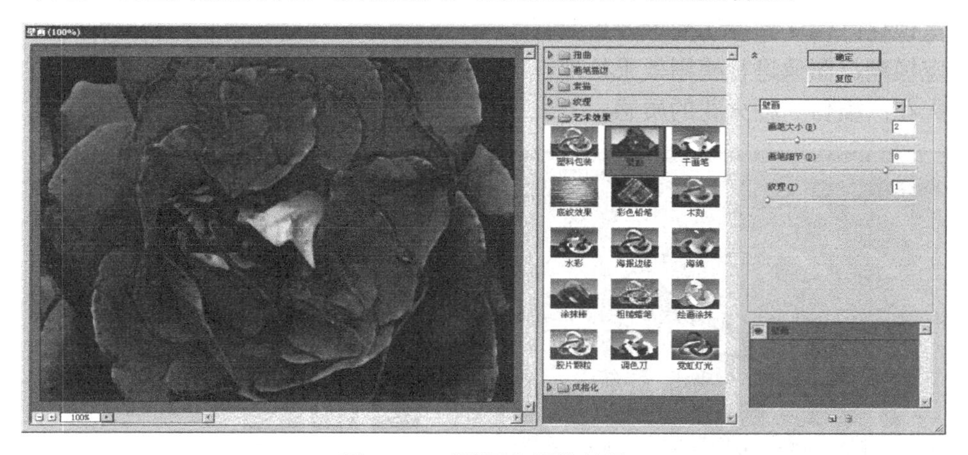

图 9-21　“壁画”预览效果

⑥ 霓虹灯光滤镜

该滤镜能够产生负片图像或与此类似的颜色奇特的图像，看起来有一种氖光照射的效果，如图 9-22 所示。

- 发光大小：调整当前图像光亮的大小。
- 发光亮度：调整当前图像发光的亮度。
- 发光颜色：调整当前图像发光的颜色。

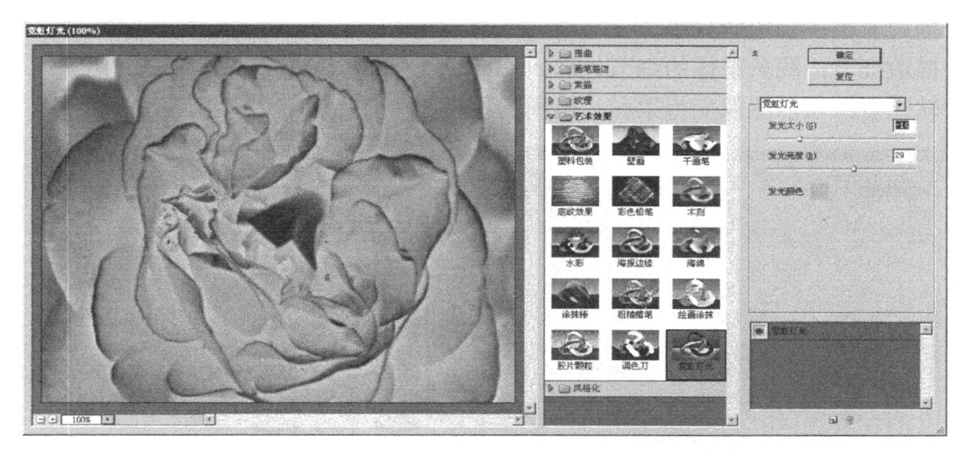

图 9-22　“霓虹灯光”预览效果

⑦ 绘画涂抹滤镜

该滤镜可以理解为采用一种看似拙劣的绘画技法所画的图。它能产生类似于在未干的画布上进行涂抹而形成的模糊效果，如图 9-23 所示。

- 画笔大小：调整画笔的大小。
- 锐化程度：调整当前图像锐化的程度。
- 画笔类型：

— 简单：计算机默认的，比较简单化。
— 未处理光照：光照效果比较强。
— 未处理深色：图像所有颜色成为深色。
— 宽锐化：锐化程度比简单效果要强。
— 宽模糊：图像进行模糊效果处理。
— 火花：模仿一种火花的质感。

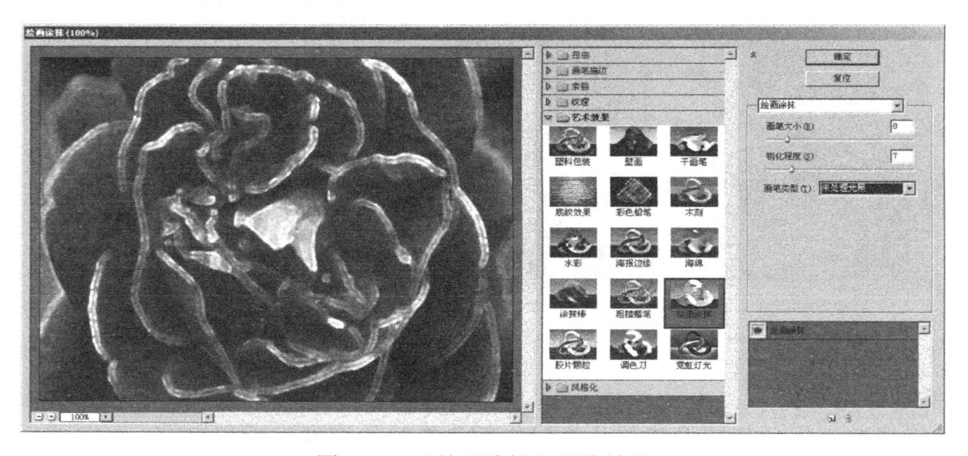

图 9-23　“绘画涂抹”预览效果

⑧ 调色刀滤镜

该滤镜可以使图像中相近的颜色相互融合，减少了细节，以产生写意效果，如图 9-24 所示。

- 描边大小：描边的大小。
- 描边细节：线条整体的细节处理。
- 软化度：当前图像变得柔和、模糊的程度。

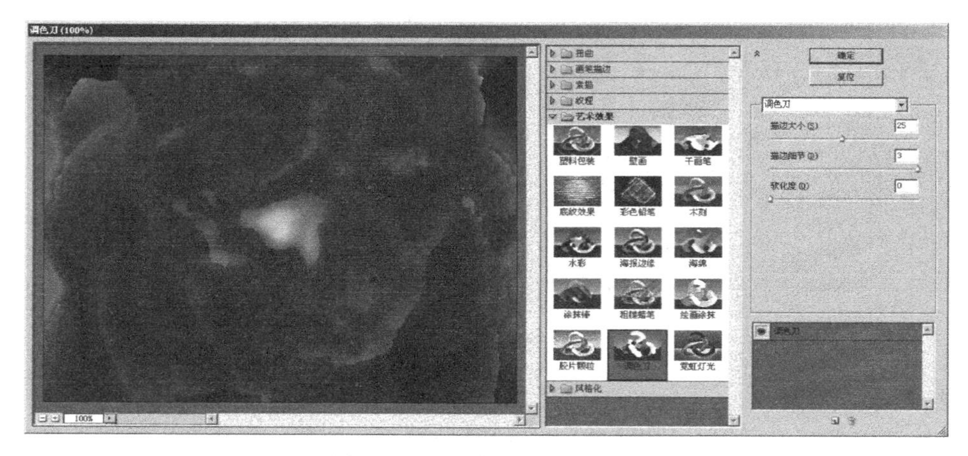

图 9-24　“调色刀”预览效果

⑨ 塑料包装滤镜

该滤镜可以产生塑料薄膜封包的效果，使“塑料薄膜”沿着图像的轮廓线分布，从而令整幅图像具有鲜明的立体质感，如图 9-25 所示。

- 高光强度：调整图像高光的强度。
- 细节：调整图像的细节。
- 平滑度：使当前文件做的塑料料包装效果变得平滑。

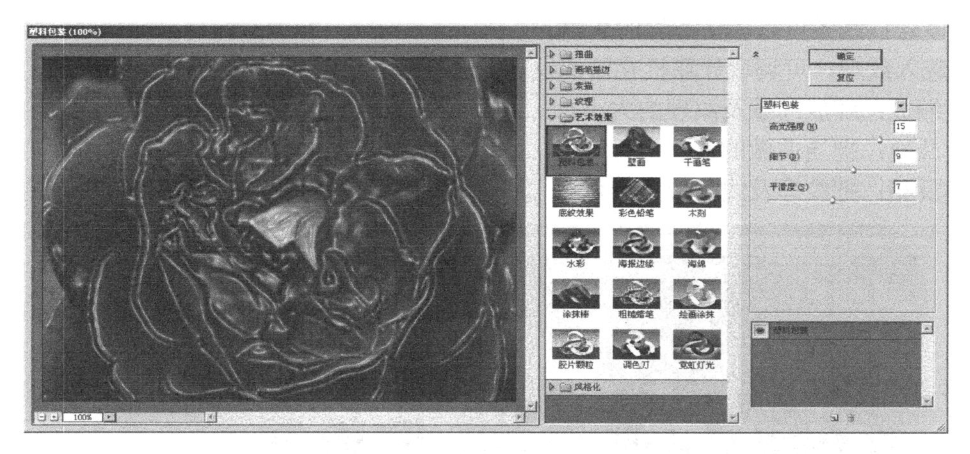

图 9-25　“塑料包装”预览效果

⑩ 海报边缘滤镜

该滤镜的作用是增加图像对比度并沿边缘的细微层次加上黑色，这样能够产生具有招贴画边缘效果的图像，也有点近似木刻画的效果，如图 9-26 所示。

- 边缘厚度：调整当前图像海报边缘的厚度。
- 边缘强度：调整当前图像海报边缘的高光强度。
- 海报化：调整当前图像海报边缘的柔和度，数值越大越柔和。

图 9-26　“海报边缘”预览效果

⑪ 粗糙蜡笔滤镜

该滤镜可以产生在粗糙物体表面（即纹理）上绘制图像的效果。该滤镜既带有内置的纹理，还允许用户调用其他文件作为纹理使用，如图 9-27 所示。

- 描边长度：调整线条的长度。
- 描边细节：调整线条的细节。
- 纹理类型：

— 砖形：线条可以模仿砖的纹理。
— 粗麻布：线条可以模仿粗麻布的纹理。
— 画布：模仿画布的质感。
— 砂岩：线条可以模仿砂岩的质感。
— 载入纹理：可调取计算机存储的纹理，进行载入。

- 缩放：缩放线条及纹理的大小。
- 凸现：把当前做的纹理进行凸出。
- 反相：把纹理及线条反方向化。

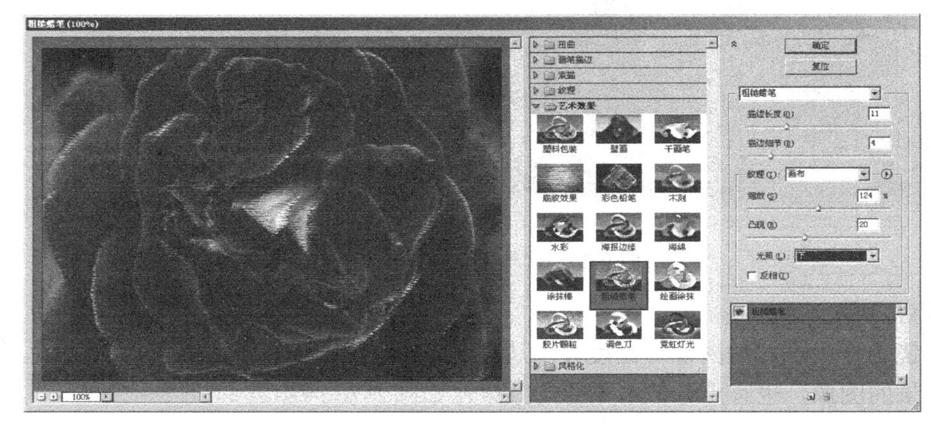

图 9-27　“粗糙蜡笔”预览效果

⑫ 涂抹棒滤镜

该滤镜可以产生使用粗糙物体在图像上进行涂抹的效果。从美术工作者的角度来看，它能够模拟在纸上涂抹粉笔画或蜡笔画的效果，如图 9-28 所示。

- 描边长度：调整当前图像线长的长度。
- 高光区域：调整当前图像高光的程度。
- 强度：调整当前图像纹理的强度。

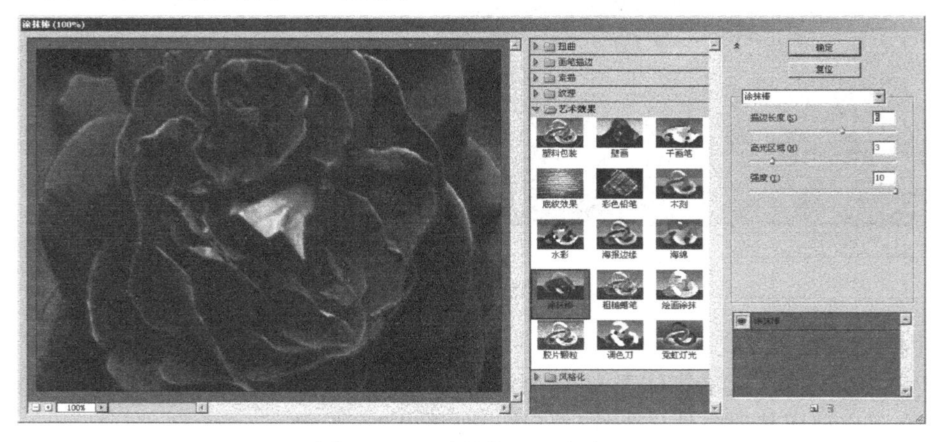

图 9-28　“涂抹棒”预览效果

⑬ 海绵滤镜

该滤镜模拟的是在纸张上用海绵轻轻扑颜料的画法，产生图像浸湿后被颜料晕染的效果，如图 9-29 所示。

- 画笔大小：调整当前画笔的大小。
- 定义：调整当前海绵的质感，其数值越大，效果越清晰。
- 平滑度：调整当前图像海绵效果的平滑程度。

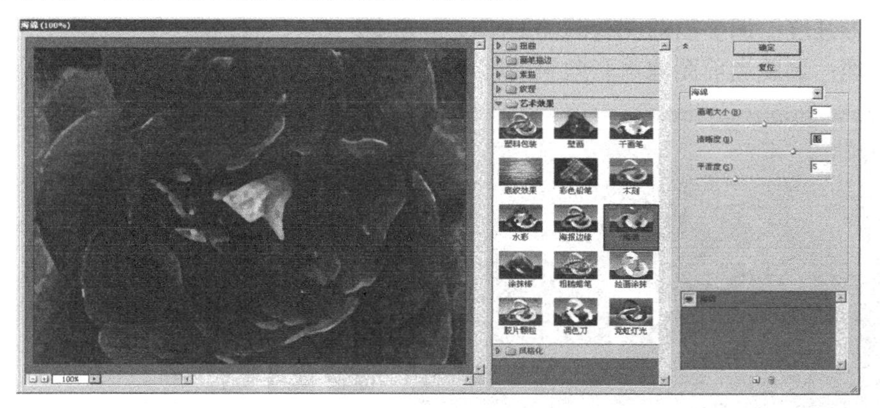

图 9-29　“海绵”预览效果

⑭ 底纹效果滤镜

该滤镜能够产生具有纹理的图像，看起来图像好像是从背面画出来的。该滤镜又译为“背面作画”滤镜，如图 9-30 所示。

- 画笔大小：调整画笔的大小。
- 纹理覆盖：调整纹理覆盖的程度。
- 纹理类型：

— 砖形：线条可以模仿砖的纹理。
— 粗麻布：线条可以模仿粗麻布的纹理。
— 画布：模仿画布的质感。
— 砂岩：线条可以模仿砂岩的质感。
— 载入纹理：可调取计算机存储的纹理，进行载入。

- 缩放：缩放线条及纹理的大小。
- 凸现：将当前做的纹理进行凸出。

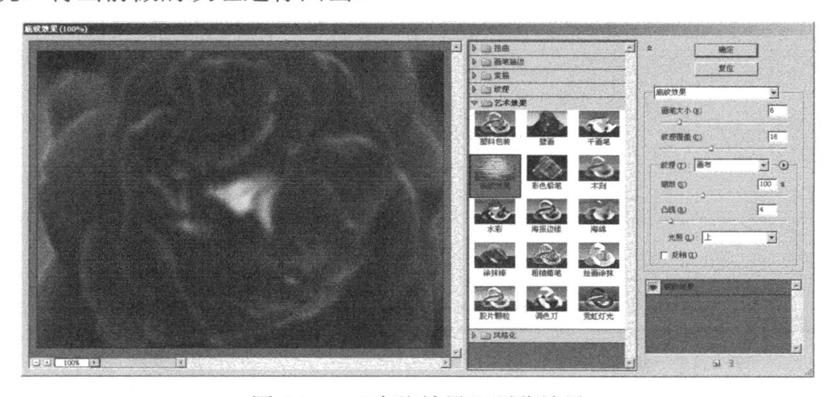

图 9-30　“底纹效果”预览效果

⑮ 水彩滤镜

该滤镜可以描绘出图像中的景物形状，同时简化颜色，进而产生水彩画的效果，如图 9-31 所示。

该滤镜的缺点是会使图像中的深颜色变得更深，效果比较沉闷，而真正的水彩画的特征通常是浅颜色。

- 画笔细节：调整当前图像画笔的细节。
- 阴影强度：调整当前图像画笔的暗度和亮度。
- 纹理：调整当前图像水彩效果的程度（数值最大为 3）。

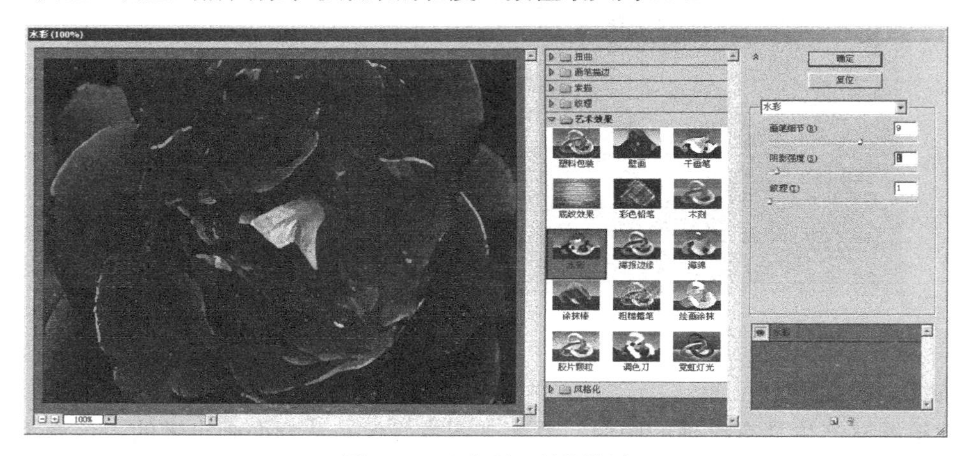

图 9-31 “水彩”预览效果

9.3 实例解析

9.3.1 标志制作过程

（1）首先将构思并创作的手绘图通过扫描输入电脑，然后打开图片，如图 9-32 所示。

（2）新建图层，激活钢笔工具，按照铅笔稿描绘路径轮廓图，如图 9-33 所示。

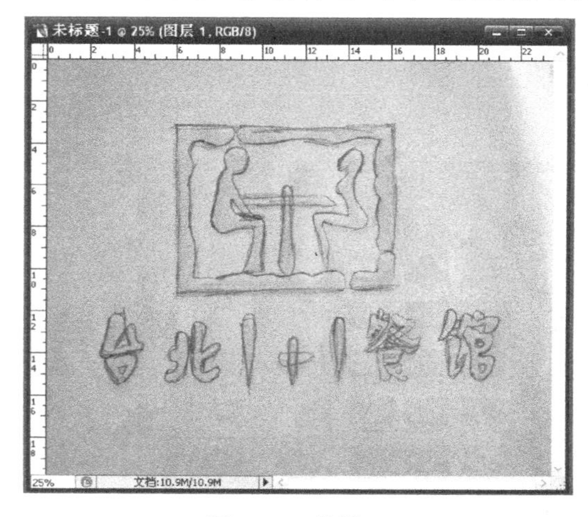

图 9-32 素材

图 9-33 路经描绘轮廓

（3）按 A 键转换为路径选择工具，调整路径使轮廓线更加流畅，如图 9-34 所示。

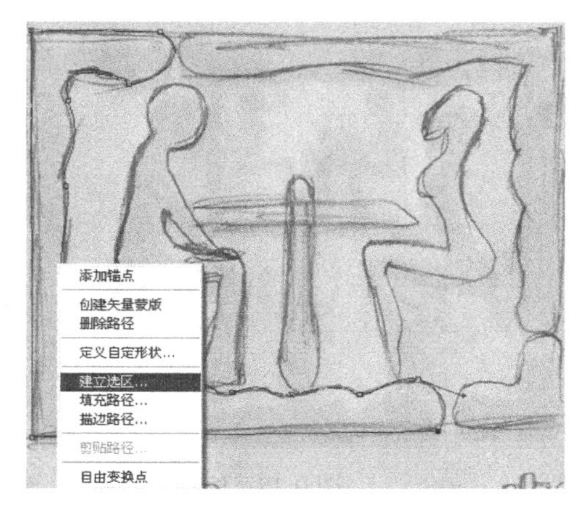

图 9-34　调整路径　　图 9-35　路径转换为选区

（4）调整完路径后，单击右键在图层 2 上建立选区，如图 9-35 所示。

（5）建立选区后填充颜色。单击前景色，弹出对话框，按如图 9-36 所示设置 CMYK 颜色参数。

（6）单击“油漆桶”工具将选区填充颜色，效果如图 9-37 所示。

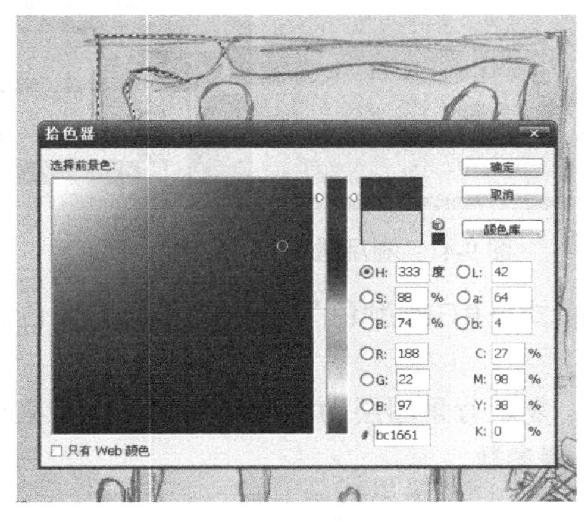

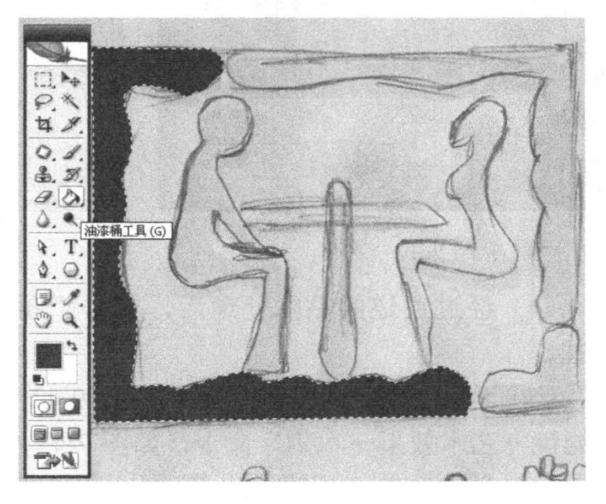

图 9-36　设置前景色　　图 9-37　填充选区

（7）运用同样的步骤方法将剩余的部分做出，里面的两个人、物和文字“台北 1+1 餐馆”也是按同样的步骤方法做出，效果如图 9-38 所示。

（8）删掉图层 1，合并可见图层，最终效果如图 9-39 所示。

9.3.2　背景图片的处理

（1）启动 Photoshop CS2 中文版，打开一张图片，如图 9-40 所示。

（2）单击“图像→模式→Lab 颜色”命令，转换图像色彩模式。

（3）单击通道，选择 b 通道，分别按下 Ctrl+A、Ctrl+C 键，再选择 a 通道，按 Ctrl+V 键，效果如图 9-41 所示。

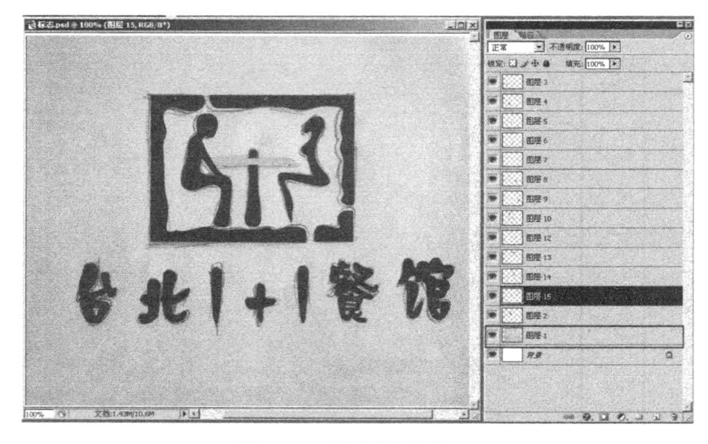

图 9-38　绘制人和物

图 9-39　删除素材

图 9-40　素材

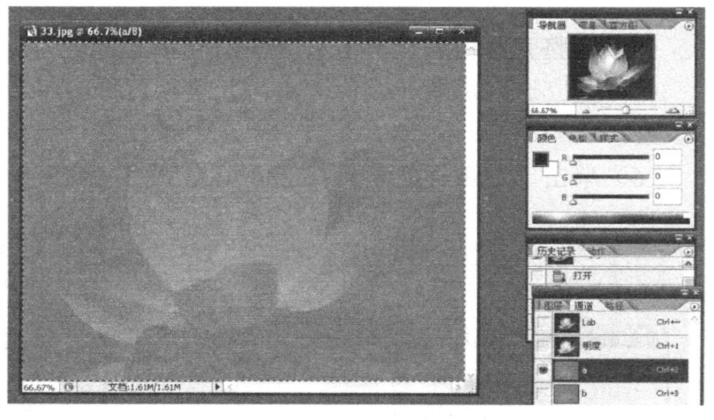

图 9-41　利用通道

（4）经过通道的粘贴处理后，单击“图像→模式→RGB 颜色”命令，转换图像色彩模式。

（5）返回到 Lab 通道，效果如图 9-42 所示。复制背景图层为背景层副本，单击菜单“滤镜→艺术效果→木刻”命令，如图 9-43 所示设置参数。

（6）单击菜单“滤镜→杂色→中间值”命令，如图 9-44 所示设置参数。

图 9-42　Lab 通道效果

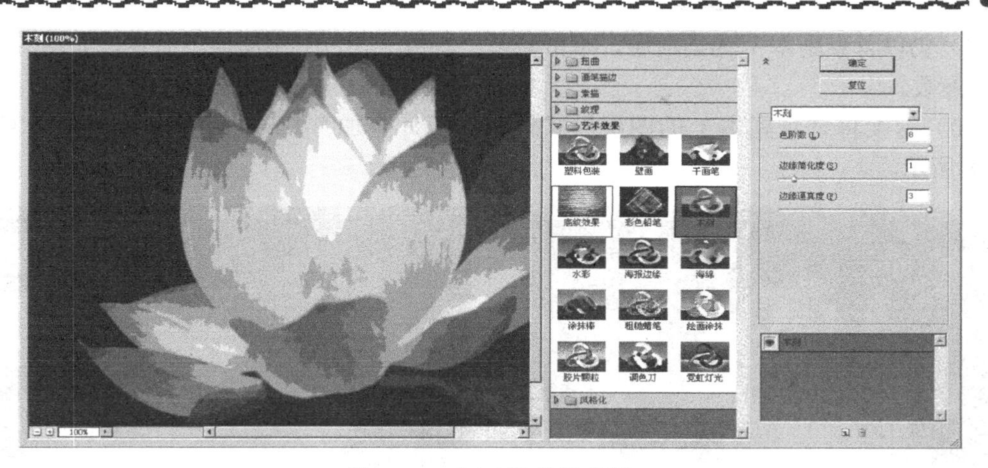

图 9-43　“木刻”预览效果

（7）再复制背景副本为背景副本 2，将图层模式设为“柔光”，透明度设为 10%，效果如图 9-45 所示。

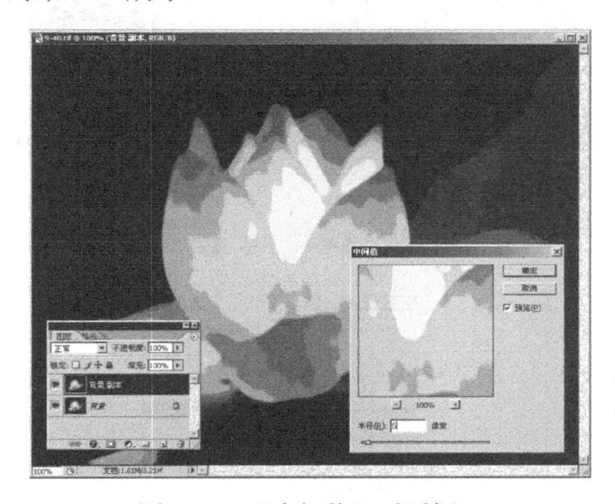

图 9-44　“中间值”对话框

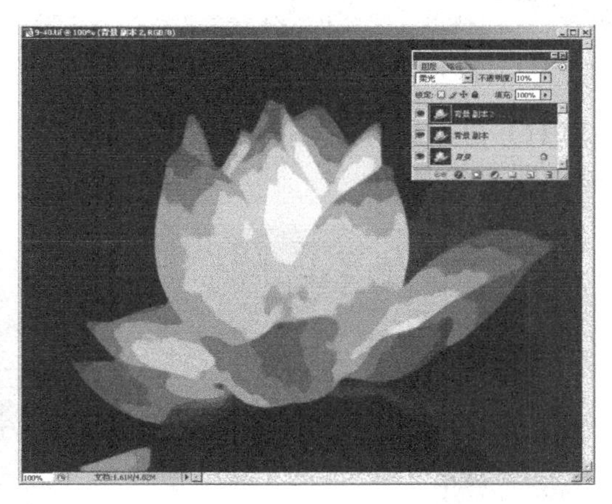

图 9-45　图层模式设为“柔光”

（8）然后再次复制背景层为背景副本 3，单击菜单“滤镜→艺术效果→木刻”命令，如图 9-46 所示设置参数。

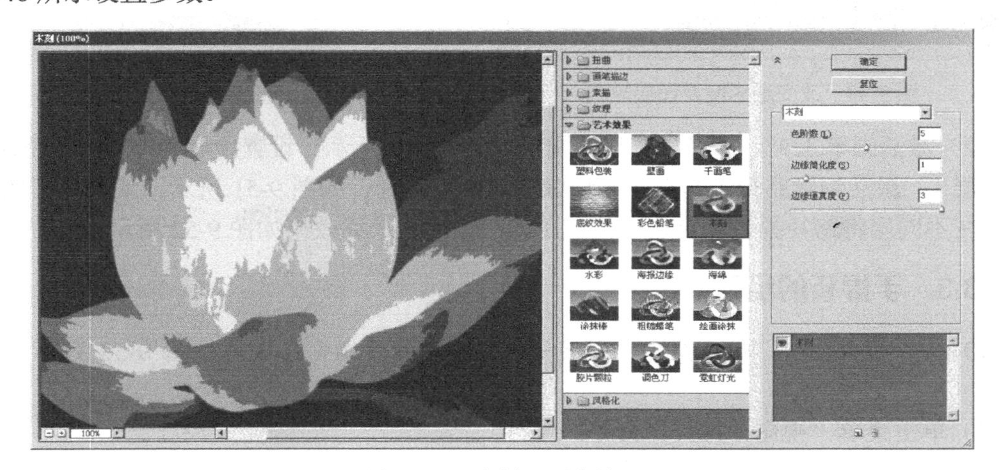

图 9-46　“木刻”预览效果

（9）仍以背景副本 3 为当前层，单击菜单“滤镜→杂色→中间值”命令，如图 9-47 所示设置参数。

（10）继续将背景副本 3 的图层模式设为“正片叠加”，不透明度设为 10%，效果如图 9-48 所示。

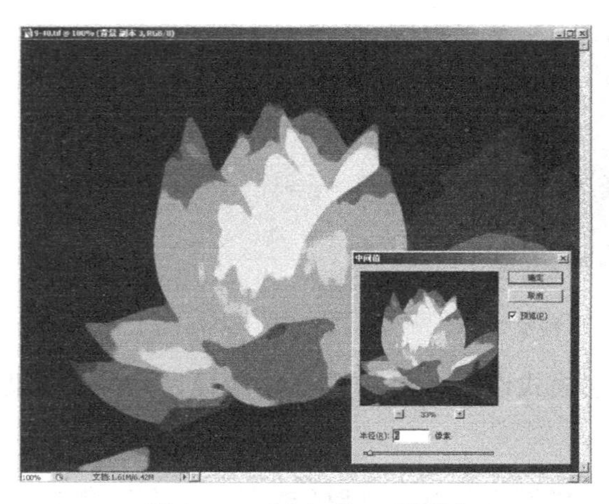

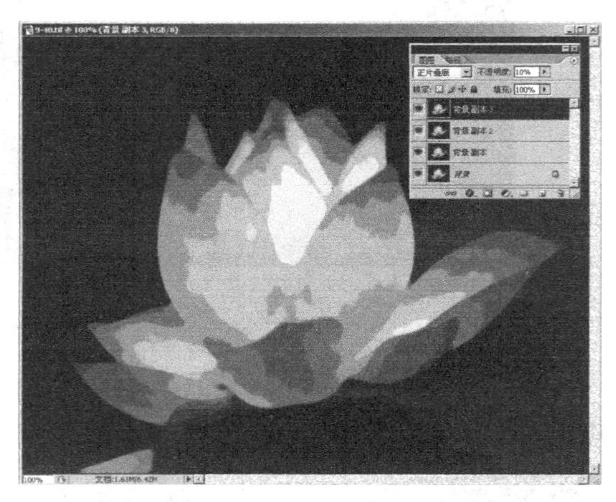

图 9-47 “中间值”对话框　　图 9-48 图层模式设为“正片叠加

（11）再次复制背景得到背景副本 4，图层模式设为“正片叠加”，不透明度设为 40%，效果如图 9-49 所示。

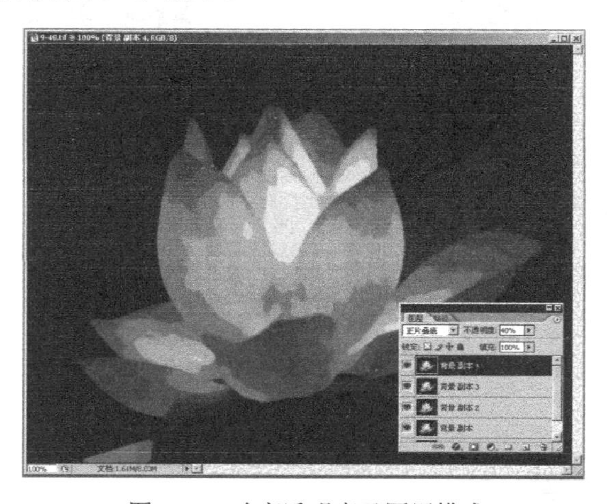

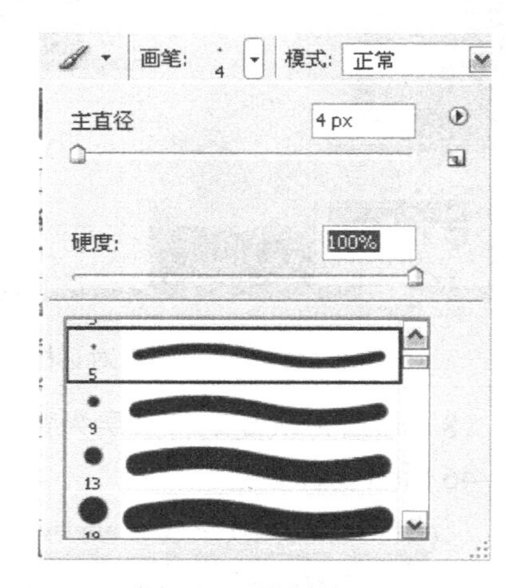

图 9-49 改变透明度及图层模式　　图 9-50 设置笔刷

（12）激活画笔工具，选择“圆形笔刷”，如图 9-50 所示，设置硬度为 100，直径为 4。新建图层 1，激活钢笔路径工具在花瓣边缘上勾画出路径，如图 9-51 所示。依次将其他花叶勾勒，在不同层将路径描边，点选“模拟压力”选项，最终效果如图 9-52 所示。

9.3.3 手提袋的组合

（1）合并所有图层，单击菜单“图像→调整→色彩平衡”命令，如图 9-53 所示设置参数。

（2）单击菜单“视图→标尺”命令。

（3）根据需要找出画面中心，拖出辅助线，如图 9-54 所示。

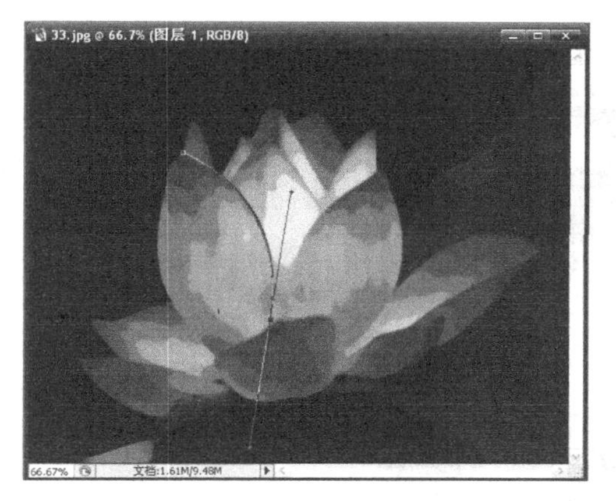

图 9-51　绘制路径

图 9-52　描绘路径效果

图 9-53　调整“色彩平衡”

图 9-54　添加辅助线

（4）选择椭圆工具按照网格大小抠出提示，如图 9-55 所示。

（5）激活文字工具，输入“时尚 休闲 温馨生活每一天”文字，效果如图 9-56 所示。

图 9-55　把手

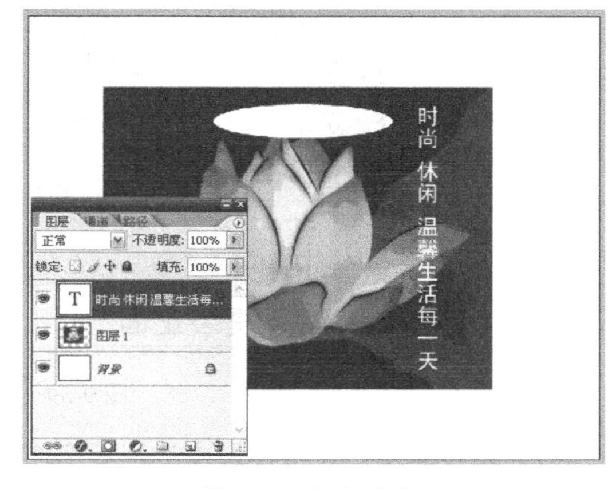

图 9-56　输入文字

（6）单击文字属性栏中“创建文字变形”项，将文字“时尚 休闲 温馨生活每一天”变形，调整走向，效果如图 9-57 所示。

（7）复制图层 1 得到图层副本 1，删除不必要的部分，如图 9-58 所示，然后填充黑色。

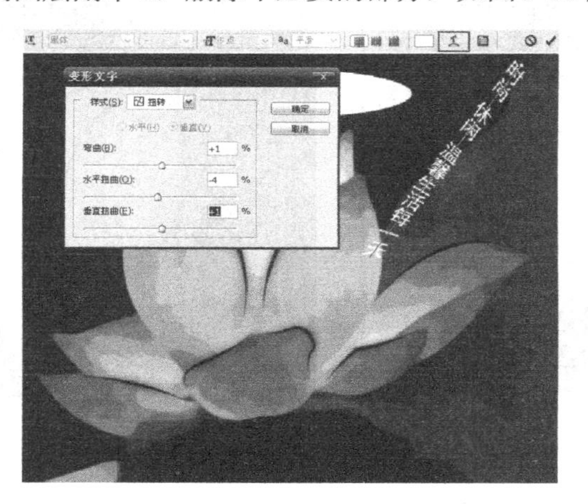

图 9-57 调整文字走向

图 9-58 填充颜色

（8）打开企业标志，复制到此文件中，调整构图与大小，然后输入主题文字“手提袋正面，手提袋反面”，效果如图 9-59 所示。

图 9-59 拷贝企业标志

（9）新建图层，在该图层中运用矩形选择工具画出侧面，如图 9-60 所示。

（10）导入竖形标志，运用变形工具（Ctrl+T）中的“透视”命令，如图 9-61 所示，将手提袋正面和图层 4 变形，效果如图 9-2 所示。

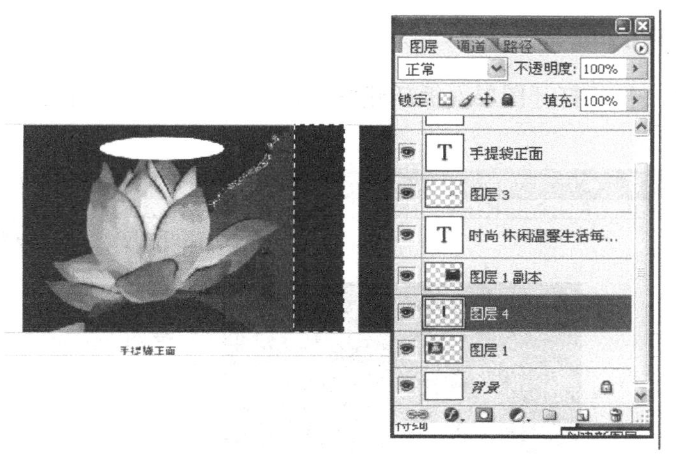

图 9-60　绘制选区

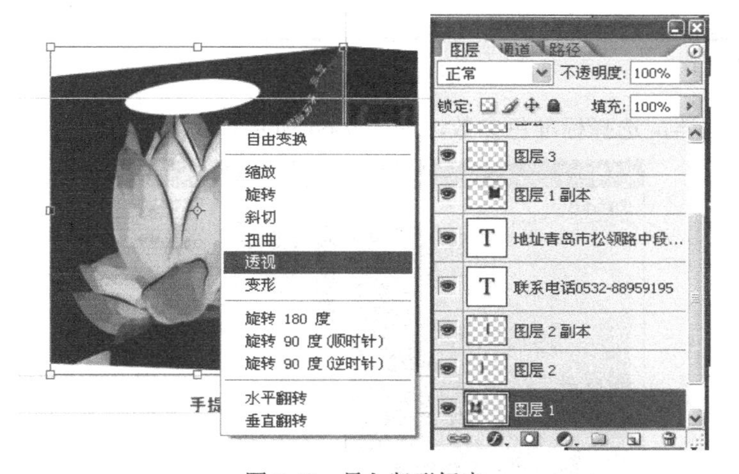

图 9-61　导入竖形标志

（11）重复以上命令，做出另一侧面，最终效果如图 9-62 所示。

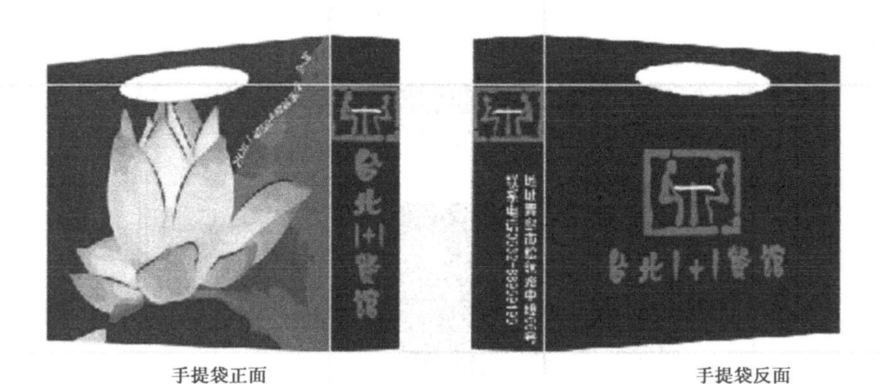

图 9-62　侧面效果

9.3.4 提示牌的简单制作

（1）新建一个文件，打开图层面板新建图层，激活矩形工具绘制长方形并填充为黑色，效果如图 9-63 所示。

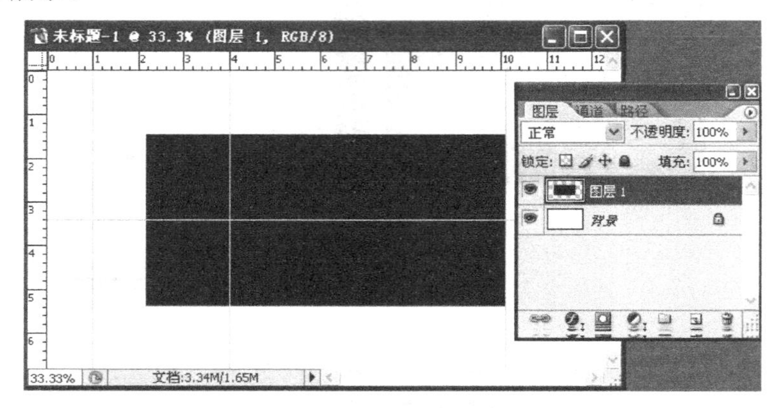

图 9-63 新建文件

（2）双击拾色器，选择标准色参数，如图 9-64 所示。

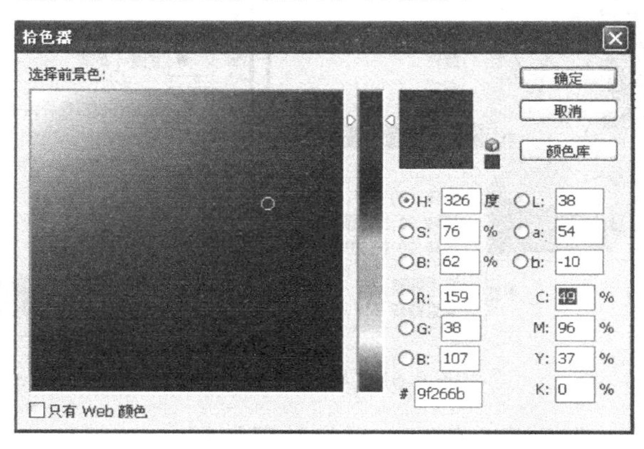

图 9-64 设置标准色

（3）新建图层 2，添加辅助线，按住 Shift+Ctrl 键，由中心绘制正圆并填充颜色，效果如图 9-65 所示。

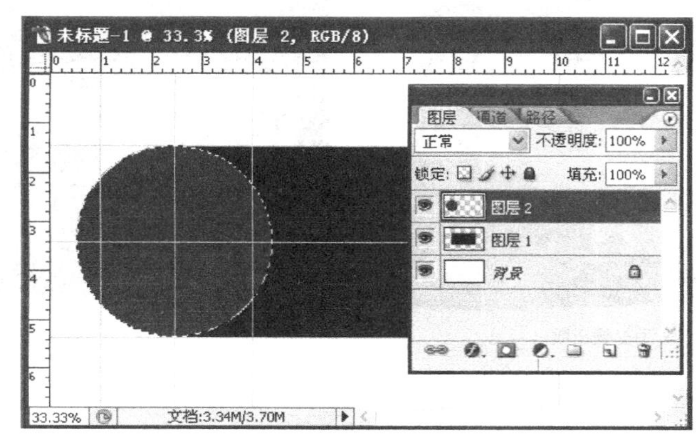

图 9-65 绘制正圆并填充颜色

（4）新建图层，单击菜单“选择→变换选区”命令，缩小选区，如图 9-66 所示。

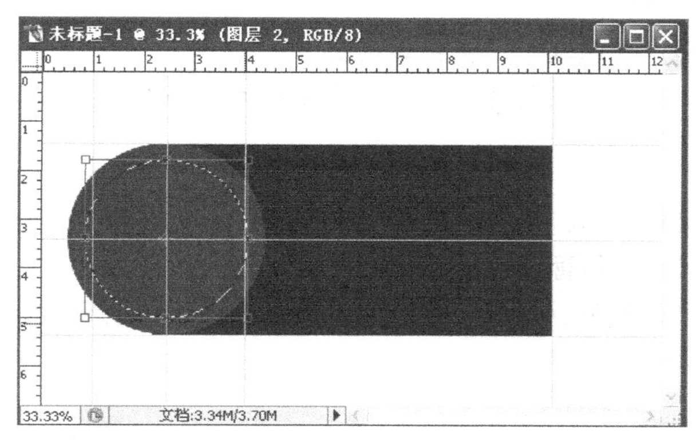

图 9-66　变换选区

（5）将选区填充白色，重复以上命令，缩小选区再填充为标准色，效果如图 9-67 所示。
（6）输入文字后调整大小，效果如图 9-68 所示。

图 9-67　将选区填充白色

图 9-68　输入文字

（7）最后输入制作标准，如图 9-69 所示。

图 9-69　添加制作标准

9.4　相关知识链接

1. CIS 整体策划的作业流程

（1）调查阶段
（2）确立阶段
（3）展开阶段
（4）导入阶段
（5）评估阶段

2．调研的项目与内容

（1）企业经营状况：管理水平、销售规模等。

（2）企业形象整体状况：形象资产结构与形象法律保障程序。

3．调研的对象

调研对象分为内部和外部。

内部：企业的股东、高层管理人员、职工、职工家属。

外部：关系企业、竞争企业、销售对象、经销商、政府金融机构、工商行政税务管理、新闻机构、广告顾问公开等。

4．调研的方法

（1）询问法

（2）观察法

（3）收集资料法

（4）家访调查法

（5）试验法

（6）商业情报探寻法

5．CI策划步骤

（1）明确目标

（2）制定调研提纲、设计问卷

（3）再研究

（4）科学预测

（5）修改问卷

（6）培训督导员

（7）具体调查和收集资料

（8）去伪存真

（9）调研分析

6．CI系统中VI设计的规范

VI设计分为基础部分和应用部分。

（1）基础部分：对标志、标准字、标准色、附属基本要素（专用字体、象徽图案、版面编排模式等）的组合规定、变体设计、禁止组合的范例进行统一设计规范。

（2）应用部分：业务用品（名片、信贷等）、广告媒体、旗帜、招牌、交通工具、外观设计、包装设计、员工制服、办公用品（烟灰缸、火柴、铅笔、杯盘等）。

7．VI涉及要素

（1）标志要避免两个极端：一是过于平淡，二是过于奇怪。

（2）英文与中文要整齐对称，以避免在实际应用中可能出现的误差。

习题 9

一、填空题

1. 滤镜只能应用于___________和___________的图像,某些滤镜只对于 RGB 模式图像起作用，有些对 CMYK 模式下无效。

2. 杂色滤镜可以添加或删除图像中的杂色和带有随机分布色阶的_______，其主要用于除去图象中的________和划痕。

3. ___________能够除去图像中的杂点而不损坏图像的细节。

4. ___________主要是处理有斑点的图像以及色彩杂点，亮度杂点在图像中更加明显它可以在兰色通道中高级模式下对每个通道单独减杂色。此滤镜是 Photoshop cs2 中的新增功能。

5. ____________的作用主要是使选区或图像柔和，减淡图像中不同色彩的边界线，掩盖图像的缺陷创造特殊效果。

二、简答题

1．通过学习浅谈对滤镜的认识？

2．企业 CI 是什么？CI 由哪四部分组成？

三、练习题

运用纹理滤镜命令制作简单的画面效果，如图 6-70 和图 6-71 所示。

图 9-70

图 9-71

第 10 章　网页设计——杂色、模糊等滤镜命令综合运用

一般制作网页都使用 Dreamweaver 软件，也可以使用 Photoshop 在网页设计中制作各种效果。许多的网页使用了 Flash 动画影像，使网页更加生动，Photoshop 里链接的 Imageready 也可以制作 Gif 动画，只需单击工具栏最下端的转换按钮 即可。

10.1　网页案例分析

某个人博客网页如图 10-1 所示。

图 10-1　个人博客

1．创意定位

网络是生活中不可缺少的一部分，越来越多的人已经拥有了自己的博客，若是能自己设计出个性的界面上传使用是非常有意思的。这一章我们来学习 Photoshop CS2 在网页设计中的应用。

2．所用知识点

主要是使用滤镜来制作各种各样的效果，及简单的填充命令来完成立体按钮。

3．制作分析

第一步：制作网页的形象页，主要用到滤镜里的云彩和模糊来制作效果。
第二步：制作按钮，利用前面学过的图形工具和填充工具。
第三步：将制作好的素材融合在一起。

10.2　知识卡片

在网页设计中，经常使用各种各样的底纹效果。结合滤镜的使用，我们来学习几种底纹的制作。

10.2.1　拉丝金属板

（1）新建一个文件，如图 10-2 所示设置参数。

（2）在新文件中，单击菜单“滤镜→杂色→添加杂色”命令，如图 10-3 所示，在弹出的对话框中设置参数。单击“确定”按钮，效果如图 10-4 所示。

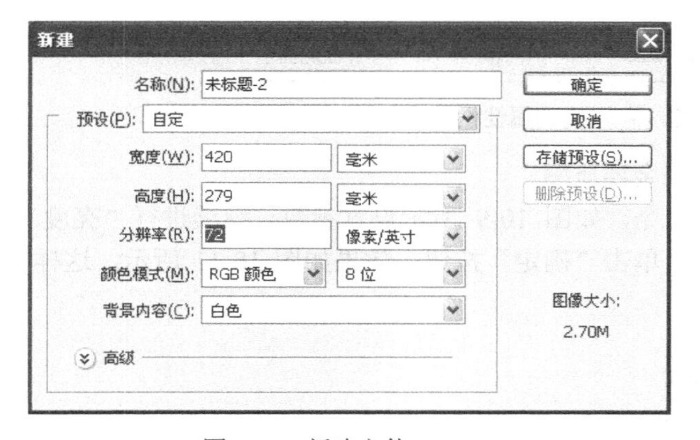

图 10-2　新建文件

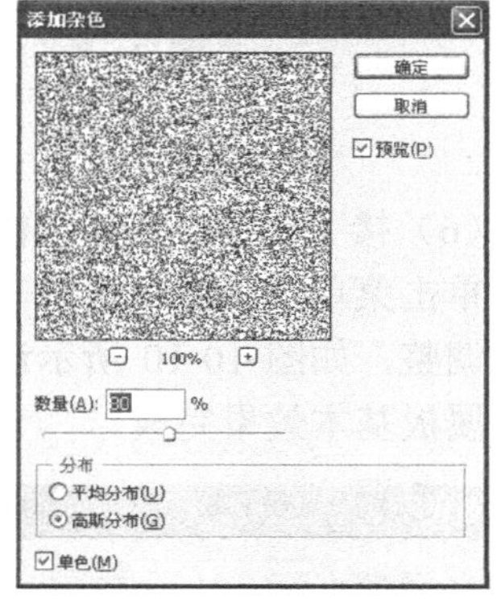

图 10-3　“添加杂色”对话框

图 10-4　“添加杂色”效果

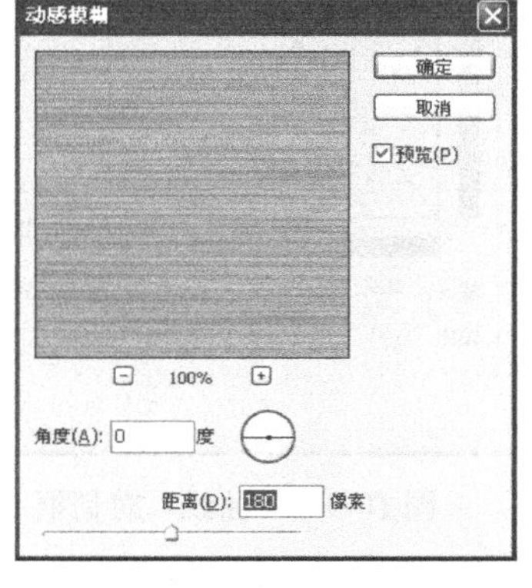

图 10-5　“动感模糊”对话框

（3）单击菜单“滤镜→模糊→动感模糊”命令，如图 10-5 所示，在弹出的对话框中设置参数。单击“确定”按钮，效果如图 10-6 所示。

（4）单击菜单“滤镜→锐化→锐化”命令，再重复执行两次锐化命令，金属板的感觉如图 10-7 所示。

图 10-6 “动感模糊”效果

图 10-7 两次“锐化”效果

（5）此时看到由于执行了“动感模糊与锐化”命令，造成文件左右两边出现了不协调的画面，需要对文件进行裁切。激活剪切工具，在如图 10-8 所示属性栏中，设置裁切尺寸为 1024×768 像素。

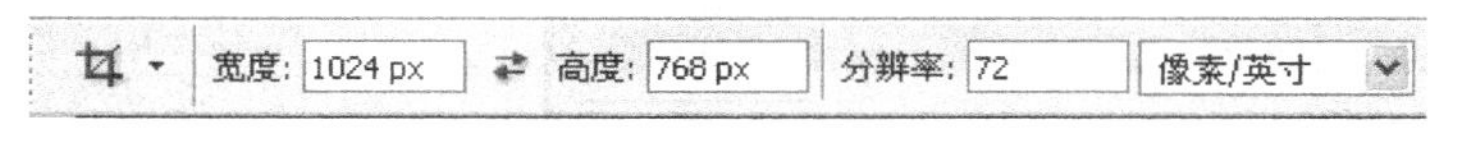

图 10-8 剪切属性栏

（6）接下来的一系列工作是要增强金属质感。

单击菜单“图像→调整→曲线”命令，如图 10-9 所示设置参数，继续进行“亮度/对比度”调整，如图 10-10 所示设置参数，单击“确定”按钮，效果如图 10-11 所示。这样，拉丝金属板基本效果完成。

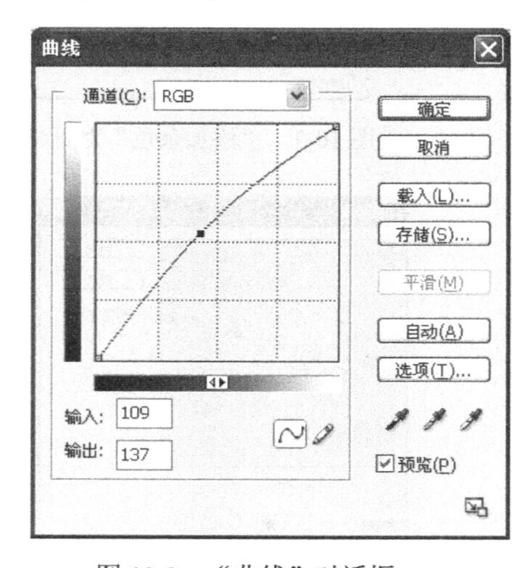

图 10-9 “曲线”对话框

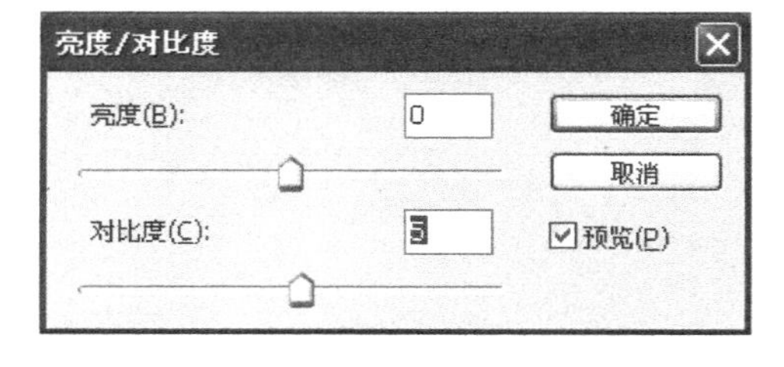

图 10-10 “亮度/对比度”对话框

（7）为增添金属效果，单击菜单“滤镜→渲染→光照效果”命令，如图 10-12 所示设置参数，单击“确定”按钮，效果如图 10-13 所示。

大家不妨尝试一下着色效果，如图 10-14 所示。

图 10-11　调整“亮度/对比度”效果

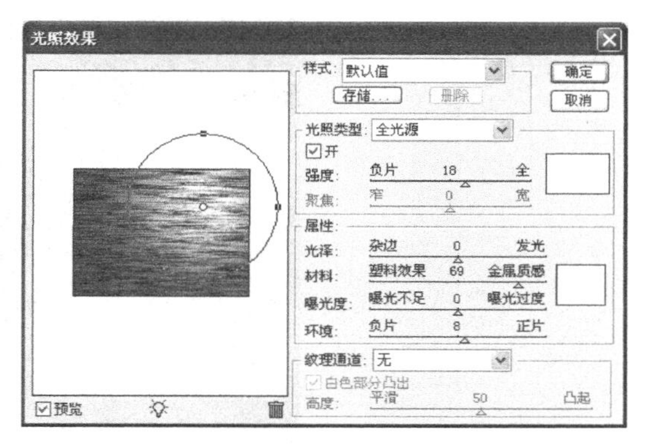

图 10-12　“光照效果”对话框

图 10-13　执行“光照效果”

图 10-14　调整“光照效果”参数

10.2.2　大理石效果

（1）新建一个尺寸为 1024×768 像素的文件，色彩模式为 RGB。

（2）设置默认前景、背景色后，单击菜单“滤镜→渲染→分层云彩”命令，再连续（Ctrl+F）6 次执行这一命令，效果如图 10-15 所示。

（3）单击菜单“滤镜→风格化→查找边缘”命令，效果如图 10-16 所示。

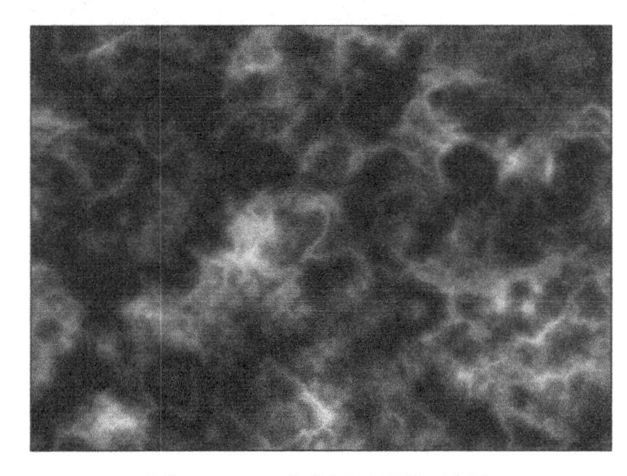

图 10-15　“分层云彩”效果

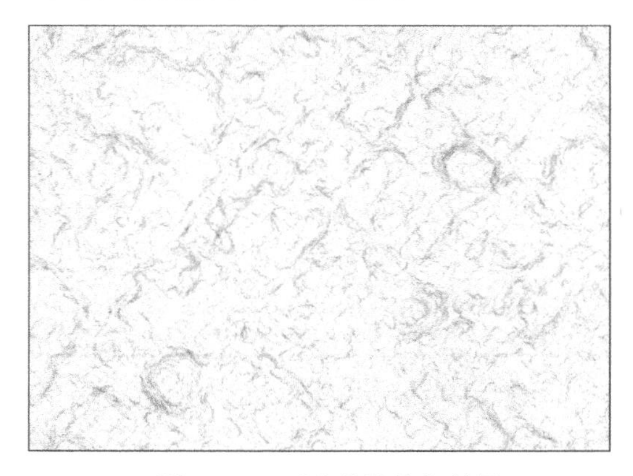

图 10-16　“查找边缘”效果

（4）单击菜单“图像→调整→反相”命令，效果如图 10-17 所示。

图 10-17 “反相”效果

（5）单击菜单“图像→调整→色阶”命令，如图 10-18 所示调整参数，单击“确定”按钮，效果如图 10-19 所示。

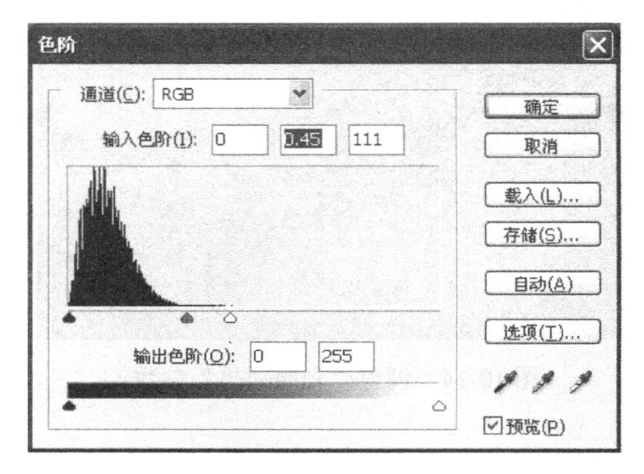

图 10-18 “色阶”对话框

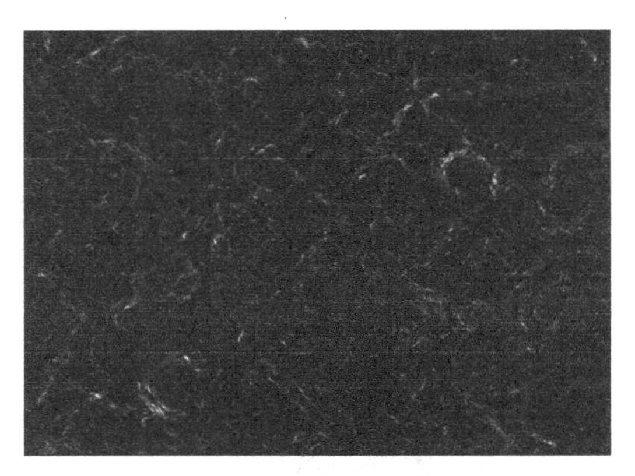

图 10-19 “色阶”效果

（6）单击菜单“图像→调整→色相/饱和度”命令，如图 10-20 所示调整参数，单击“确定”按钮，效果如图 10-21 所示。

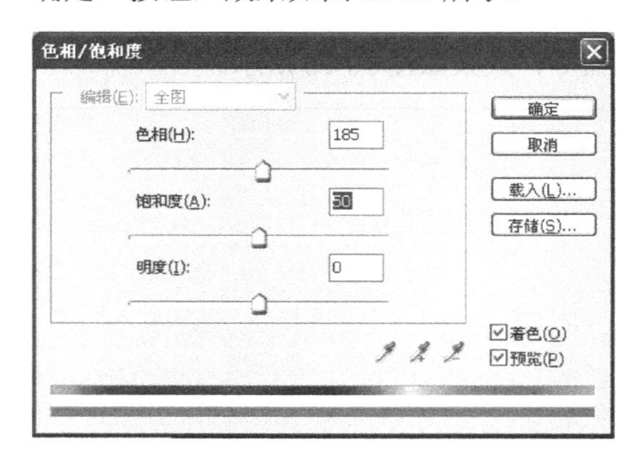

图 10-20 “色相/饱和度”对话框

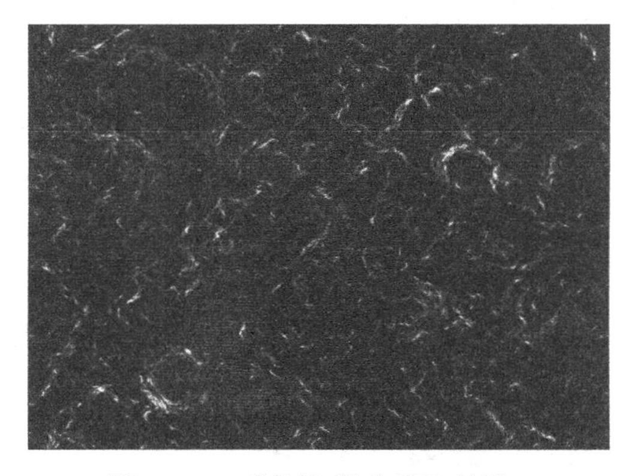

图 10-21 “色相/饱和度”效果

10.2.3 木板效果

（1）新建文件，尺寸为 1024×768 像素，色彩模式为 RGB。

（2）设置前景色为（R:100, G:50, B:20），背景色为（R:210, G:130, B:40）。单击菜单“滤镜→渲染→云彩”命令，效果如图 10-22 所示。

图 10-22　“云彩”效果

（3）单击菜单“滤镜→像素化→晶格化”命令，如图 10-23 所示设置参数，单击“确定”按钮，效果如图 10-24 所示。

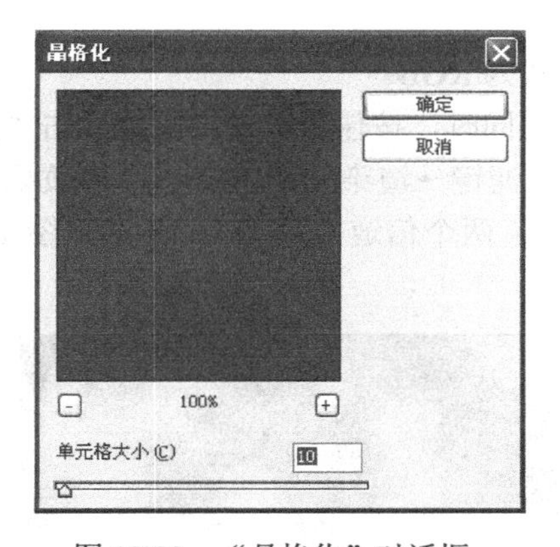

图 10-23　“晶格化”对话框

图 10-24　“晶格化”效果

（4）制作木纹。单击菜单“滤镜→扭曲→切变”命令，如图 10-25 所示设置参数，单击“确定”按钮，效果如图 10-26 所示。

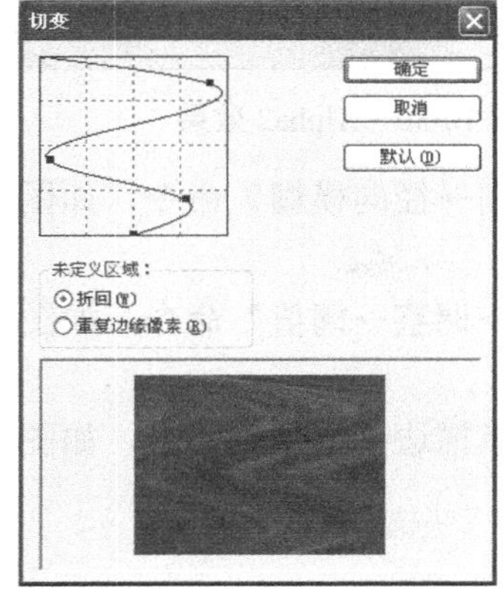

图 10-25　“切变”对话框

图 10-26　“切变”效果

（5）单击菜单“图像→调整→色阶”命令，如图 10-27 所示设置参数，单击“确定”按钮，效果如图 10-28 所示。

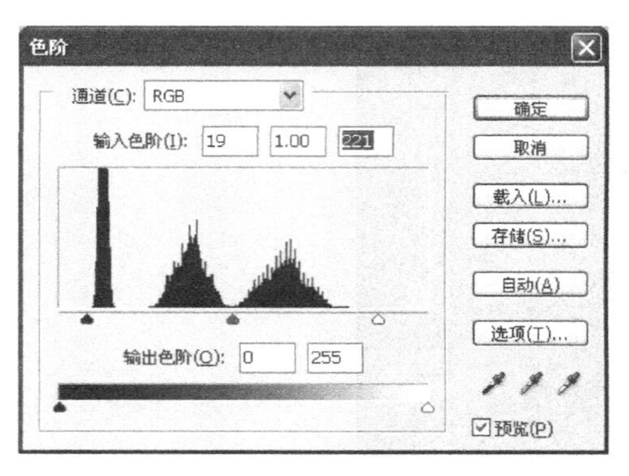

图 10-27 “色阶”对话框

图 10-28 “色阶”效果

10.3 实例解析

（1）新建一个尺寸 1024×768 像素的文件，色彩模式为 RGB。

（2）打开信道面板，新建信道 Alpha1，按住 Alt 键的同时，按住鼠标左键不放单击“滤镜→渲染→云彩”命令，此操作的结果明显与单独单击“滤镜→渲染→云彩”命令的效果不一样。再新建信道 Alpha2，用同样的方式运用云彩命令。两个信道效果如图 10-29、图 10-30 所示。

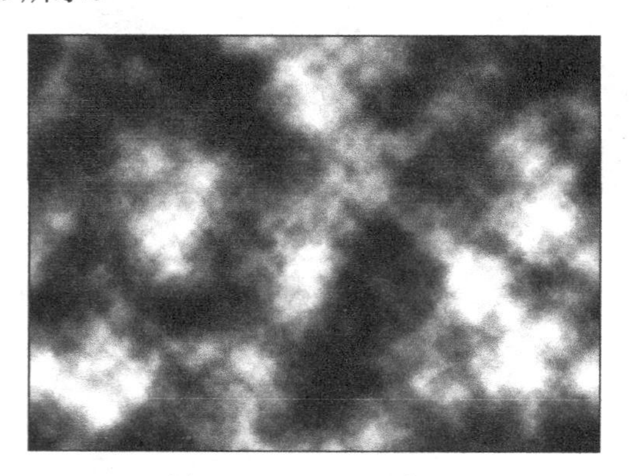

图 10-29 Alpha1 效果

图 10-30 Alpha2 效果

（3）以 Alpha1 信道作为当前信道，单击“滤镜→模糊→径向模糊”命令，如图 10-31 所示设置参数，单击“确定”按钮，效果如图 10-32 所示。

（4）以 Alpha2 信道作为当前信道，单击菜单“图像→调整→阈值”命令，如图 10-33 所示调整参数，单击“确定”按钮，效果如图 10-34 所示。

（5）以 Alpha2 信道作为当前信道，单击“滤镜→画笔描边→喷溅”命令，如图 10-35 所示设置参数，单击“确定”按钮，效果如图 10-36 所示。

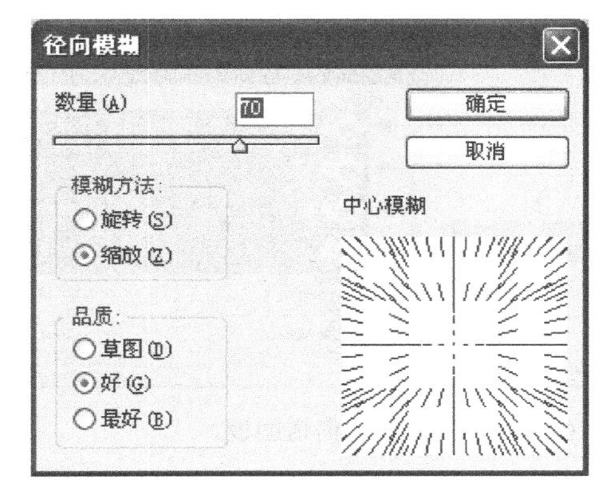

图 10-31　“径向模糊”对话框

图 10-32　“径向模糊”效果

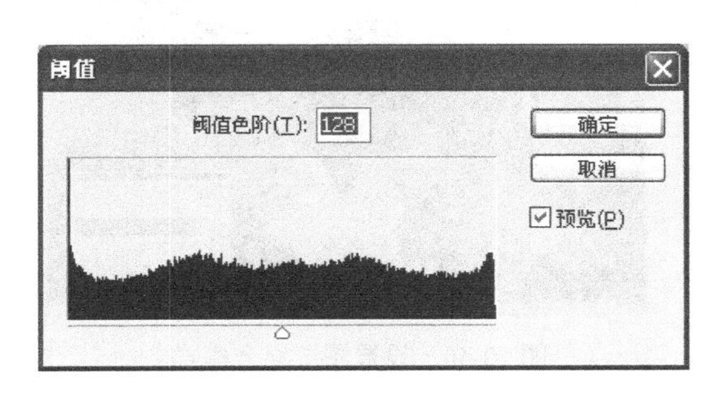

图 10-33　“阈值”对话框

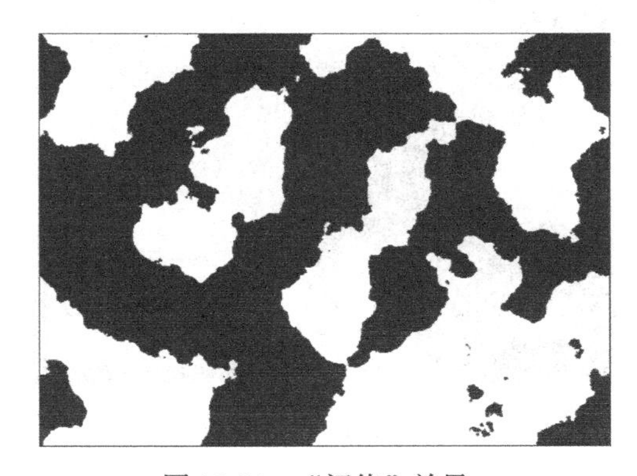

图 10-34　“阈值”效果

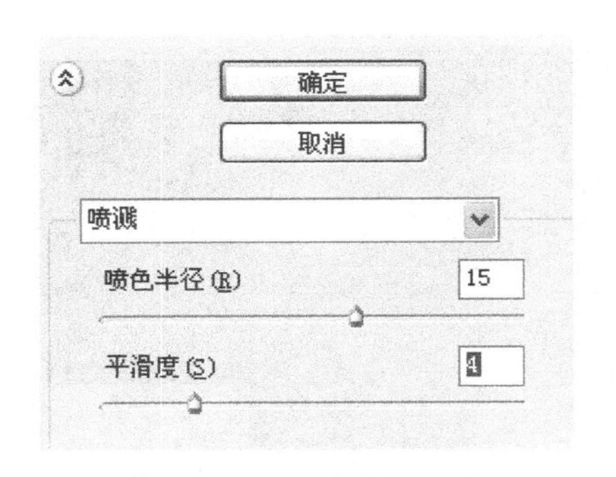

图 10-35　“喷溅”对话框

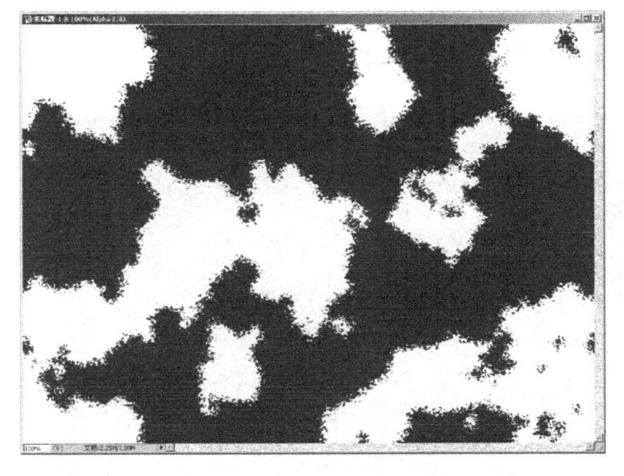

图 10-36　“喷溅”效果

（6）返回 RGB 状态，按住 Ctrl 键单击 Alpha2 的缩览图，载入 Alpha2 信道的选区。单击图层面板并新建图层 1，对选区填充默认前景色（黑色）效果如图 10-37 所示。此时图层面板与信道面板如图 10-38 所示。

（7）按住 Ctrl 键单击 Alpha1 的缩览图，载入 Alpha1 信道的选区。单击图层面板并新建图层 2，对选区填充（R:0, G:0, B:255），效果如图 10-39 所示。取消选区后，对图层 2 设置图层混合模式为“正片迭底”，效果如图 10-40 所示。

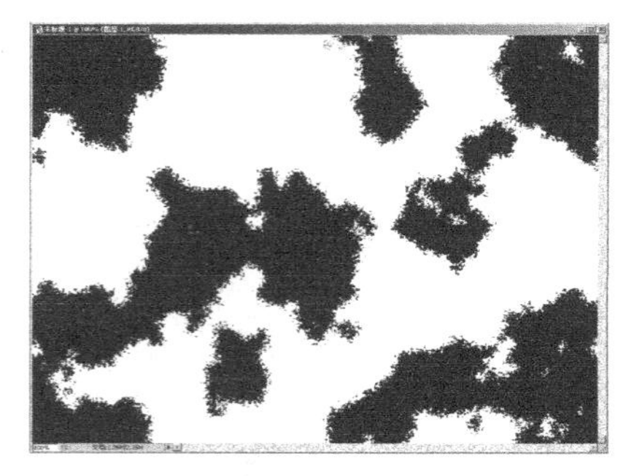

图 10-37 填充效果

图 10-38 图层面板与信道面板

图 10-39 填充效果

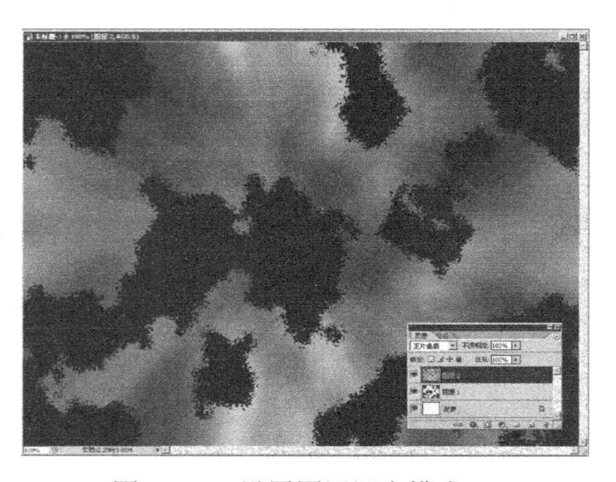

图 10-40 设置图层混合模式

（8）将背景图层填充为（R:190, G:0, B:90），效果如图 10-41 所示。

（9）载入 Alpha1 的选区，回到图层面板，在图层 1 下建图层 3。填充为（R:150, G:255, B:0），效果如图 10-42 所示。

图 10-41 填充效果

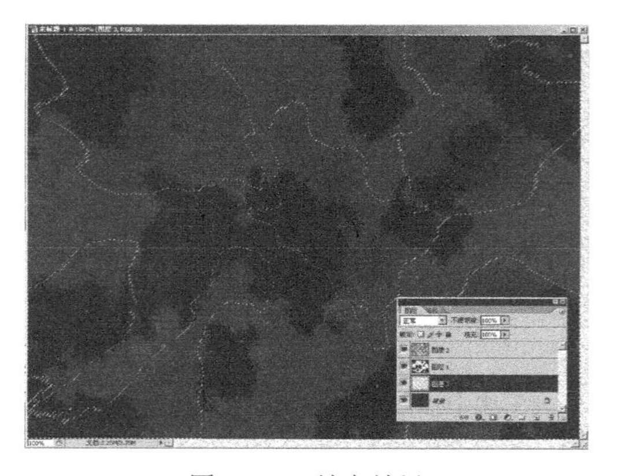

图 10-42 填充效果

（10）取消选区，单击“滤镜→模糊→高斯模糊”命令，如图 10-43 所示，设置半径为 100 像素，单击“确定”按钮，效果如图 10-44 所示。

（11）网页的背景素材已完成，根据使用的大小进行裁切。激活裁切工具，在其属性栏中，设置宽为 1024 像素，高为 260 像素。剪切后将其存储为 JPG 格式，如图 10-45 所示。

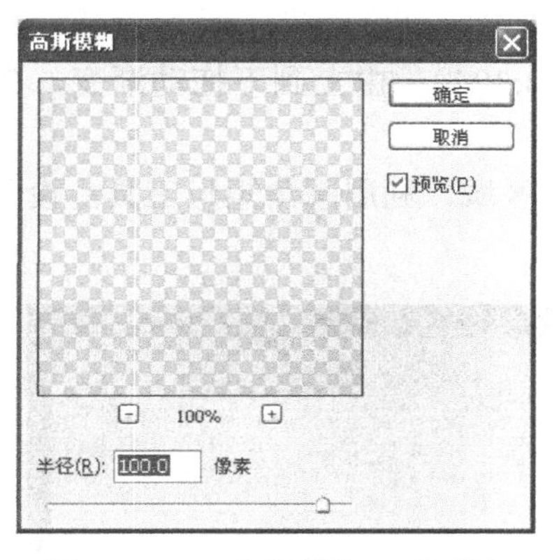

图 10-43　“高斯模糊”对话框

图 10-44　“高斯模糊”效果

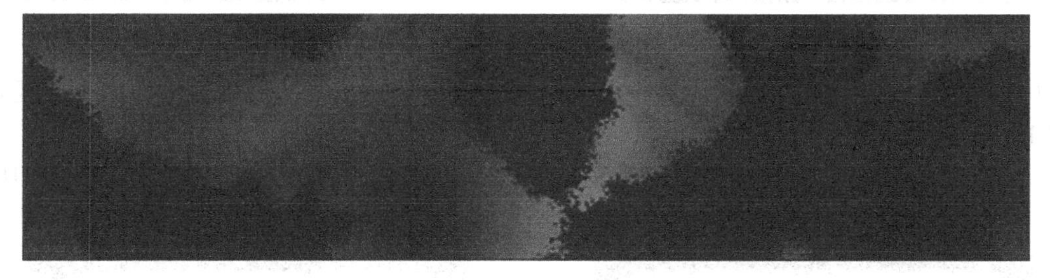

图 10-45　剪切效果

（12）激活文字工具，根据需要添加文字，效果如图 10-46 所示。

图 10-46　输入文字

（13）为网页添加按钮

新建一个背景为黑色的文件，根据需要设计的按钮数量决定大小。

新建图层 1，激活圆角矩形工具，设置适当的圆角半径，绘制如图 10-47 所示的形状，然后将其转换为选区，利用选区相减按钮，减去该选区下边的圆角，暂时填充白色便于选择，效果如图 10-48 所示。

图 10-47　新建文件

图 10-48　绘制圆角矩形

（14）激活魔术棒工具，选择白色区域。新建图层，激活渐变填充工具，设置前景色为（R:102, G:102, B:102），背景色为（R:204, G:204, B:204），由上到下拖动渐变，效果如图 10-49 所示。

（15）为增强水晶键晶莹剔透的感觉，继续填充高光区域，利用圆角矩形工具，设置适当的半径，建立选区，如图 10-50 所示。

图 10-49　填充渐变色

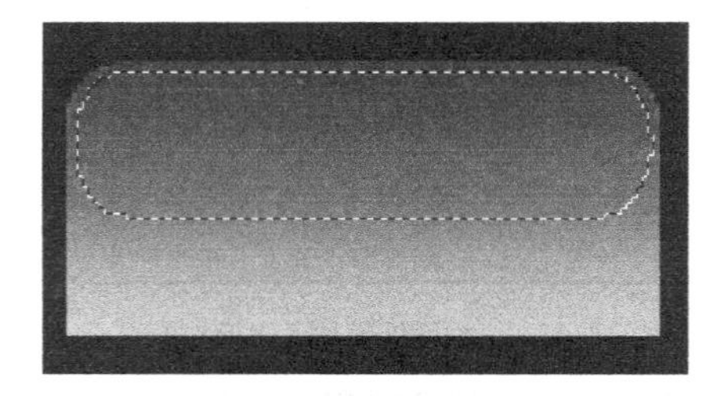

图 10-50　绘制圆角选区

（16）激活渐变填充工具，设置前景色为白色，渐变颜色由白色到透明，填充选区效果如图 10-51 所示。

（17）使用文字工具为按钮添加喜欢的字体文字，并使其在按钮上居中，如图 10-52 所示。

图 10-51　填充渐变色

图 10-52　输入文字

（18）单击“图层→图层样式→投影”命令，打开图层样式对话框，如图 10-53 所示设置参数，单击“确定”按钮，效果如图 10-54 所示。

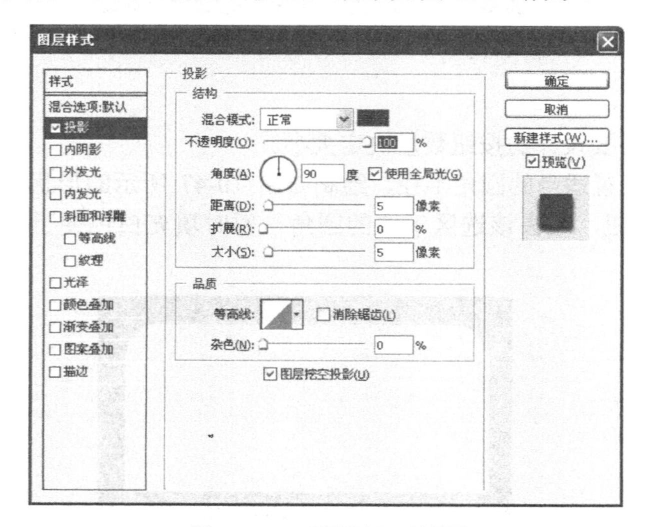

图 10-53　“投影”对话框

图 10-54　“投影”效果

（19）将水晶按钮图层复制 4 个，用相同的方法分别添加不同的文字和投影，效果如图 10-55 所示。

图 10-55　其它按钮的制作效果

（20）最后将准备好的素材联系在一起。

新建一个尺寸为 1024×768 像素的文件，将拉丝金属板作为肌理背景，添加按钮及文字，最终效果如图 10-1 所示。

10.4　相关知识链接

网页可以说是网站构成的基本元素。当我们轻点鼠标，在网海中遨游时，一幅精彩的网页会呈现在我们面前，那么，网页精彩与否的因素是什么呢？色彩的搭配、文字的变化、图片的处理等，当然是不可忽略的因素。但除了这些，还有一个非常重要的因素——网页的布局。下面，我们就讨论一下网页布局。

1. 网页布局类型

网页布局大致可分为“国”字型、拐角型、标题正文型、左右框架型、上下框架型、综合框架型、封面型、Flash 型、变化型，下面分别论述。

（1）“国”字型：也可以称为“同”字型，是一些大型网站所喜欢的类型，即最上面是网站的标题以及横幅广告条，接下来就是网站的主要内容，左右分列一些两小条内容，中间是主要部分，与左右一起罗列到底，最下面是网站的一些基本信息、联系方式、版权声明等。这种结构是我们在网上见到的最多的一种结构类型，如图 10-56 所示。

图 10-56　“国”字型

（2）拐角型：这种结构与上一种只是形式上的区别，其实是很相近的，上面是标题及广告横幅，接下来的左侧是一窄列链接等，右列是很宽的正文，下面也是一些网站的辅助信息。在这种类型中，一种很常见的模式是最上面是标题及广告，左侧是导航链接。

（3）标题正文型：这种类型最上面是标题或类似的一些东西，下面是正文，一些文章页面或注册页面等就是这种类型，如图 10-57 所示。

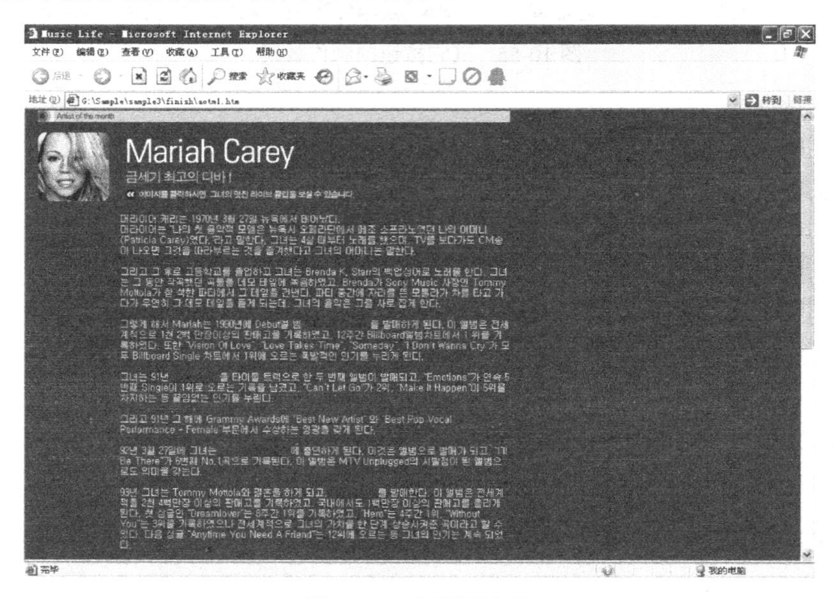

图 10-57 标题正文型

（4）左右框架型：这是一种左右为分别两页的框架结构，一般左面是导航链接，有时最上面会有一个小的标题或标志，右面是正文。我们见到的大部分的大型论坛都是这种结构的，有一些企业网站也喜欢采用。这种类型结构非常清晰、一目了然，如图 10-58 所示。

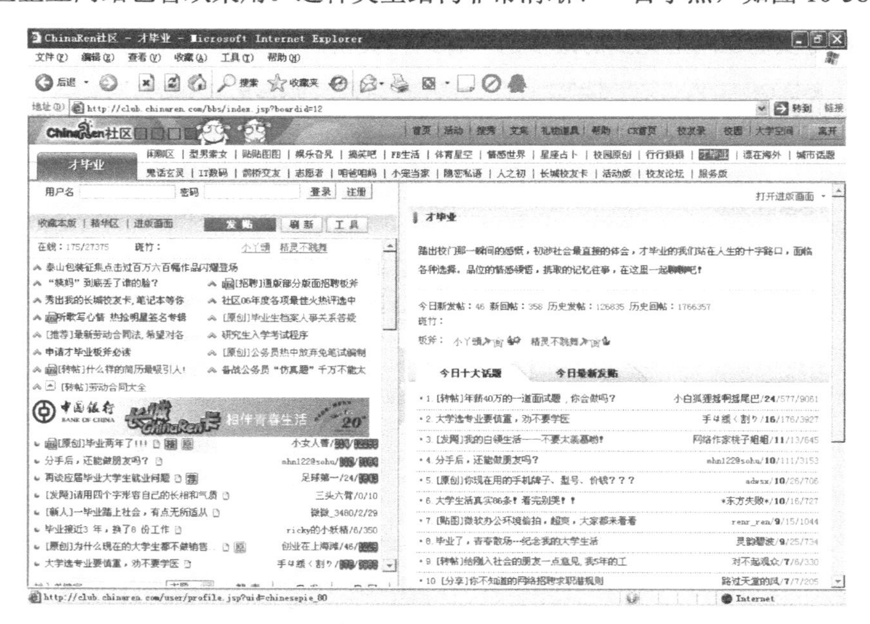

图 10-58 左右框架型

（5）上下框架型：与左右框架型类似，区别仅仅在于是一种上下分为两页的框架。

（6）综合框架型：上面两种结构的结合，相对复杂的一种框架结构，较为常见的是类似于“拐角型”结构的，只是采用了框架结构。

（7）封面型：这种类型基本上是出现在一些网站的首页，大部分为一些精美的平面设计结合一些小的动画，放上几个简单的链接或者仅是一个“进入”的链接，甚至直接在首页的图片上做链接而没有任何提示。这种类型大部分出现在企业网站和个人主页，如果处理得好，会给人带来赏心悦目的感觉，如图 10-59 所示。

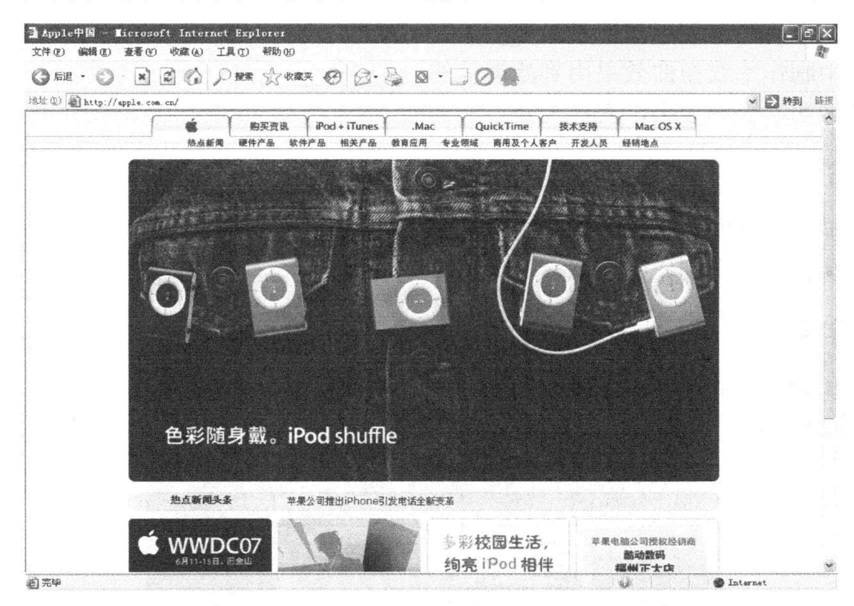

图 10-59 封面型

（8）Flash 型：其实这与封面型结构是类似的，只是这种类型采用了目前非常流行的 Flash。与封面型不同的是，由于 Flash 强大的功能，这种类型的页面所表达的信息更丰富，其视觉效果及听觉效果如果处理得当，绝不逊色于传统的多媒体。

（9）变化型：即上面几种类型的结合与变化，比如本站在视觉上是很接近拐角型的，但所实现的功能的实质是那种上、左、右结构的综合框架型。

2. 关于第一屏

所谓第一屏，是指我们到达一个网站在不拖动滚动条时能够看到的部分。那么第一屏有多“大”呢？其实这是未知的。一般来讲，在 800×600 像素的屏幕显示模式。IE 安装后默认的状态（即工具栏地址栏等没有改变）下，IE 窗口内能看到的部分为 778×435 像素。一般来讲，我们以这个大小为标准就行了，毕竟，在无法适合所有人的情况下，我们只能为大多数人考虑了。

说了那么多，无非是一个标准的问题。其实接下来不用说大家也能想到，第一屏当然要放最主要的内容，关键要知道的是，我们要对第一屏能显示的面积有个估计，而不要仅仅以自己的机器为准。其实网页制作一个很麻烦的地方就是浏览者的机器是未知的。

习题 10

一、填空

1. 在_____颜色模式下只能使用部分滤镜。
2. 再次应用最近应用的滤镜的快捷键是_____。
3. 调整图像清晰度使用滤镜里的_____。
4. 本章中制作木纹扭曲效果用到滤镜里的_____—_____。
5. 分别做两次云彩效果，其样式是____同的。

二、简答

1. 简单描述一下网页中水晶键的制作过程。
2. 谈一谈你对网页制作的认识

三、操作题

临摹图 10-60 所示主页。
为自己创作主页。

图 10-60

第 11 章　包装设计——渲染、扭曲等滤镜命令综合运用

在当前商品竞争日益激烈、消费需求不断增长的市场中，当企业与企业之间的品牌、产品质量和服务质量相差不远时，什么方式可以使企业占有更多的市场份额？无可争议，包装起到了相当大的作用。

包装装潢也属于平面设计范畴，它是依附于包装立体之上的平面设计。包装不仅仅是为促销商品，更重要的是体现出一个企业的经营文化，这其中不乏美的存在。

11.1　爱国者包装设计案例分析

1．创意过程

如图 11-1 所示，通过包装外形的设计和色彩的选择可以表现爱国者产品的亲和力、潮流性、科技性，质量感、潮流感和强调民族品牌的优越感，让爱用国货变成是一种时尚流行的趋势。

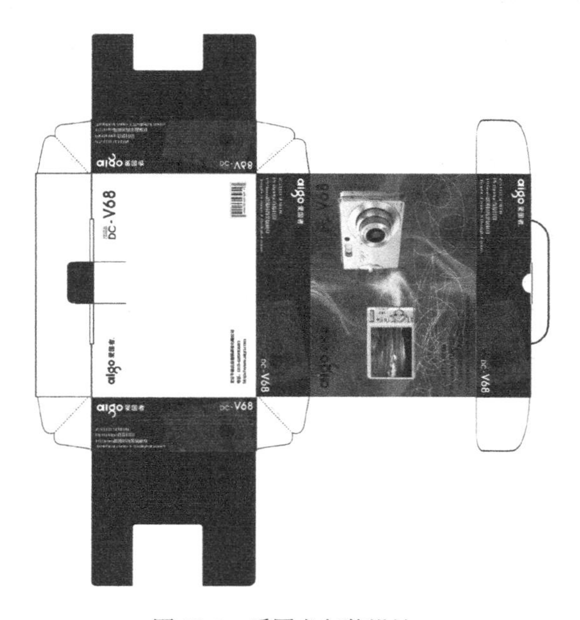

图 11-1　爱国者包装设计

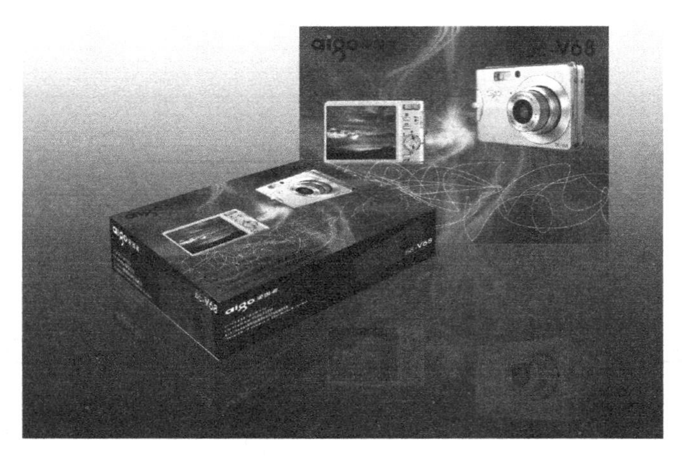

图 11-1　爱国者包装设计（续）

2. 企业理念规范（M2）

在今天的现实生活中，随着科技的大发展，数码产品走进人们的生活，并给人们的生活带来了极大的方便。人们对数码产品的质量要求越来越高，对产品的包装要求也越来越高。现代生活对多功能、多样化、高品质、包装精美的产品和完善的、人性化的售后服务、专业指导的渴求与日俱增，所以为了适应时代的不断发展和消费需求，展示新时期数码产品的新形象，我们有责任、有义务对产品的形象进行改良创新，从而满足消费者的需求，让消费者全面、清晰、直观地认识产品形象。

随着经济全球化和科技、经济一体化进程的加快，满足人们的生活需求的数码品牌众多，爱国者只是其中的一个品牌，其竞争对手众多，如佳能、索尼、尼康、富士康等日系品牌。爱国者品牌的目标对象主要以拥有中等收入和稳定生活的普通家庭为主。其中男性占 78%，女性占 22%，主力购买人群的年龄 30～45 岁。随着产品的时尚化，年轻人的比重逐渐加大。市场调查情况显示爱国者数码相机在中国内地使用率相当高，成为国人信赖的品牌之一。

3. 所用知识点

上面的包装设计中，主要用到了 Photoshop CS2 软件中的以下命令。

- 滤镜→渲染→镜头光晕
- 图像→调整→色相/饱和度
- 滤镜→像素化→铜版雕刻
- 滤镜→模糊→径向模糊
- 滤镜→扭曲→旋转扭曲
- 滤镜→扭曲→波浪
- 变换命令组

4. 制作分析

本广告的制作分为三步。

第一步：背景制作阶段，运用了滤镜工具和命令。

第二步：色彩调整阶段，运用了调整、色相、饱和度命令。

第三步：构图调整阶段，运用了变换命令。

最后通过变换命令调整平面图及立体包装图。

11.2　知识卡片

11.2.1　滤镜工具的使用

1. 镜头光晕

该滤镜能够模仿摄影镜头朝向太阳时，明亮的光线射入照相机镜头后所拍摄到的效果。这是摄影技术中一种典型的光晕效果处理方法。

① 光晕中心：可以在缩略图中看到一个“+”号，利用鼠标来进行拖动，指定光的位置。打开如图 11-2 所示图像，观察不同镜头的效果差别。

② 亮度：调整当前文件图像光的亮度，数值越大光照射的范围越大。

图 11-2　素材

③ 镜头类型：

- 50～300 毫米变焦（50～300 mm Zoom）：照射出来的光是计算机的默认值，如图 11-3、图 11-4 所示。

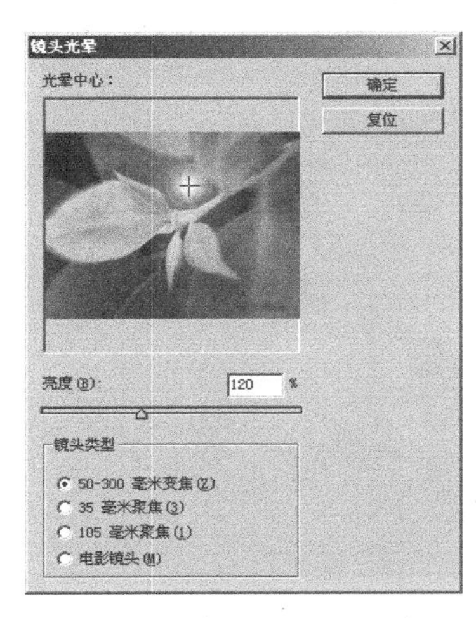

图 11-3　“镜头光晕”对话框

图 11-4　50～300 毫米变焦效果

- 35 毫米聚焦（35 mm Prime）：照射出来的光感稍强，如图 11-5、图 11-6 所示。

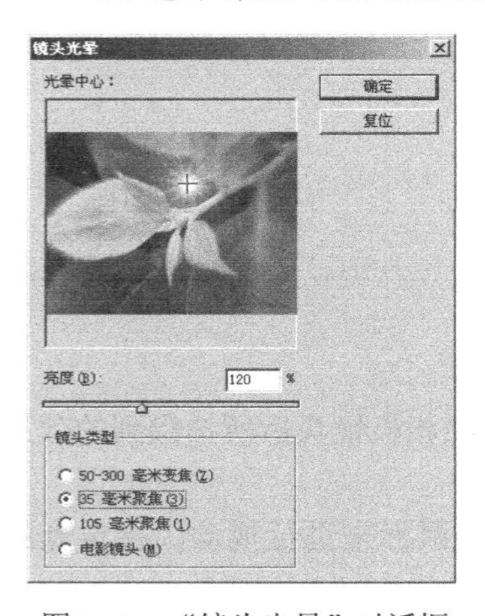

图 11-5 “镜头光晕”对话框

图 11-6 35mm 聚焦效果

- 105 毫米聚焦（105 mm Prime）：照射出来的光感会更强，如图 11-7、图 11-8 所示。

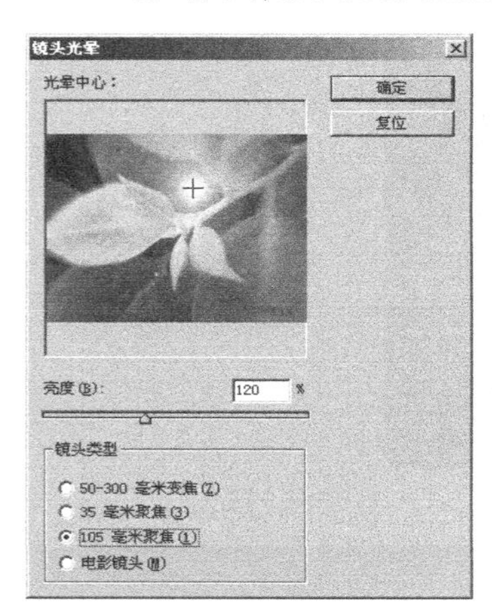

图 11-7 “镜头光晕”对话框

图 11-8 105mm 聚焦效果

- 电影镜头：则创造出炫光，如图 11-9、图 11-10 所示。

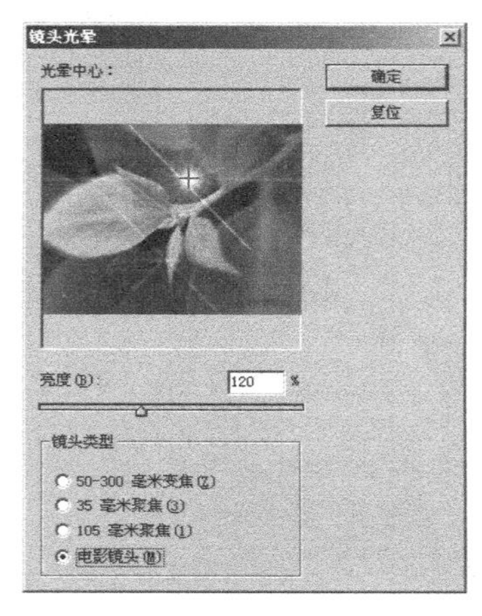

图 11-9 “镜头光晕”对话框

图 11-10 电影镜头效果

2. 光照效果

该滤镜包括 17 种不同的光照样式、3 种光照类型和 1 组光照属性，可以在 RGB 图像上制作出各种各样的光照效果，也可以加入新的纹理及浮雕效果等，使平面图像产生三维立体的效果。

在弹出光照效果对话框中，仍以图 11-2 为原图，调整 3 种光照类型及光照属性参数，一一进行分析。

① 平行光：以一条直线的形式变化灯光。按住鼠标左键，按住一点进行拖动，改变属性参数，拖动滑块，观察预览窗口，直到效果满意为止，如图 11-11、图 11-12 所示。

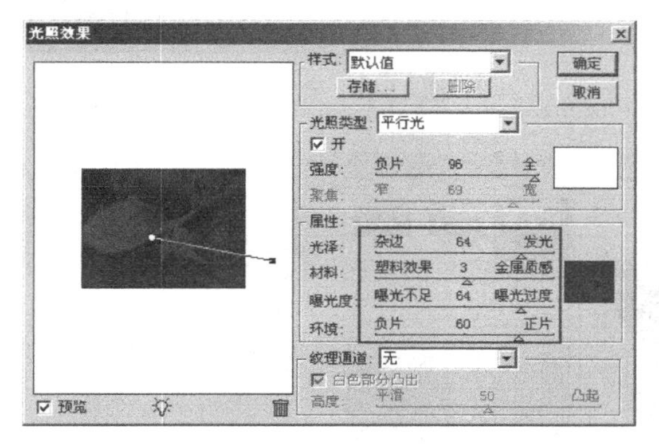

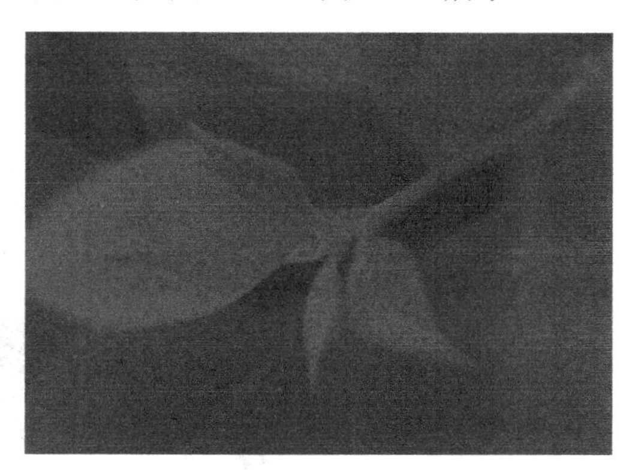

图 11-11 平行光对话框　　图 11-12 平行光光照效果

② 全光源：以圆形的形式变化灯光。利用鼠标单击一点进行拖动变大变小，直到效果满意为止，如图 11-13、图 11-14 所示。

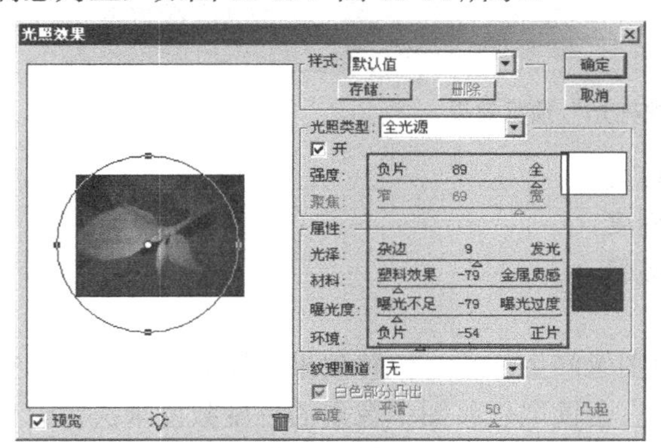

图 11-13 全光源对话框　　图 11-14 全光源光照效果

③ 点光：可以随便单击一点使它变形变化灯光，然后直到效果满意为止，如图 11-15、图 11-16 所示。

3. 扭曲滤镜

该滤镜可以对图像进行几何变形，创建三维或其他变形效果，在运行时一般会占用较多的内存空间。

（1）扩散亮光

该滤镜可以产生一种图像被火炉等灼热物体烘烤而形成的效果，原图像中比较明亮的区域将被背景色所感染，灯光效果发生改变，也有人称其为“漫射灯光”，如图 11-17 所示。

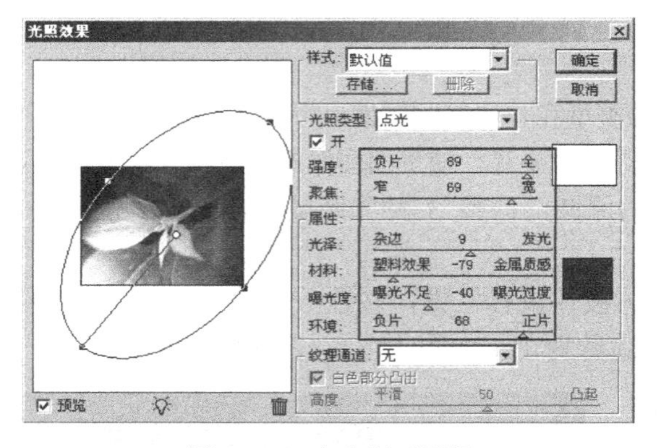

图 11-15 点光源对话框

图 11-16 点光源光照效果

图 11-17 “扩散亮光”预览效果

① 粒度：调整当前文件图像扩散亮光的粒度。

② 发光量：调整当前文件图像发光量的程度。

③ 清除数量：调整当前文件图像粒度的数量。

（2）置换滤镜

该滤镜是一个比较复杂的滤镜。它可以使图像产生位移，位移效果不仅取决于设定的参数，而且取决于位移图（即置换图）的选取。它会读取位移图中像素的色度数值来决定位移量，并处理当前图像中的各个像素。图 11-18 作为置换图，设置参数，效果如图 11-19 所示。

置换图必须是一幅 PSD 格式的图像。

其中，水平比例：调整置换滤镜水平的比例。垂直比例：调整置换滤镜水平、垂直的比例。

① 置换图

伸展以适合：把当前图像伸展到适合的位置。拼贴：把当前图像拼贴而成的效果。

② 未定义区域

折回：把当前图像分为碎块，仿制折成的质感。重复边缘像素：重复边缘的像素。

（3）玻璃

该滤镜能模拟透过玻璃观看图像的效果，并能根据用户选用的玻璃纹理来生成不同的变形，效果显著，如图 11-20 所示。

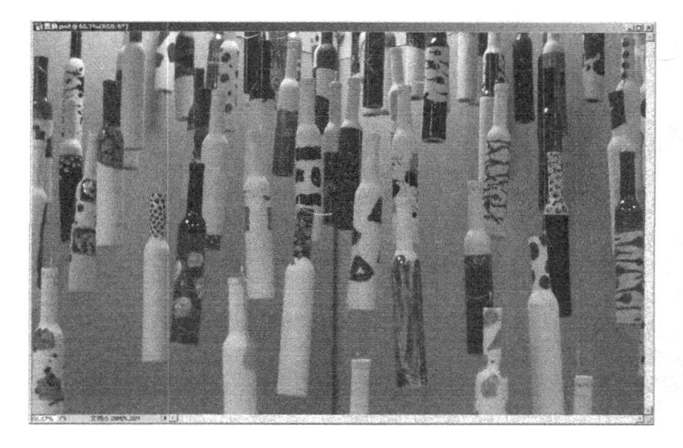

图 11-18　置换图

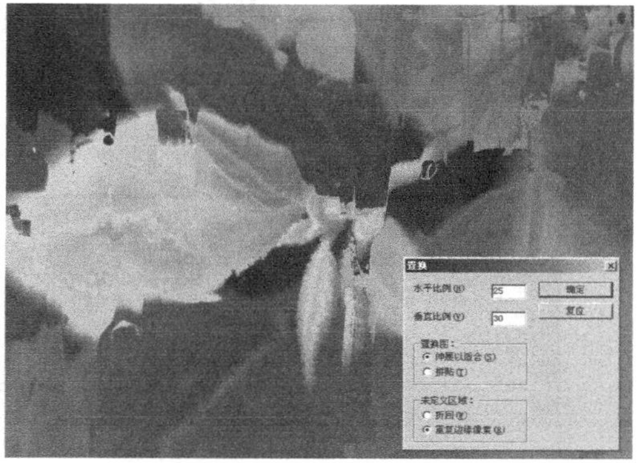

图 11-19　“置换”预览效果

① 扭曲度：调整当前文件图像扭曲的程度。

② 平滑度：调整当前文件图像玻璃效果的平滑程度。

③ 纹理类型

- 块状：模仿块的质感。
- 画布：模仿画布的质感。
- 结霜：模仿结霜的质感。
- 小镜头：模仿小镜头的质感。
- 载入纹理：从计算机存储的文件当中载入到当前图像里，作为纹理。

④ 缩放：调整当前文件图像各种效果的缩放。

⑤ 反相：改变纹理及玻璃效果的方向。

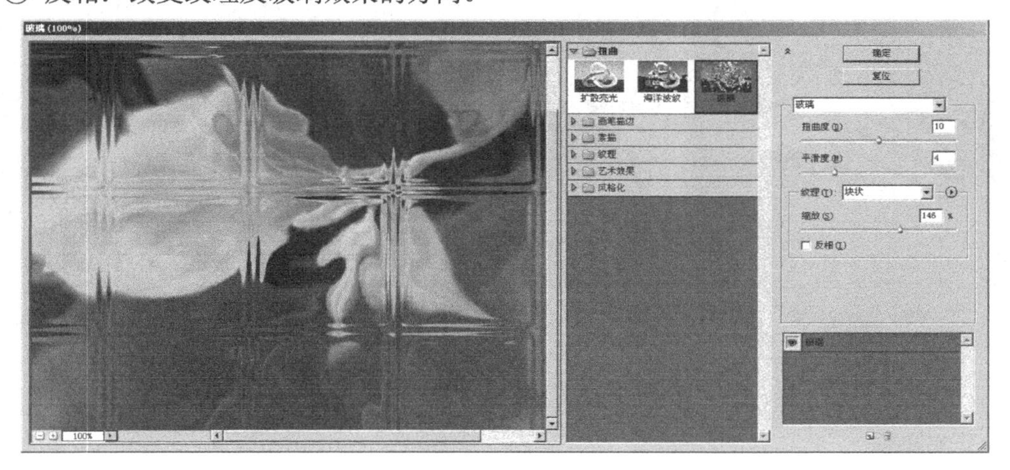

图 11-20　“玻璃”预览效果

（4）海洋波纹

该滤镜为图像表面增加随机间隔的波纹，使图像看起来好像是在水面下，如图 11-21 所示。

① 波纹大小：调整当前文件图像波纹的大小。

② 波纹幅度：调整当前文件图像波纹幅度的程度。

（5）挤压

该滤镜能模拟膨胀或挤压的效果，能缩小或放大图像中的选择区域，使图像产生向内或向外挤压的效果。例如，可将它用于照片图像的校正，来减小或增大人物中的某一部分（如鼻子或嘴唇等）。

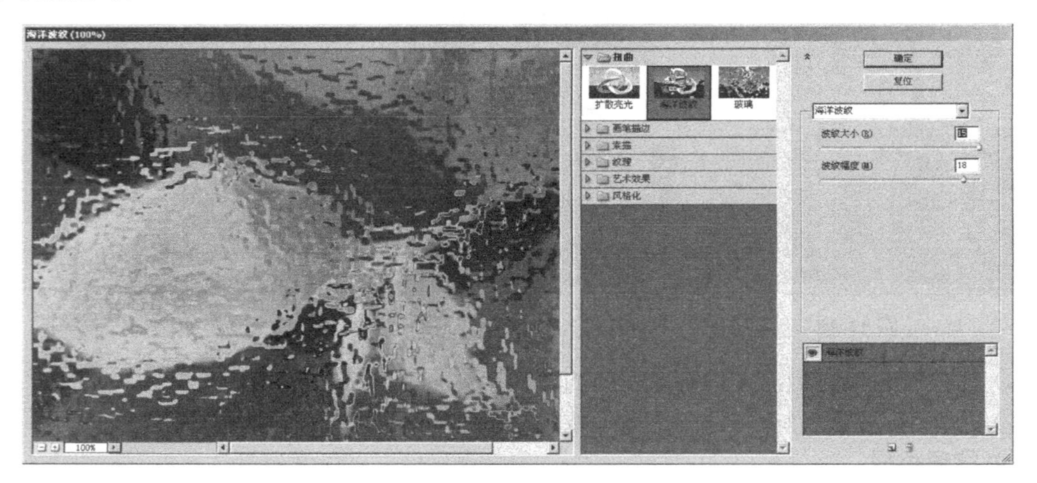

图 11-21 “海洋波纹”预览效果

如图 11-22 所示“挤压”对话框，拖动划杆来进行挤压的程度调整。（注：挤压以中心 0 为标准，如果把划杆向右拖动，那么就会形成挤压的效果；如果把划杆向左拖动，那么就会形成凸出的效果。）

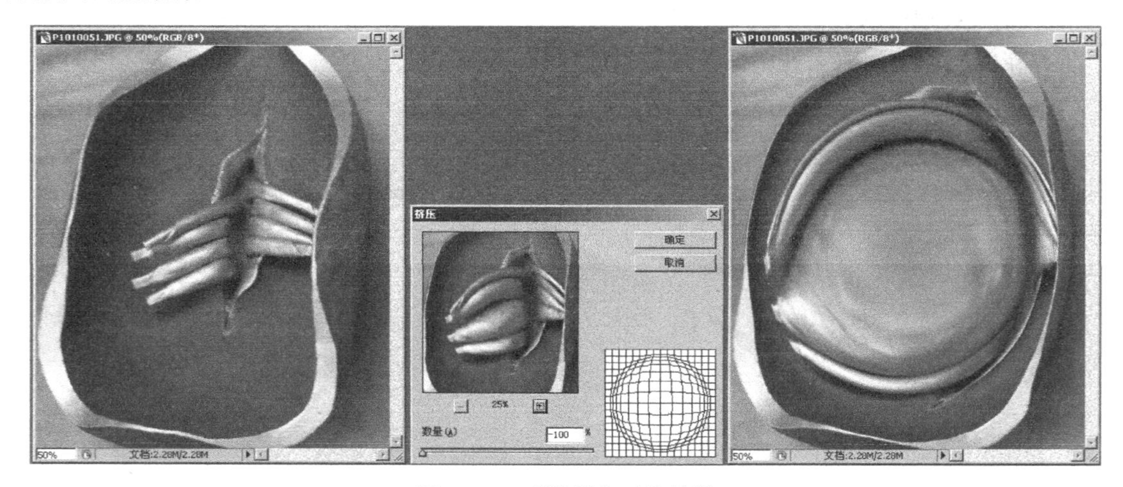

图 11-22 “挤压”对比效果

（6）极坐标

该滤镜的工作原理是重新绘制图像中的像素，使它们从直角坐标系转换成极坐标系，或者从极坐标系转换到直角坐标系。打开图像如图 11-23 所示，预览效果如图 11-24 所示。

① 平面坐标到极坐标：它是由图像的中间为中心点进行极坐标旋转。

② 极坐标到平面坐标：它是由图像的底部为中心进行旋转的。

（7）波纹

该滤镜与波浪的效果类似，也可产生水波荡漾的涟漪效果。

在对话框中拖动这个滑块进行波纹程度的调整，改变波纹大小的程度（小波纹、中波纹、大波纹）。

图 11-23　素材

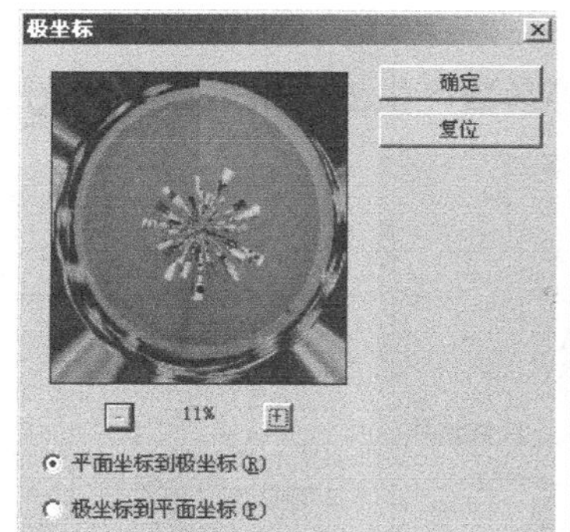

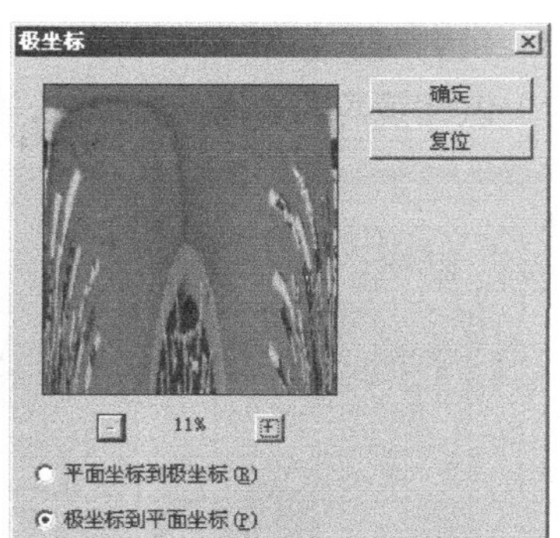

图 11-24　“极坐标”效果

（8）切变

该滤镜能根据用户在对话框中设置的垂直曲线来使图像发生扭曲变形，产生比较复杂的扭曲效果。

在调整预览图时，双击预览图上的线，添加节点调整曲线。否则单击“默认”按钮复原，如图 11-25 所示。

① 折回。在调整预览图的时候，如果图像超出，它会进行补充。

② 重复边缘像素。在调整预览图的时候，即使图像超出，它也不会进行补充。

（9）球面化

该滤镜能使图像区域膨胀，实现球形化，形成类似将图像贴在球体或圆柱体表面的效果。

在其对话框中拖动滑块来进行球面化的调整，如图 11-26 所示。（注：球面化以中心 0 为标准，如果把划杆向左拖动，那么就会形成挤压的效果；如果把划杆向右拖动，那么就会形成球面化凸出的效果。）

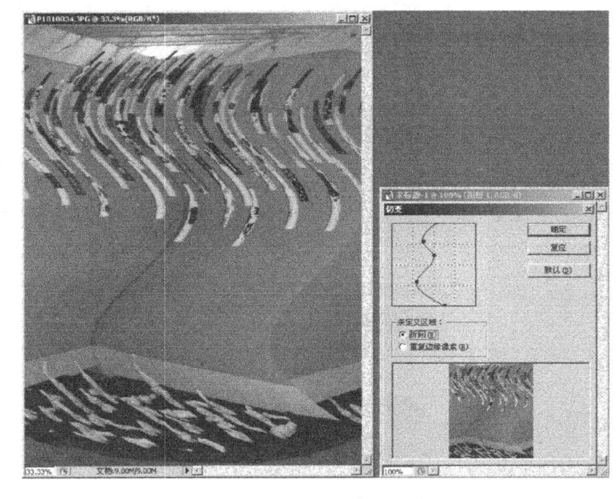

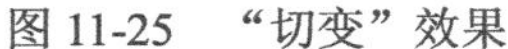

图 11-25　“切变”效果

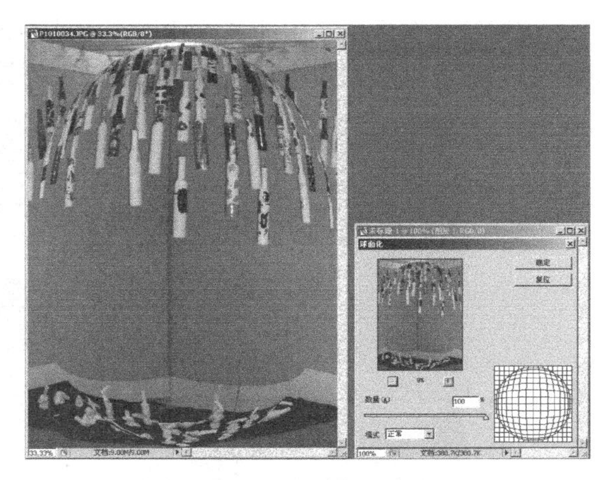

图 11-26　“球面化”效果

（10）旋转扭曲

该滤镜可使图像产生类似于风轮旋转的效果，甚至可以产生将图像置于一个大旋涡中心的螺旋扭曲效果。

- 生成器数：数值越大，图像里面就会出现重影越多，如图 11-27 所示。

（13）波浪

该滤镜可根据设定的波长等参数产生波动的效果，如图 11-28 所示。

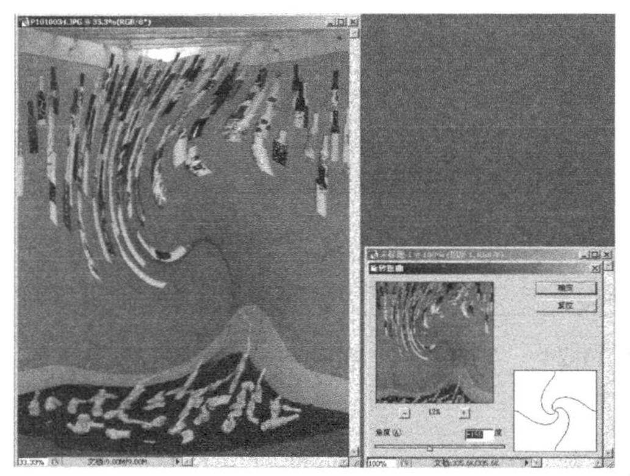

图 11-27 “旋转扭曲：”效果

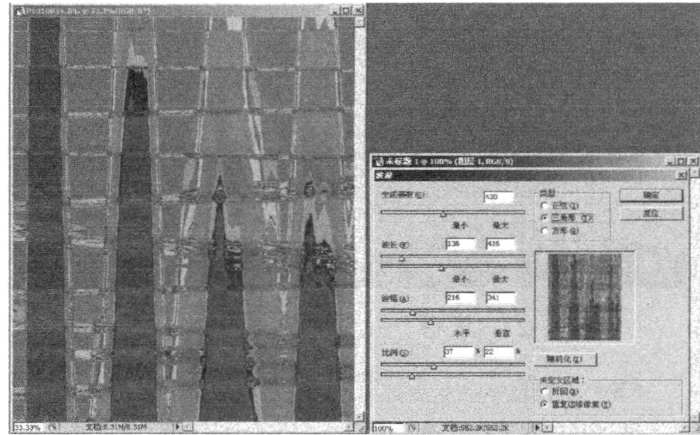

图 11-28 “波浪”效果

① 生成器数。数值越大，图像里面出现的重影就会越多。

② 类型

- 正弦：以正弦类型形成。
- 三角形：以三角类型形成。
- 方形：以方形类型形成。

③ 随机化。单击随机化，进行处理的图像就会随机化地变形。

④ 未定义区域

- 折回：把图像分为多部分进行显示。
- 重复边缘像素：按照原先图形基础进行向上复制。

（14）水波

该滤镜在图像中产生的波纹就像在水池中抛入一块石头所形成的涟漪，它尤其适于制作同心圆类的波纹，有人将它译为“锯齿波”滤镜，如图 11-29 所示。

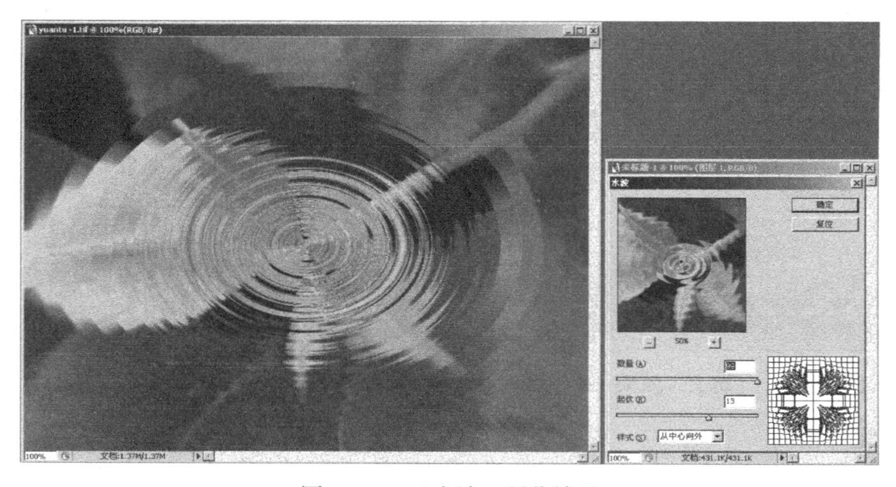

图 11-29 “水波”预览效果

① 数量。调整当前图像水波纹的数量。

② 起伏。调整当前图像水波纹的起伏程度。

③ 样式有如下三种。

- 围绕中心：围绕中心的水波纹效果。
- 从中心向外：从中心向外的水波纹效果。
- 水池波纹：仿制水池波纹的效果。

11.3 实例解析

11.3.1 背景图片的制作

背景图片的制作步骤如下。

（1）启动 Photoshop CS2，新建一个文档，如图 11-30 所示设置参数。

（2）按 D 键将前景色重置为默认的黑色，然后按 Alt+Del 键将背景图层填充为黑色，如图 11-31 所示。

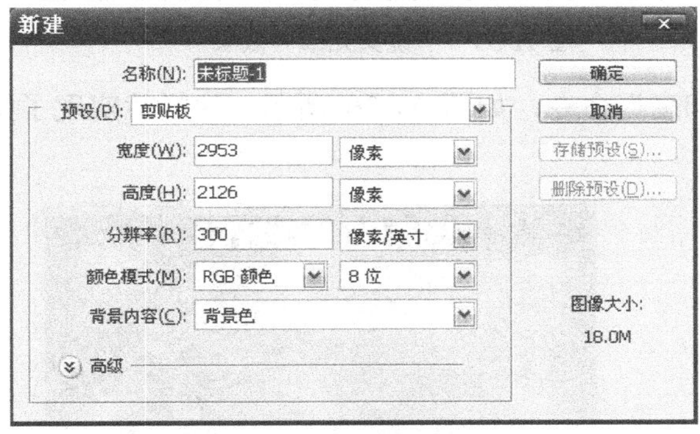

图 11-30　新建文件对话框

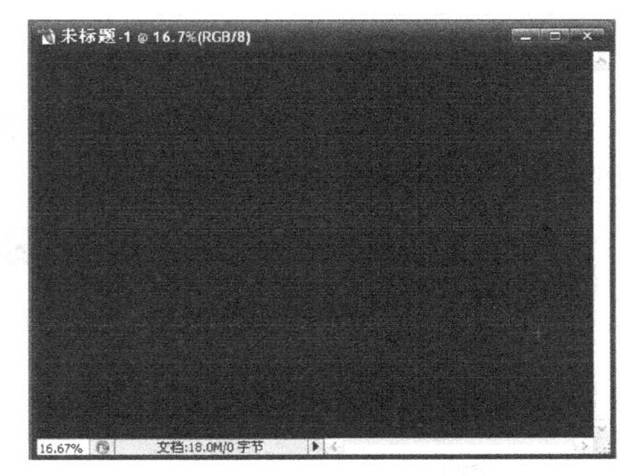

图 11-31　填充黑色

（3）单击菜单“滤镜→渲染→镜头光晕”命令，在“镜头光晕”对话框中，保持默认设置，通过单击“光晕中心”下方框中的中心点，将光晕设置在画布中心，如图 11-32 所示。

（4）再次单击“镜头光晕”命令，仍保持默认设置，只是这次把光晕中心设置在如图 11-33 所示的位置。

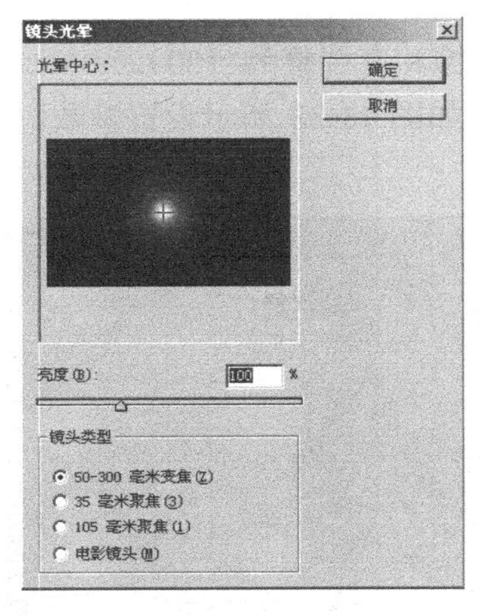

图 11-32　“镜头光晕”对话框

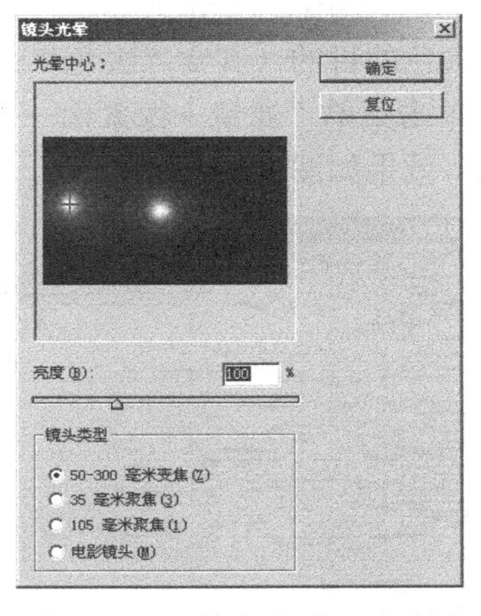

图 11-33　“镜头光晕”对话框

（5）重复上面的步骤数次，直至得到如图所示的数个光晕中心，如图 11-34、图 11-35 所示。

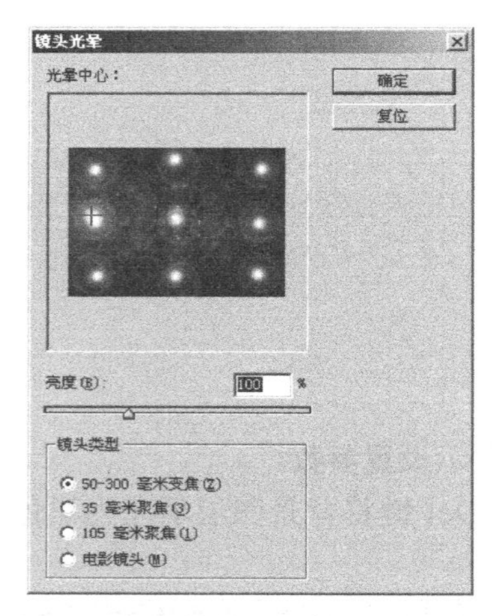

图 11-34　“镜头光晕”对话框

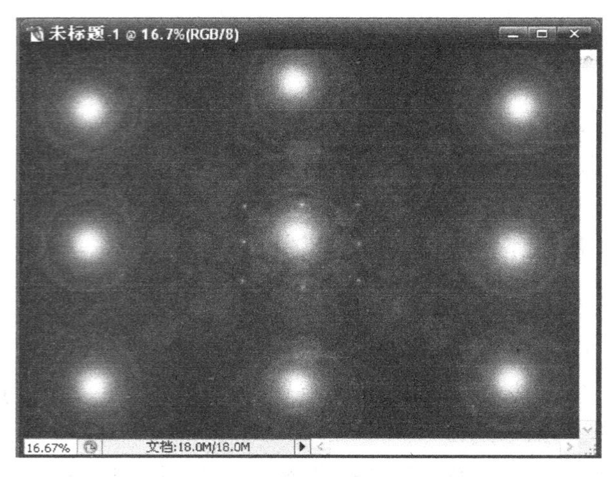

图 11-35　“镜头光晕”效果

（6）单击菜单“图像→调整→色相/饱和度”命令，如图 11-36 所示。这样就实现了图像的去色，效果如图 11-37 所示。

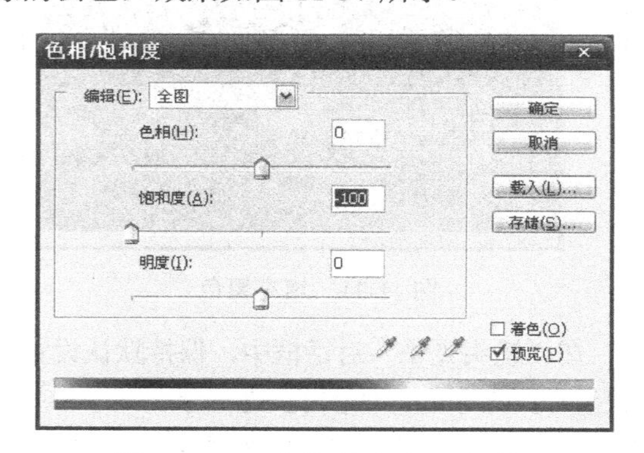

图 11-36　“色相/饱和度”对话框

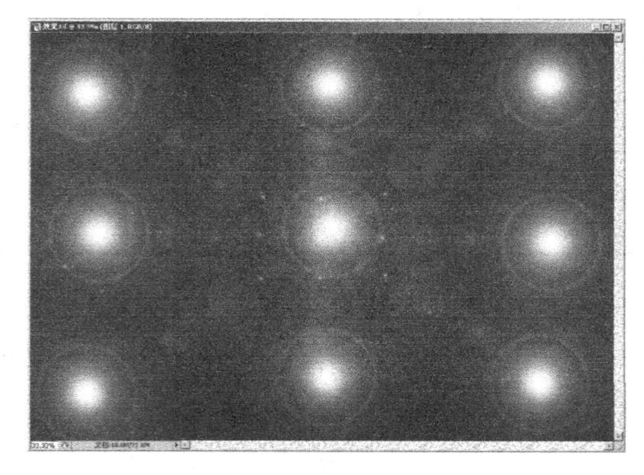

图 11-37　“色相/饱和度”调整效果

（注：如果不用“色相/饱和度”命令调整，也可以选择“图像→调整→去色”命令，以实现快速去色的目的（其实“去色”命令就是将图像的饱和度调整为–100）。）

（7）单击菜单“滤镜→像素化→铜版雕刻”命令，如图 11-38 所示设置参数，单击“确定”按钮，效果如图 3-39 所示。

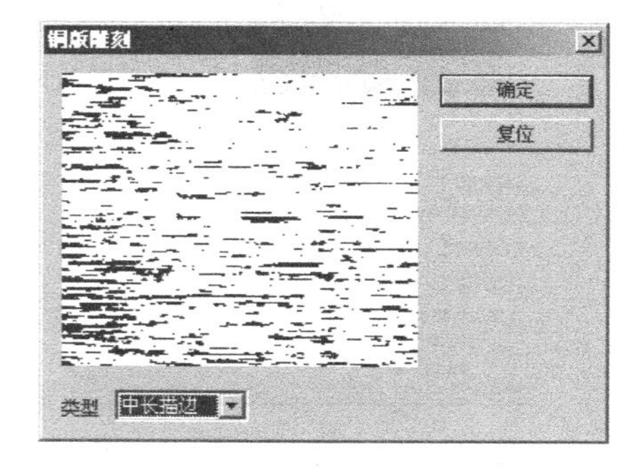

图 11-38　“铜版雕刻”对话框

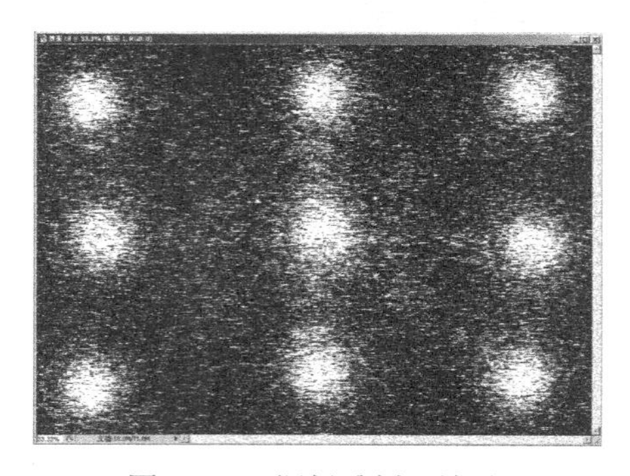

图 11-39　铜版雕刻”效果

（8）单击菜单“滤镜→模糊→径向模糊”命令，如图 11-40 所示设置参数，单击“确定”按钮，连续 3 次执行快捷键 Ctrl+F，效果如图 3-41 所示。

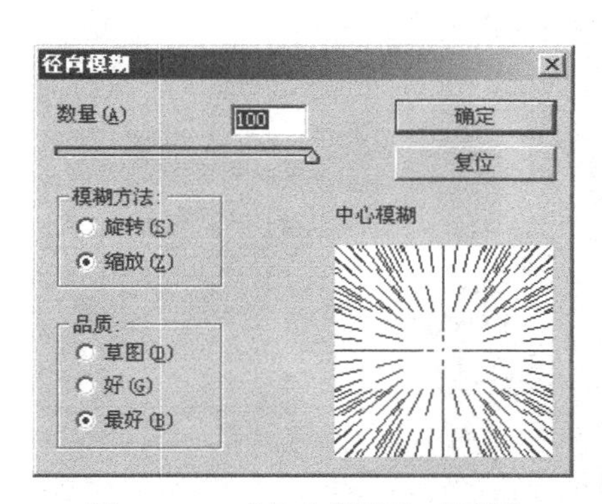

图 11-40　“径向模糊”对话框

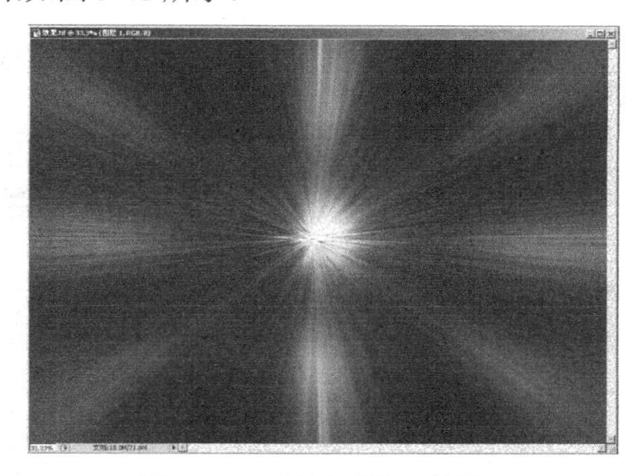

图 11-41　“径向模糊”效果

（9）现在为图像加一些颜色。按下 Ctrl+U 组合键，打开“色相/饱和度”对话框，如图 11-42 所示设置参数，单击“确定”按钮，效果如图 11-43 所示。

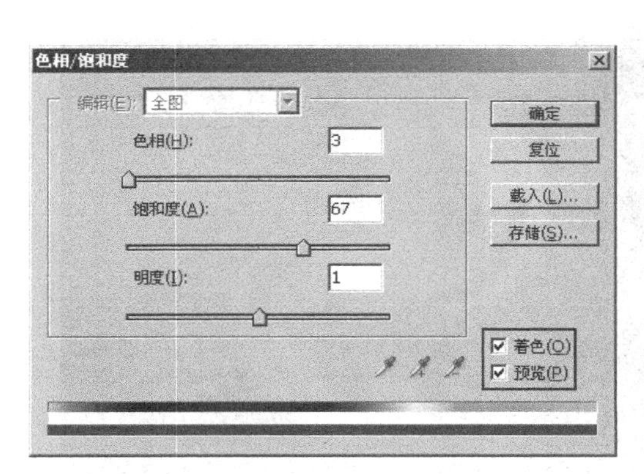

图 11-42　调整“色相/饱和度”参数

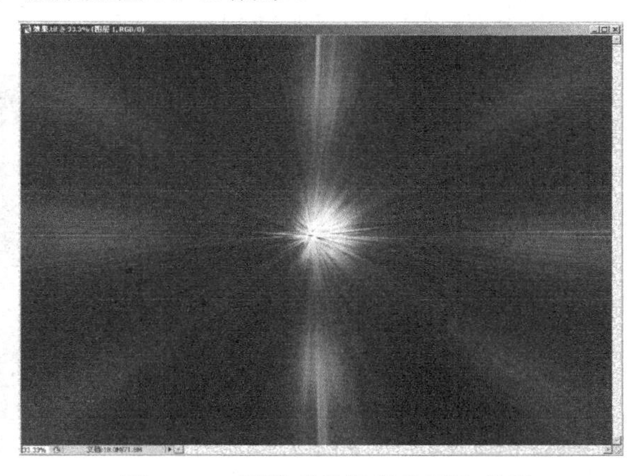

图 11-43　调整“色相/饱和度”效果

当然也可以根据自己的喜好调整为其他颜色，效果如图 11-44 所示。

（10）复制一个图层。在图层面板中将新图层的混合模式改为“变亮”，如图 11-45 所示。

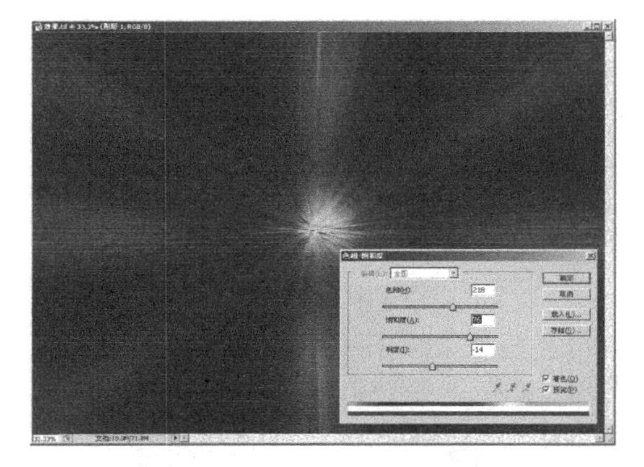

图 11-44　调整为其他颜色

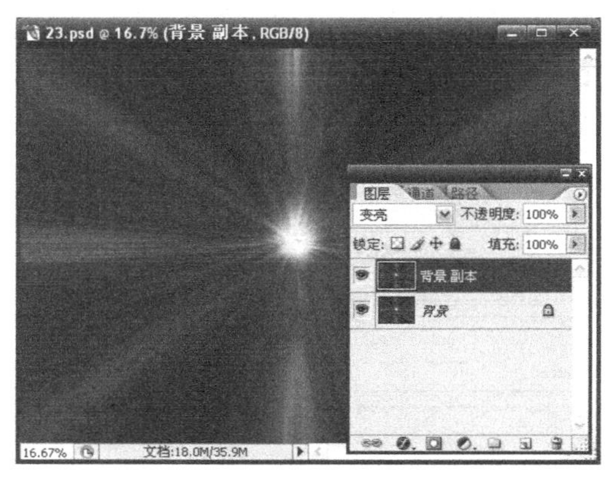

图 11-45　混合模式改为“变亮”

（11）单击菜单“滤镜→扭曲→旋转扭曲”命令，如图 11-46 所示设置角度参数，单击“确定”按钮，效果如图 11-47 所示。

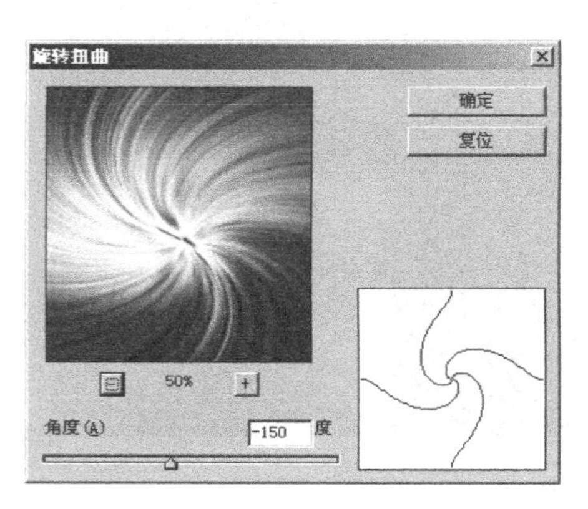

图 11-46　“旋转扭曲”对话框

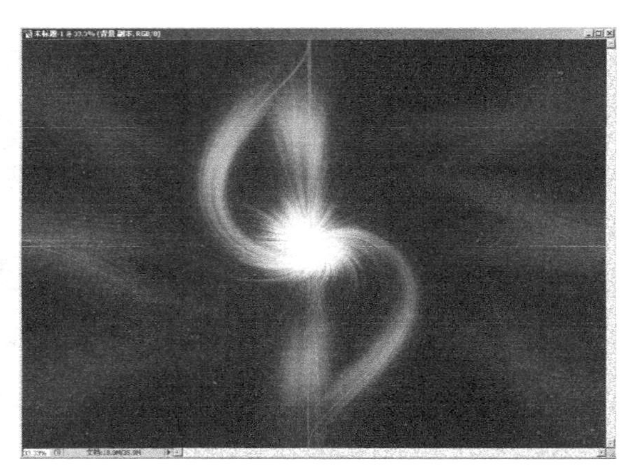

图 11-47　“旋转扭曲”效果

（12）按 Ctrl+J 键再复制一个图层，然后继续执行“旋转扭曲”命令，如图 11-48 所示设置角度参数，仍使用“旋转扭曲”滤镜，效果如图 11-49 所示。

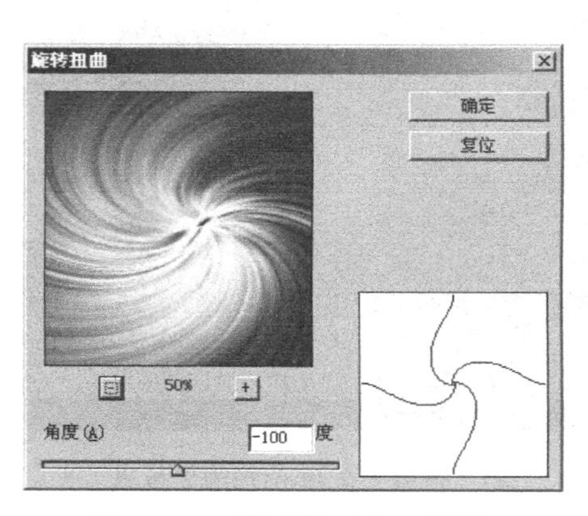

图 11-48　“旋转扭曲”对话框

图 11-49　“旋转扭曲”效果

（13）单击菜单“滤镜→扭曲→波浪”命令，如图 11-50 所示设置角度参数，调整满意后单击“确定”按钮，效果如图 11-51 所示。

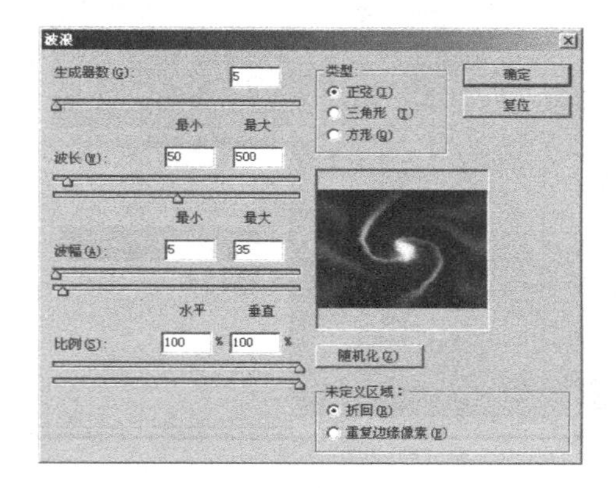

图 11-50　“波浪”对话框

图 11-51　“波浪”效果

这样就得到了一幅抽象的炫彩背景。在整个制作过程中，颜色和其他参数不同，效果就不同，将所有图层合并，然后按 Ctrl+U 键调整“色相/饱和度”值，可得到不同的颜色，如图 11-52 所示。

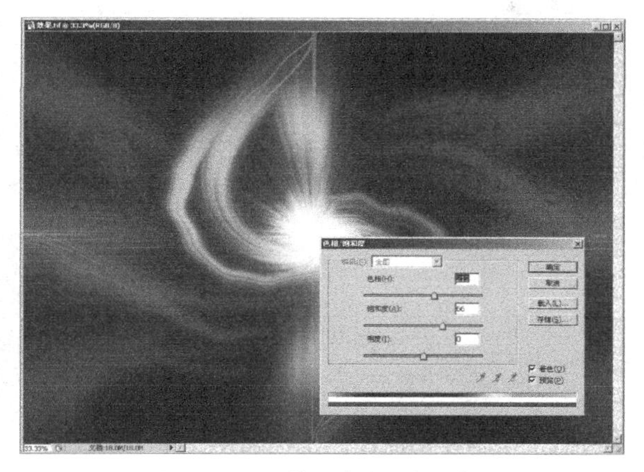

图 11-52　调整“色相/饱和度”

（14）激活钢笔路径工具，根据需要在画面上描线，如图 11-53 所示。

图 11-53　绘制曲线路径

（15）将画笔工具（铅笔）直径设为 5，硬度设为 100%，右击鼠标，选择描边路径命令，如图 11-54 所示。在弹出的对话框中选择铅笔后单击“确定”按钮，如图 11-55 所示。

图 11-54　选择描绘路径

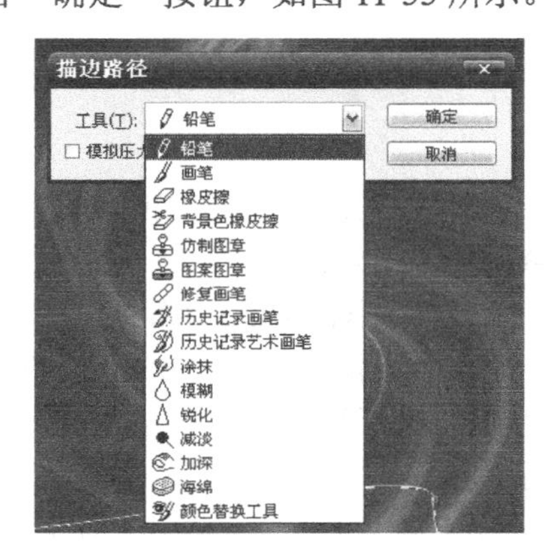

图 11-55　选择铅笔描绘

（16）删除路径，运用同样的步骤方法根据画面的需要绘制白线，效果如图 11-56 所示。

图 11-56　描绘路径效果

11.3.2　标志的制作

标志的制作步骤如下。

（1）新建文件并命名为“aigo”，新建图层 1，打开标尺，拖出辅助线定好位置，如图 11-57 所示。

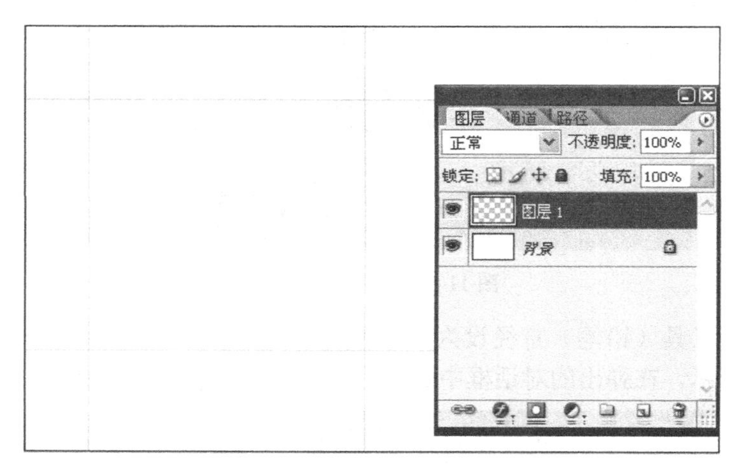

图 11-57　新建文件并设辅助线

（2）运用圆形选择框工具和矩形选择框工具，组合成“a”形状，然后填充黑色，效果如图 11-58 所示。

（3）再新建图层 2 用矩形工具作出“i”形状，效果如图 11-59 所示。

（4）用同样的方法作出“g”形状，效果如图 11-60 所示。

（5）激活矩形工具，绘制矩形并填充黑色，运用“变形”命令调整，效果如图 11-61 所示。

（6）重复前面做法画出“o”，效果如图 11-62 所示。

图 11-58　绘制选区并填充黑色 　　图 11-59　制作“i”形状 　　图 11-60　制作“g”形状

图 11-61　调整“g”形状 　　图 11-62　标志效果

11.3.3　相机的制作

相机的制作步骤如下：

（1）新建文件，利用辅助线确定相机大小位置，然后用钢笔工具勾画出相机外轮廓，效果如图 11-63 所示。

（2）右键单击路径，选择“建立选区”选项，参数设置如图 11-64 所示，单击“确定”按钮填充颜色。

图 11-63　绘制相机外轮廓

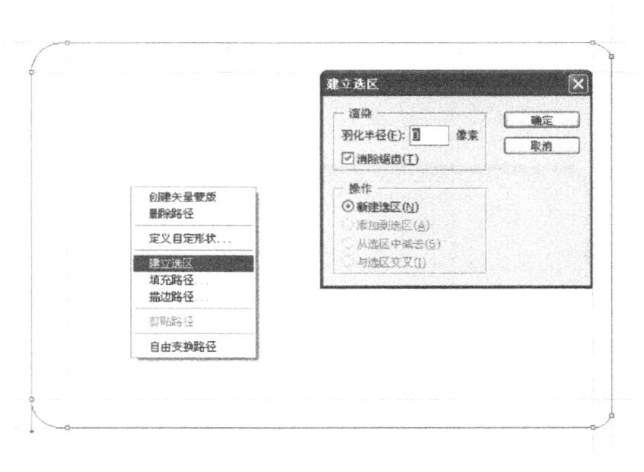

图 11-64　转换选区

（3）单击菜单“选择→变换选区”命令，如图 11-65 所示，右边保持不变，拖移左边、上边、下边，使之形成立体效果。

（4）双击“拾色器”，如图 11-66 所示设置颜色。

图 11-65　变换选区

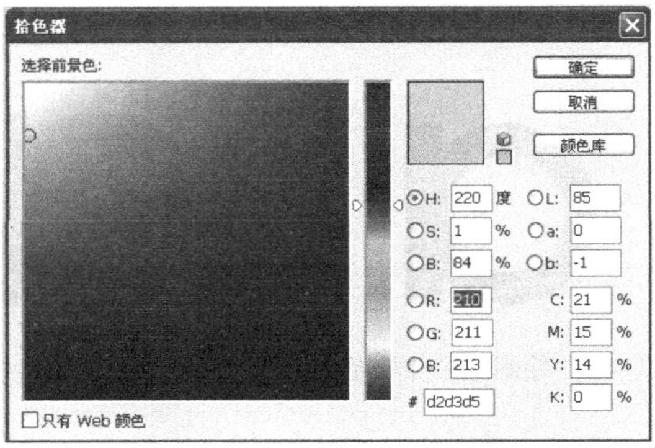

图 11-66　设置颜色

（5）新建图层填充颜色（为修整方便，建议用户每填充一种颜色就添加一个新的图层），如图 11-67 所示。

（6）运用圆角矩形工具画出“屏幕”区，右键建立选区，如图 11-68 所示为选区位置。

图 11-67　填充颜色

图 11-68　画出“屏幕”区

（7）新建图层填充颜色如图 11-69 所示。

（8）反复执行“选择→变换选区→新建图层→填充颜色”命令，最后效果如图 11-70 所示。

图 11-69　填充颜色

图 11-70　多次填充后效果

（9）保持选区的存在，打开图片，复制并粘贴，调整大小与位置，效果如图 11-71 所示。

图 11-71　拷贝图像

（10）再由最底层开始修改相机的金属效果，首先单击菜单“滤镜→杂色→添加杂色”命令，如图 11-72 所示设置参数，单击“确定”按钮，效果如图 11-73 所示。

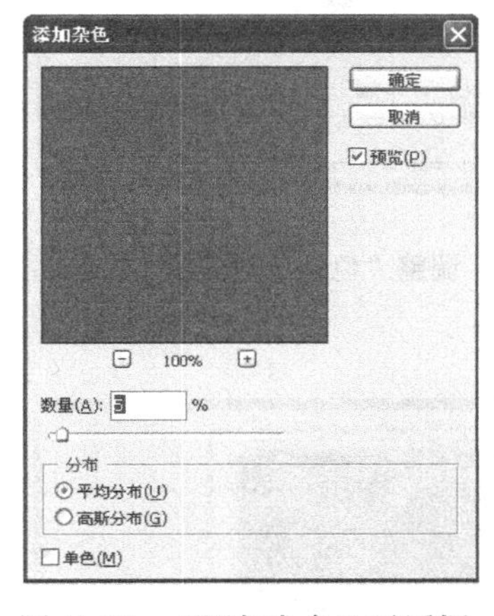

图 11-72　“添加杂色”对话框

图 11-73　“添加杂色”效果

（11）如果对效果不够满意，可运用“加深/减淡”工具修整画面效果。

（12）运用矩形选择工具在图层 4 上面作选区，然后右键设置羽化半径为 30，单击“确定”按钮，效果如图 11-74 所示。

（13）单击菜单“图像→调整→色阶”命令，调整效果如图 11-75 所示。

（14）运用同样的方法调整相机顶部受光效果，但是参数值有所不同，如图 11-76、图 11-77 所示。

（15）双击图层 4，弹出对话框，如图 11-78 所示设置参数，然后调整投影外发光参数，效果如图 11-79 所示（如果想增加真实感也可添加杂色）。

（16）调整图层 5 边缘受光效果。激活钢笔路径工具，如图 11-80 所示，沿边缘绘制路径，右击鼠标，选择描边路径，采用减淡工具。

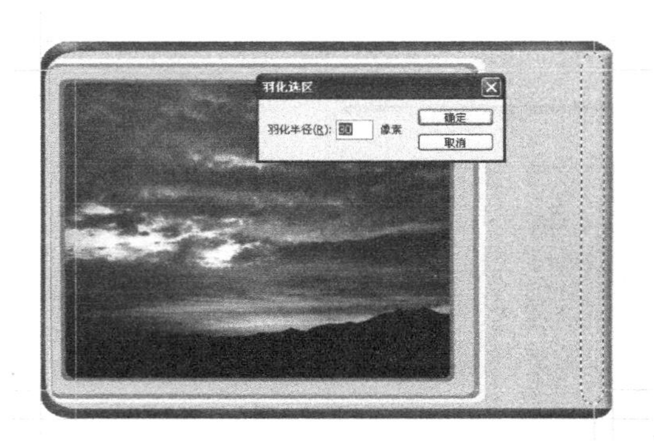

图 11-74　设置羽化选区

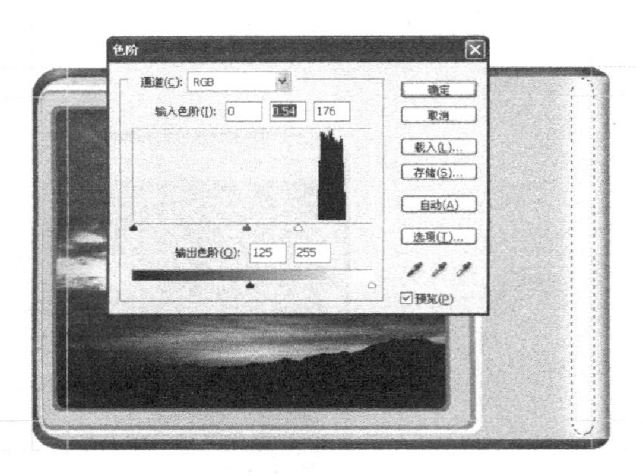

图 11-75　调整“色阶”对话框

图 11-76　设置羽化选区

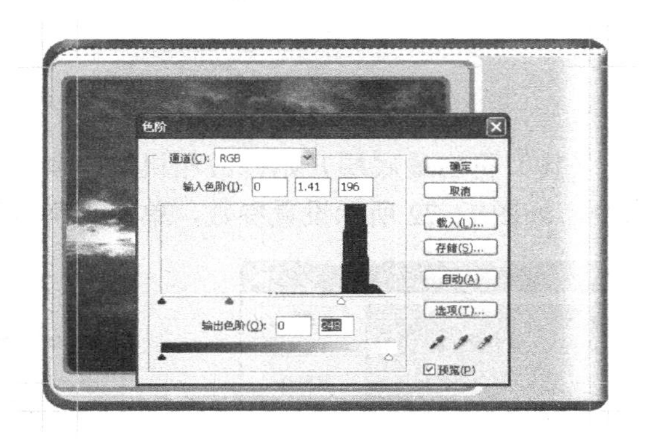

图 11-77　调整“色阶”对话框

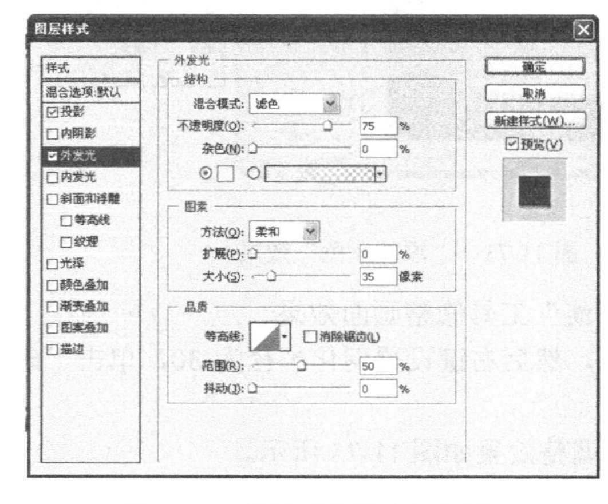

图 11-78　设置“外发光”参数

图 11-79　外发光效果

（17）重复以上命令将图层 5 的三个面依次描边，效果如图 11-81 所示（如果想增加真实感也可添加杂色）。

（18）最后调整图片，使图片达到类似于相机里照片的效果，设置图层模式为强光，效果如图 11-82 所示。

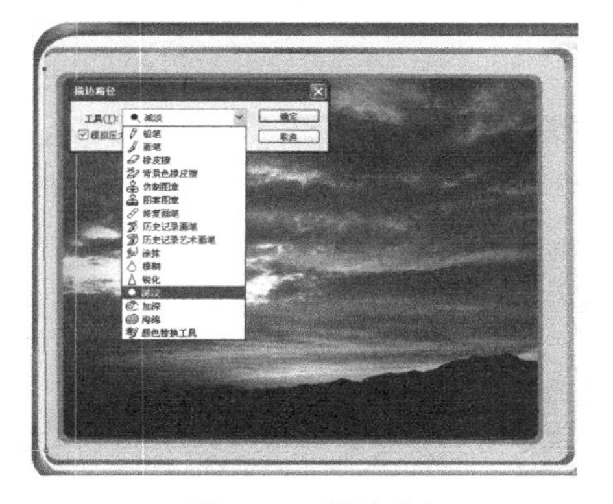

图 11-80　描边路径

图 11-81　描边效果

图 11-82　设置图层模式

（19）开始制作表面按钮部件。首先制作电池槽，激活画笔工具，参数设置如图 11-83 所示。

（20）激活钢笔路径工具，绘制电池槽位置如图 11-84 所示，然后右击路经，选择描边路径。

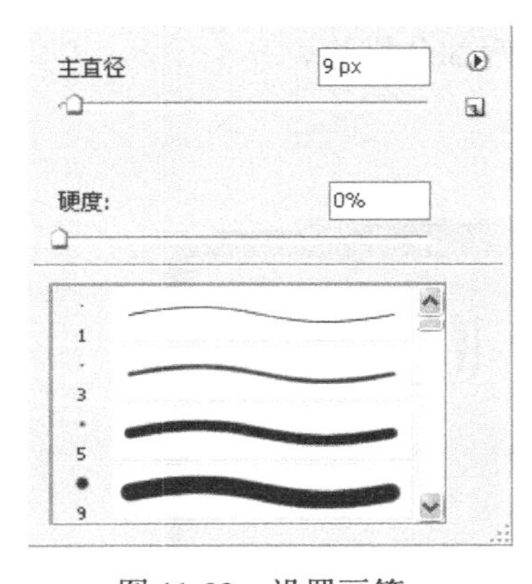

图 11-83　设置画笔

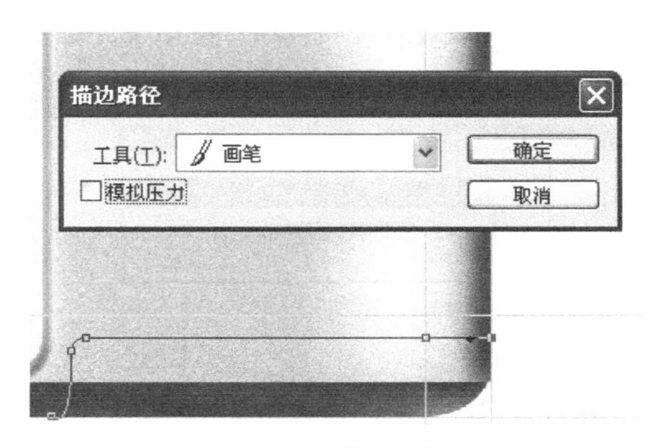

图 11-84　描边路经

（21）描边完毕后，以图层 4 为当前层，将路径变化为选区，按 Ctrl+L 键调整色阶，效果如图 11-85 所示。

（22）新建图层，制作按钮“W T”。激活圆角矩形工具，绘制如图 11-86 所示的形状。

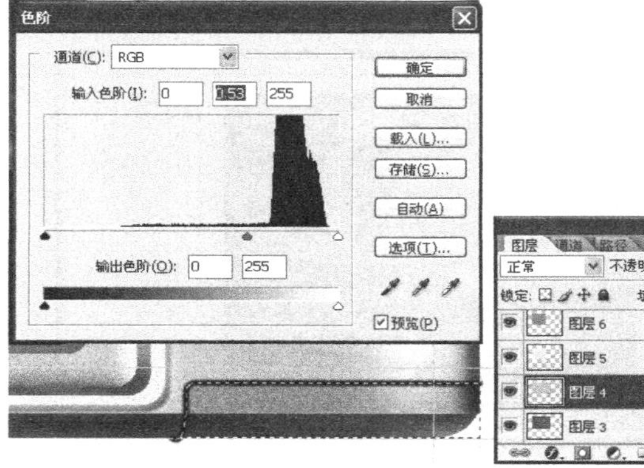

图 11-85 调整“色阶”参数

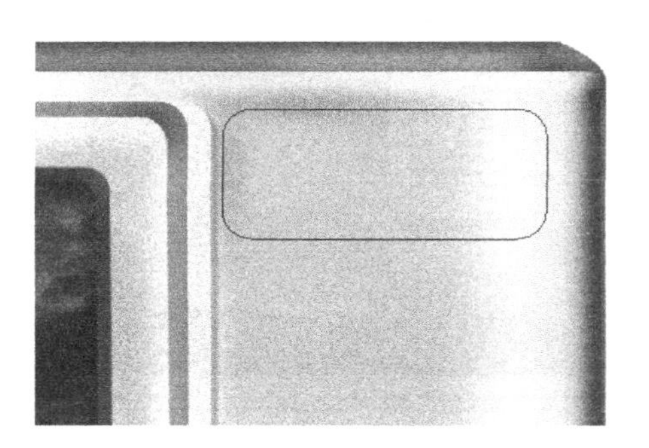

图 11-86 绘制圆角矩形

（23）反复重复运用该组“选择→变换选区→新建图层→填充颜色”命令，效果如图 11-87 所示。

（24）双击“W T”图层，如图 11-88 所示设置参数，调整“W T”的立体效果。

图 11-87 填充颜色

图 11-88 “页面与浮雕”对话框

（25）激活钢笔路径，如图 11-89 所示，将“W T”分成两部分描边。

（26）调整效果如图 11-90 所示，然后输入“W T”。

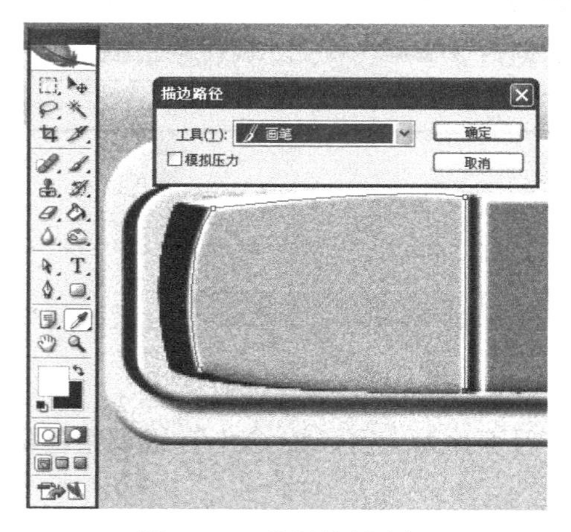

图 11-89 分别绘制路径

图 11-90 描绘路径效果

（27）将“W T”图层删格化，双击图层弹出对话框，如图 11-91 所示设置参数，单击“确定”按钮，效果如图 11-92 所示。

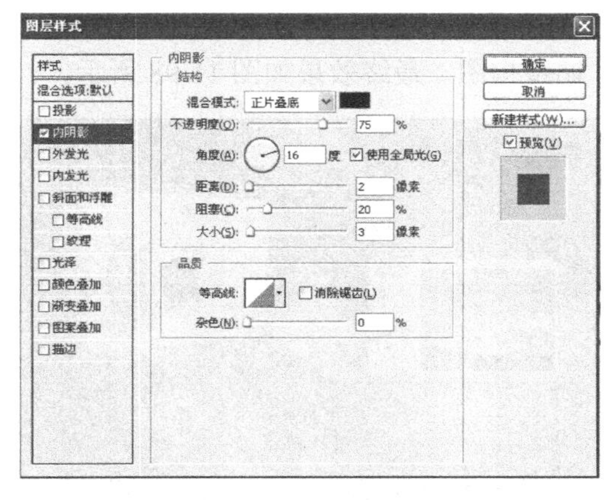

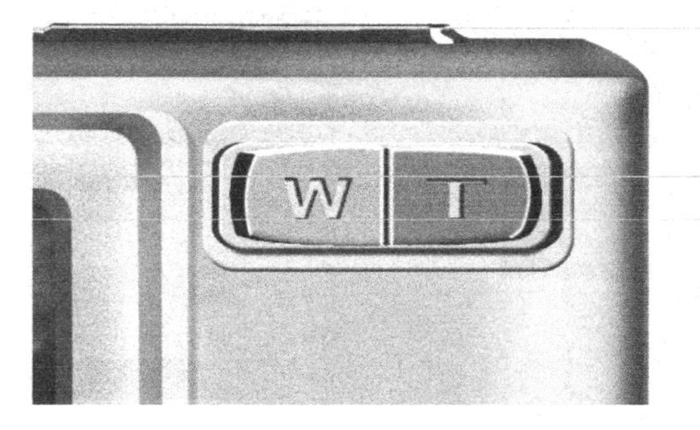

图 11-91　“内阴影”参数　　图 11-92　“内阴影”效果

（28）按照以上的步骤制作其他的按钮，如图 11-93、图 11-94、图 11-95 所示。

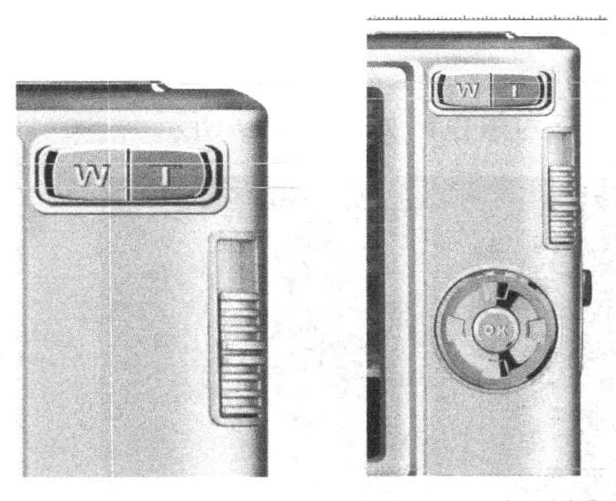

图 11-93　按钮效果　图 11-94　按钮效果　　图 11-95　按钮效果

（29）最后利用钢笔路径工具勾画出需要的标示图标，总体调整画面，效果如图 11-96 所示。

图 11-96　整体效果

（30）有关相机的镜头一面的效果在此不做阐述，大家可以按照上面的方法轻松地完成。

（31）如图 11-97 所示，将所有素材一一复制到文件中，将图层 2 的透明度设为 10%，然后运用“变形”命令，调整图层 5 和图层 8 的大小和构图。

（32）导入标志，调整大小，然后输入文字，调整构图，最终效果如图 11-98 所示。

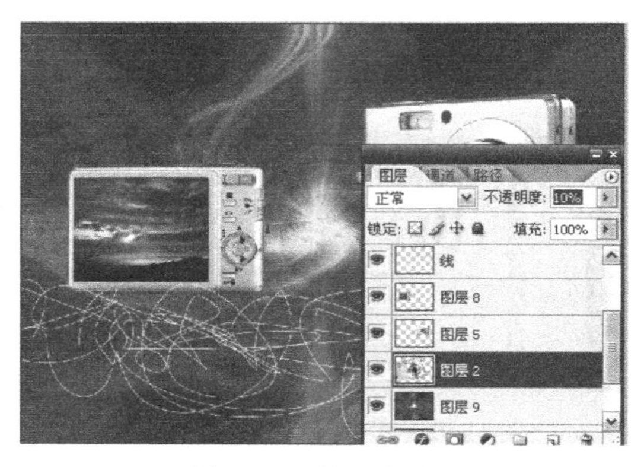

图 11-97　拷贝素材

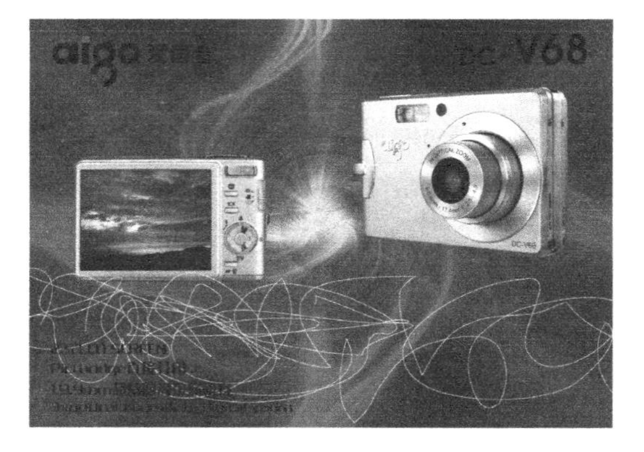

图 11-98　正面效果

11.3.4　包装侧面的设计

（1）新建文件尺寸为 25 厘米×8 厘米，背景填充为黑色，如图 11-99 所示。

图 11-99　新建文件

（2）将图 11-56 中绘制的曲线复制到新文件中，如图 11-100 所示。

图 11-100　拷贝曲线

（3）将白色的曲线换为标准色橘黄色，如图 11-101 所示。

（4）将相机图片复制到该文件中，将不透明度设为 25%，如图 11-102 所示。

图 11-101　曲线为橘黄色

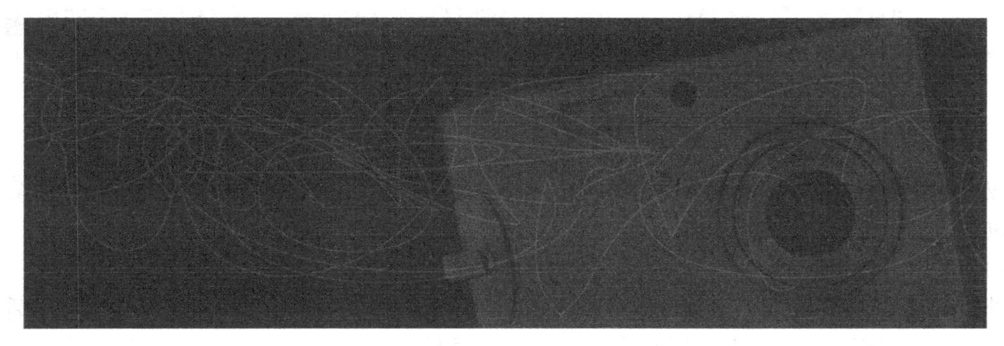

图 11-102　拷贝图片

（5）将标志导入来调整构图，如图 11-103 所示。

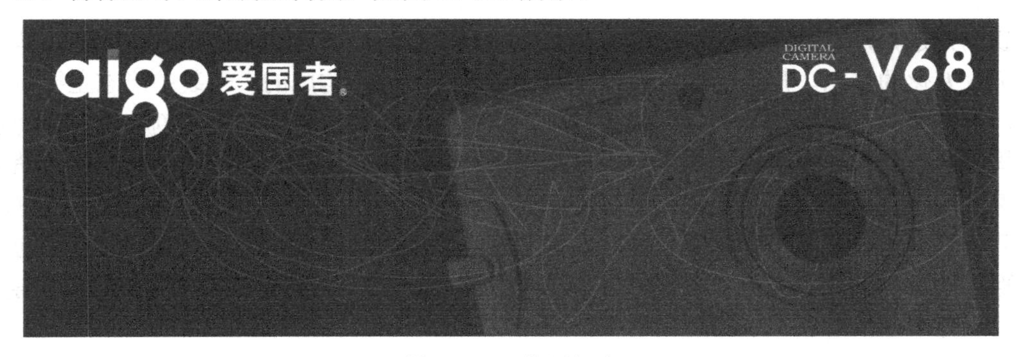

图 11-103　拷贝标志

（6）最后输入说明文字，效果如图 11-104 所示。

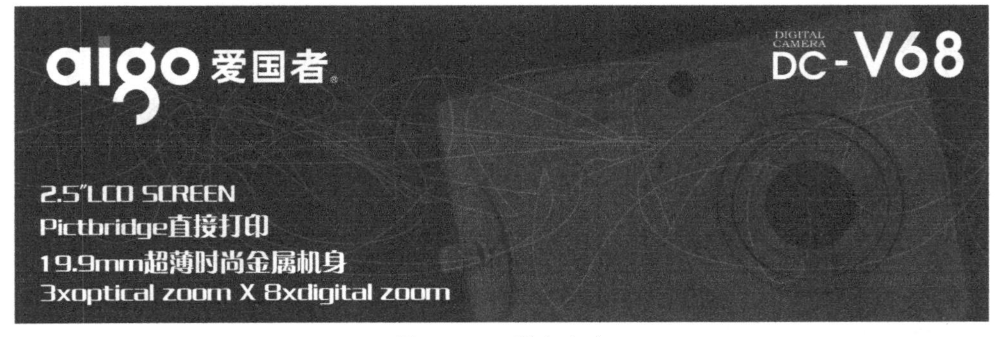

图 11-104　输入文字

（7）利用“变换”中的命令，调整平面图及立体包装图，最终效果如图 11-1 所示。

11.4 常用小技巧

巧妙运用Photoshop中的滤镜，可以创造出无数种精彩纷呈的背景特效，要点在于多尝试、多实践，熟悉各种滤镜能够达到的效果。本例中用到的滤镜主要有镜头光晕、旋转扭曲和波浪，同时还需要对图像进行去色、着色等操作。初学者能比较容易地实现最终效果，可以作为滤镜与图像调整的入门练习。

11.5 相关知识链接——商品包装设计的要素、形式与构成要素

1. 商品包装的主要要素

包装设计是指选用合适的包装材料，运用巧妙的工艺手段，为包装商品进行容器结构造型和包装的美化装饰设计。从中可以看到包装设计的三大构成要素。

（1）外形要素

外形要素就是商品包装展示面的外形，包括展示面的大小、尺寸和形状。日常生活中我们所见到的形态有三种，即自然形态、人造形态和偶发形态。但我们在研究产品的形态构成时，必须找到一种适用于任何性质的形态，即把共同的规律性的东西抽取出来，称之为抽象形态。

我们知道，形态构成就是外形要素，或称为形态要素，就是以一定的方法、法则构成的各种千变万化的形态。形态是由点、线、面、体这几种要素构成的。包装的形态主要有圆柱体类、长方体类、圆锥体类和各种形体，以及有关形体的组合和因不同切割构成的各种包装形态构成的新颖性，对消费者的视觉引导起着十分重要的作用，奇特的视觉形态能给消费者留下深刻的印象。包装设计者必须熟悉形态要素本身的特性并此作为表现形式美的素材。

我们在考虑包装设计的外形要素时，还必须从形式美法则的角度去认识它。按照包装设计的形式美法则结合产品自身功能的特点，将各种因素有机、自然地结合起来，以求得完美统一的设计形象，如图 11-105、图 11-106 所示。

图 11-105　长方体类

图 11-106　长方体类

（2）构图要素

构图是将商品包装展示面的商标、图形、文字和组合排列在一起的一个完整的画面。这四方面的组合构成了包装装潢的整体效果。商品设计构图要素主要有商标、图形、文字和色彩，将它们运用得正确、适当、美观，就可创作出优秀的设计作品。

① 商标设计

商标是一种符号，是企业、机构、商品和各项设施的象征形象。商标是一种商用工艺美术，涉及政治、经济法制和艺术等各个领域。商标的特点是由它的功能、形式决定的。它要将丰富的内容以更简洁、更概括的形式，在相对较小的空间里表现出来，同时要能使观察者在较短的时间内理解其内在的含义。商标一般可分为文字商标、图形商标及图文结合的商标三种形式。一个成功的商标设计，应该是创意表现有机结合的产物。创意是根据设计要求，对某种理念进行综合、分析、归纳、概括，通过哲理的思考，化抽象为形象，将设计概念由抽象的评议表现逐步转化为具体的形象设计，如图 11-107 所示。

图 11-107　文字商标

② 图形设计

包装装潢的图形主要指产品的形象和其他辅助装饰形象等。图形作为设计的语言，就是要把形象的内在、外在的构成因素表现出来，以视觉形象的形式把信息传达给消费者。要达到此目的，图形设计的准确定位是非常关键的。定位的过程即是熟悉产品全部内容的过程，其中包括商品的信誉、商标、品名的含义及同类产品的现状等诸多因素都要加以熟悉和研究。

图形就其表现形式可分为实物图形和装饰图形，如图 11-108、图 11-109 所示。

图 11-108　实物图形

图 11-109　装饰图形

实物图形：需采用绘画、摄影写真等手法来表现。绘画是包装装潢设计的主要表现形式，根据包装整体构思的需要绘制画面，为商品服务。与摄影写真相比，它具有取舍、提炼和概括自由的特点。绘画手法直观性强，欣赏趣味浓，是宣传、美化、推销商品的一种手段。然而，商品包装的商业性决定了设计应突出表现商品的真实形象，要给消费者直观的形象，所以用摄影来表现真实、直观的视觉形象是包装装潢设计的最佳表现手法。

装饰图形：分为具象和抽象两种表现手法。具象的人物、风景、动物或植物的纹样作为包装的象征性图形，可用来表现包装的内容物及属性。抽象的手法多用于写意，采用抽象的点、线、面的几何形纹样、色块或肌理效果构成画面，简练、醒目，具有形式感，也是包装装潢的主要表现手法。通常，具象形态与抽象表现手法在包装装潢设计中并非孤立运用的，而是相互结合的。

内容和形式的辩证统一是图形设计中的普遍规律。在设计过程中，根据图形内容的需要，选择相应的图形表现技法，使图形设计达到形式和内容的统一，创造出反映时代精神、民族风貌的经济、美观的装潢设计作品是包装设计者的基本要求。

③ 色彩设计

色彩设计在包装设计中占据重要的位置。色彩是美化和突出产品的重要因素。包装色彩的运用是与整个画面设计的构思、构图紧密联系着的。包装色彩要求平面化、匀整化，这是对色彩的过滤、提炼的高度概括。它以人们的联想和色彩的习惯为依据，进行高度的夸张和变色，是包装艺术的一种手段。同时，包装的色彩还必须受到工艺、材料、用途和销售地区等因素的制约和限制，如图 11-110 所示。

图 11-110　色彩运用

包装装潢设计中的色彩要求醒目，对比强烈，有较强的吸引力和竞争力，以唤起消费者的购买欲望，促进销售。例如，食品类常用鲜明丰富的色调，以暖色为主，突出食品的新鲜、营养和味觉；医药类常用单纯的冷暖色调；化妆品类常用柔和的中间色调；小五金、机械工具类常用蓝、黑及其他沉着的色块，以表示坚实、精密和耐用的特点；儿童玩具类常用鲜艳夺目的纯色和冷暖对比强烈的各种色块，以符合儿童的心理和爱好；体育用品类多采用鲜明的色块，以增加活跃、运动的感觉……不同的商品有不同的特点与属性，设计者要研究消费者的习惯和爱好，以及国际、国内流行色的变化趋势，不断增强对色彩的社会学和消费者的心理学意识研究。

④ 文字设计

文字设计是传达思想、交流感情和信息，表达某一主题内容的符号。商品包装上的牌号、品名、说明文字、广告文字及生产厂家、公司或经销单位等，反映了包装的本质内容。设计包装时必须把这些文字作为包装整体设计的一部分来统筹考虑，如图 11-111、图 11-112 所示。

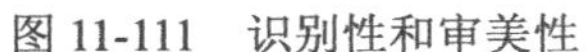

图 11-111　识别性和审美性

图 11-112　文字的编排形式

包装装潢设计中的文字设计的要点有：

文字内容简明、真实、生动、易读、易记；

字体设计应反映商品的特点、性质、有独特性，并具备良好的识别性和审美功能；

文字的编排与包装的整体设计风格应和谐统一。

（3）材料要素

材料要素是指商品包装所用材料表面的纹理和质感。它往往影响到商品包装的视觉效果。利用不同材料的表面变化或表面形状可以达到商品包装的最佳效果。包装用材料，无论是纸类材料、塑料材料、玻璃材料、金属材料、陶瓷材料、竹木材料还是其他复合材料，都有不同的质地肌理效果。运用不同的材料，妥善地加以组合配置，可给消费者以新奇、冰凉或豪华等不同的感觉。材料要素是包装设计的重要环节，它直接关系到包装的整体功能、经济成本、生产加工方式及包装废弃物的回收处理等多方面的问题，如图 11-113、图 11-114 所示。

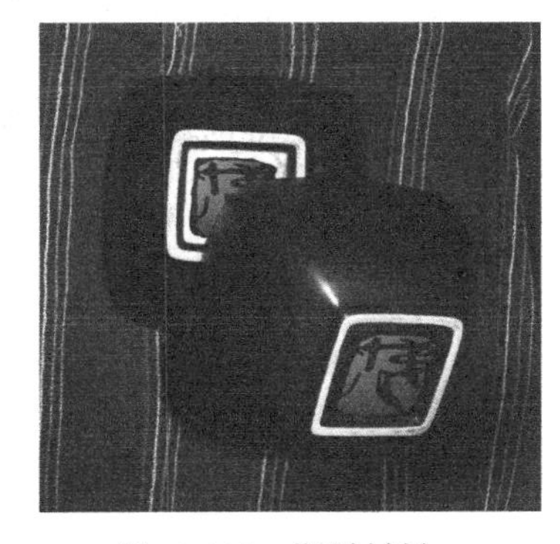

图 11-113　塑料材料

图 11-114　复合材料

2. 常见商品包装形式

随着社会的发展和科技的进步，包装的材料也在不断改进，日益多样化，包装的形式也各式各样，在日常生活中常见的有盒式包装、袋式包装、实物包装。

盒式包装：是以硬纸板为材料，按照商品的不同样式，经过折叠后，胶合成盒子式包装形式。这个包装形式最为普遍，如烟、酒、药品、计算机等等。盒式包装的优点是简洁，少占空间，运输方便，适用于硬物类的包装，如图 11-115 所示。

袋式包装：这类包装主要用于食品等软物类，它的优点是密封式包装，对商品的保护性较好。手提袋也是这个类型中的一种，但不是密封的，如图 11-116 所示。

图 11-115 盒式包装

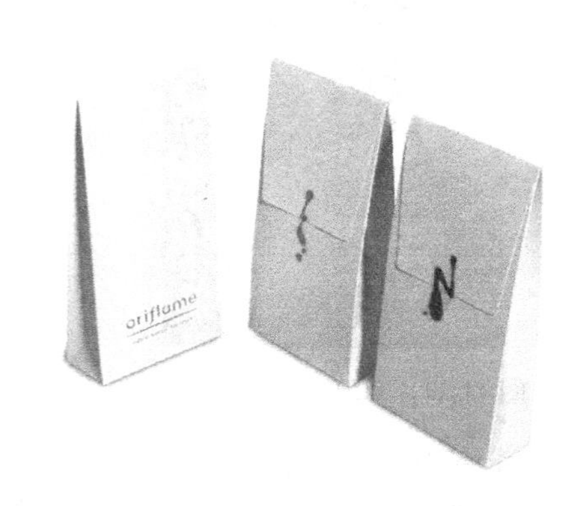

图 11-116 袋式包装

实物包装：指商品本身的包装，如润肤露、洗发水等产品本身的包装，如图 11-117 所示。

图 11-117 实物包装

包装材料主要有以下几种。

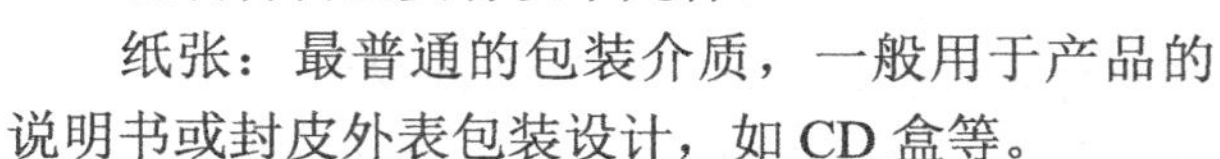

纸张：最普通的包装介质，一般用于产品的说明书或封皮外表包装设计，如 CD 盒等。

纸板：用于盒式包装较多。纸板有白板和铜板之分，白板和牛皮纸类的包装较普通，造价也便宜一些，铜板纸张适合高级商品包装。

塑料：它是袋式包装经常用的形式，如饼干包装。

陶瓷：工艺类的包装用得较多，如茅台酒包装。

木材：木材工艺性的商品用得也较多，如音箱包装。

金属：金属包装用途也很广泛，在礼品和食品中应用较多，如易拉罐包装。

3. 产品包装设计的基本构成要素

商品包设计的基本构成要素，应包括以下几个方面。

（1）商标要素

商标作为企业或产品个性化的代言人，可以使商品之间显示出差异。当认识到商品的属性，就知道商标在包装设计中的重要性。构成包装设计形态设计的主要设计因素有造型、色彩、图形、文字等，不论这些因素在设计过程中如何表现与组合，都不可能回避一个问题，即所有活动都必须围绕商标展开。因为每一种包装形式在具体表现中，其色彩、造型、文字等都有可能重复或相似。但是，商标在受法律保护的前提下，它的专有属性可以使产品的包装设计与同类品牌相区别。所以在设计过程中一定要注意商标在包装中的几个基本功能：

① 为新品牌创造一个既体现商品特性又与众不同的商标，它要引起消费者的好感，并且要易认、易记；

② 使原有商标得到改进与更新的能力；

③ 在包装设计的整体形式上，确定商品信息传达的能力。

（2）色彩要素

色彩作为激发人们情感的视觉生理现象，在现实生活及众多学科领域中有着普遍的意义。包装设计虽然是通过许多手段与技法完成的创作活动，但色彩的专有属性，其价值和作用是不可替代的。由于色彩所特有的心理作用，使得设计者在包装装潢的过程应具备对色彩审美价值的直觉判断力和把色彩作为一种视觉与表现技术的能力。虽然，对色彩生理作用的理解有时是抽象的、模糊的，但是，它所产生的色彩情感，可以使消费者对包装产生不同的联想。色彩作为一门独立的学科，它有其基本的规律与属性，在此基础上色彩产生的情感因素主要由主观情感和客观情感两部分构成。

（3）图像要素

包装设计是通过商标、色彩、图形、文字及装饰等组合成一个完整的视觉图形来传递商品信息的，从而引导消费者的注意力。设计者借助设计因素所组合的视觉图形，应当以图形的寓意能否表达出消费者对商品理想价值的要求来确定图形的形式，也就是依靠图形烘托感染力。当设计者选择图形的表现手法时，无论采用具象的图形、抽象的符号还是夸张的绘画等，都要考虑能否创造一种具有心理联想的心理效果。要做到设计的图形具备说服力，在图形的素材选择与具体表现时应注意以下几点。

- 主题明确。任何产品都有其独特的个性语言，设计前应为其确定一个所要表达的主题定位。它可能是商标，也可能是产品、消费者或有寓意的图形。这样，才可以清楚地将该商品的本质特征与同类产品相区别。
- 简洁明确。在设计中针对商品主要销售对象的多方面特征和对图形语言的理解来选择表现手段。由于包装本身尺寸的限制，复杂的图像将影响图像的定位。所以，采取以一当十、以少胜多的方法运用图形，便可更加有效地达到视觉信息传递准确的目的。
- 真实可靠。在图形的选择与运用上的手法很多，但关键的问题在于图像不能有任何的欺骗导向。带有误导行为的图像可能暂时会让消费者接受，但不可能长久地保持消费者的购物行为。只有诚实才能取得信任，信任是产品与消费者沟通的情感基础。
- 独特个性。商品有了独特性才有市场竞争力，才能引起消费者的注意。所以，在设计图形的选择与表现过程中，体现图像的原创性语言，是包装设计成功的有力保证。

（4）文字要素

向消费者解释商品内容最直接的手段就是文字，包装上的文字通常要表现商标名称、商品名称、单位质量与容量、质量说明、用法说明、有关成分说明、注意事项、生产厂家的名称和地址、生产日期和其他文字介绍等。设计者在这方面所要发挥的作用，就是如何使这些说明文字能够有效、准确、清晰地传达出去，在包装设计的基础原则上还要达到易读、易认、易记的要求。一般说来，包装上的文字，除了商标文字以外，其他所有的文字主要本着迅速向消费者解释商品内容的原则来安排和选择字体。文字的字体设计在包装装潢应遵循以下的原则。

- 按文字主次关系有区别地设计；
- 加强推销的重要性，考虑销售地区的语言文字；
- 不应因为文字的识别特性，而忽视其视觉造型的表达能力；
- 美术字与印刷字的区别与运用；
- 文字造型审美性的鉴别能力；
- 服从产品的特性并引起消费者的注意。

字体设计在包装装潢中，要求既简明又清晰，同时还要有利于消费者的识别，及排列、布局、大小、装饰等因素非常重要。

（5）造型要素

由于产品本身的差异，使得包装设计中的造型呈现出多样性。无论从结构成分还是应用范围等方式考虑，包装的造型设计（或容器造型设计）都必须从生产者、销售者、消费者三个不同的角度去理解。包装的设计目的，主要是创造一种特殊的个性，在货架陈列中能突出并能传达商品，但包装结构往往在技术上有以下几方面的限制，在设计时必须考虑到。

- 材料的特性，如生产技术、纸张的限制、玻璃、塑料的可塑性等。
- 装饰生产线，即有怎样的材料设备。
- 封装生产线，即有怎样的封盖设备。
- 标签封帖生产线，即标签封帖的材料和设备。

当然还有市场因素，总的来说包装结构设计取决于两个方面，即材料设备和市场。

由于造型多指立体设计因素，所以在设计过程中应对不同的体面、主次、虚实等加以分析，使造型设计（或容器设计）给消费者带来的不同视觉、触觉及心理感受。造型设计作为包装装潢中的重要组成部分，在体现体自身价值的同时，还要与其他要素相协调。在设计过程中要注意：造型与其他设计要素的主次关系；立体与平面的视觉效果相统一；包装与容器造型的统一性；发挥造型与容器设计独特的立体效果与触觉感受；造型设计要满足产品、运输、展示与消费的要求。

4．结语

从生产商到消费者之间都必须有最佳的视觉传递能力，设计必须能回答所有消费者愿意提出的信息要求和问题。

设计是信息传达的工具，用最佳的信息传达方法会有效地影响其功能。设计不是单纯地为了艺术，而是为了创造更多的销售机会。总之，造型作为包装设计中一个组成部分，其设计的方法与表现的手段与其他因素不同，将商标、色彩、图形、文字、造型等因素有机地结合到一起，才能创造出一件好的包装作品。

习题 11

一、填空题

1. ____________主要用于不同程度地使图像产生三维造型效果或光线照射效果，或给图像添加特殊的光线，比如云彩、镜头折光等效果。

2. ________滤镜包括 17 种不同的光照风格、______种光照类型和_____组光照属性，可以在 RGB 图像上制作出各种各样的光照效果，也可以加入新的纹理及浮雕效果等，使平面图像产生三维立体的效果。

3. 晶格化滤镜可以将图像中颜色相近的像素集中到一个多边形网格中，从而把图像分割成许多个多边形的小色块，产生晶格化的效果。有人将它译为“____________”滤镜。

4. _______滤镜能使图像区域膨胀，实现球形化，形成类似将图像贴在球体或圆柱体表面的效果。弹出挤压对话框后，那么底部有个缩略图和一项命令，我们可以拖动划杆来进行球面化的调整。

5. _______滤镜是一个比较复杂的滤镜。它可以使图像产生________，位移效果不仅取决于设定的_________，而且取决于位移图（即置换图）的选取。它会读取位移图中像素的色度数值来决定位移量，并以处理当前图像中的各个像素。

二、简答题

1. 简要回答商品包装的主要要素？
2. 产品包装设计的基本构成要素及各自特点？

三、练习题

运用简单的素描滤镜命令制作简单的画面效果，如图 11-118 和图 11-119 所示。

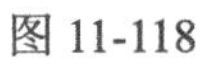

图 11-118

图 11-119

第 12 章　卡通形象设计——工具的综合运用

卡通是英文“Cartoon”的音译。由于卡通艺术形式简洁生动、易于理解、趣味横生，所以自诞生以来，就深受人们的喜爱。在卡通世界中，人们的想象力能够得到自由的发挥，相对于其他艺术形式而言，卡通更易掌握，也更易吸引人们加入这一艺术门类。

卡通与其他艺术形式息息相通，音乐、戏剧、电影、电视都有卡通，甚至电脑游戏、标志、包装、吉祥物等商业运作也与卡通密不可分，如图 12-1、图 12-2、图 12-3。

图 12-1　卡通原形象之一

图 12-2　卡通原形象之二

图 12-3　卡通原形象之三

卡通形象是指单独创作或设计出来的艺术形象，可以独立运作也可以应用在动画或连环画及电影动画里的艺术形象，如图 12-4、图 12-5、图 12-6 所示。

图 12-4　游戏类

图 12-5　影视动画类

图 12-6　吉祥物

卡通形象夸张而且变形，所包含的形式要比通常意义上的漫画还要广泛，它强调讽刺、机智与幽默，可在附加或无需文字说明的情况下来表现具象或象征的图画，表现生活。

现代的卡通覆盖面广，已经不仅仅是传统意义上的卡通形式，它因其让人无法抗拒的幽默感、亲和力、商业性和独特的审美性，越来越受人瞩目。因此，以卡通为艺术形象的设计、广告、影视动画、包装装潢、服装图案、吉祥物设计非常多，也被广泛接受和喜爱，有着广阔前景和市场开发空间。

12.1　图案案例分析

1. 创意定位

在动画片、产品包装、宣传材料、生活用品、吉祥物、文具、品牌形象中都可以看到卡通形象的身影。卡通以其极具亲和力、极富人性化的特点满足着人们日益增长的个性化和差异化的消费需求。

在这里，教大家设计制作一幅可爱的卡通桌面，如图 12-7 所示。

图 12-7 卡通造型

2. 所用知识点

本设计主要用到了 Photoshop CS2 软件中的以下命令：

画笔工具、渐变工具、油漆桶工具、钢笔工具、选择工具、形状工具、复制与变形、描边路径、图层透明度、特殊效果画笔等。

3. 制作分析

photoshop 中各种工具的综合运用。

12.2 知识卡片

图像调节主要是调节图像的层次、色彩、清晰度、反差；层次调节是调节图像的高调、中间调、暗调之间的关系，使图像层次分明；色彩调节主要是纠正图像的偏色，使颜色与原稿保持一致或追求特殊设计效果时对色彩的调节；清晰度调节主要是调节图像的细节，使图像在视觉上更清晰；反差就是调节图像的对比度。

菜单“图像→调节”子菜单中的命令可以用来调整图像的色彩，包括对比度、层次、亮度、色彩平衡等。

12.2.1 调整图像层次

调整图像层次菜单“图像→调节→色阶”命令。色阶是图像阶调调节工具，它主要用于调节图像的主通道及各分色通道的阶调层次分布，对改变图像的层次效果明显，对图像的亮调、中间调和暗调的调节也有较强的功能，但不容易具体控制某一网点百分比附近的阶调变化。打开阶调调节菜单，弹出色阶对话框，通过此对话框可调节图像的阶调分布。色阶功能如图 12-8 所示。

1. 确定图像的黑白场

图像的黑白场是指图像中最亮和最暗的地方。可以通过黑白场的确定来控制图像的深浅和阶调。确定方法就是将图 12-8 中所示的黑、白场吸管放到图像中最暗和最亮的位置。

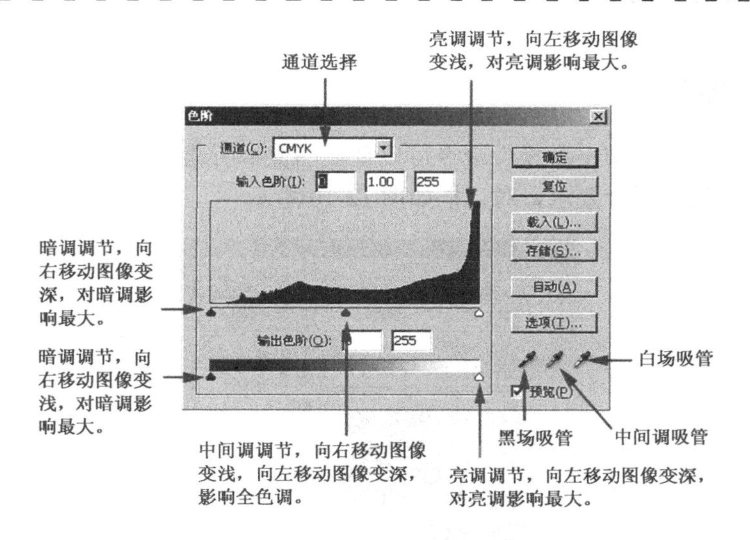

图 12-8　“色阶”对话框

白场的确定应选择图像中较亮或最亮的点，如反光点、灯光、白色的物体等。白场的确定值 C、M、Y、K 的色值应在 5%以下，以避免图像的阶调有太大的变化。

黑场的确定应选择图像中的黑色位置，且选择的点应有足够的密度。正常的原稿，所点黑场点的 K 值应在 95%左右。如果图像原稿暗调较亮，则黑场可选择较暗的点，将图像阶调调深。如果图像中暗调不足，则选择相对较暗的位置设置黑场。

中间调吸管一般很少用到，因为中间色调是很难确定的。对一些图像阶调较平，很难找到亮点和黑点的图像，不一定非要确定黑、白场。

通道部分包含 RGB 或 CMYK 复合通道或单一通道的色彩信息通道的选择，色阶工具可以对图像的混合通道和单个通道的颜色和层次分别进行调节。

当输出色阶的黑白三角形滑块重合时，即所有色阶并级在一点时，图像就变成中性灰。

12.2.2　色调自动调整与对比度自动调整

菜单“图像→调节→自动色阶”与“自动对比度”命令会自动完成图像的色调与对比度的调整。一般情况下，对像素值平均分布的图像作简单的对比度调整时执行“自动色阶”命令，会得到较好的效果。

12.2.3　亮度/对比度调整

执行菜单“图像→调节→亮度/对比度”命令可以调整图像的亮度和对比度，在“亮度/对比度”对话框中移动滑块或键入数值，即可对图像作简单的处理，对话框如图 12-9 所示。

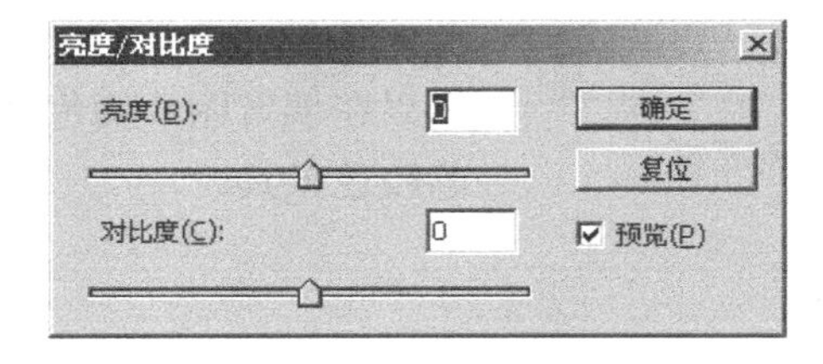

图 12-9　“亮度/对比度”对话框

12.2.4　替换颜色

执行菜单“图像→调节→替换”命令可以替换图像中所选区域的色彩，通过色相、饱和度与亮度的改变，使其适合要求，对话框如图 12-10 所示。

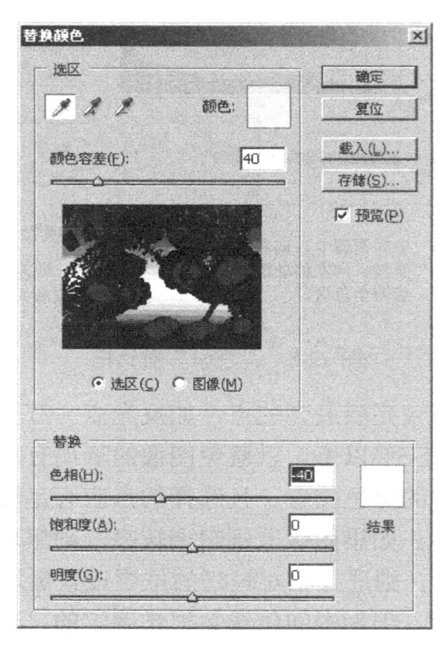

图 12-10　“替换”对话框

12.2.5　可选色彩

执行菜单“图像→调节→可选色彩”命令可以通过 CMYK 色彩通道进行色彩选择。当光标放在图像上时，成为吸色管，点中所需的颜色后，调整颜色，即调整四种基本色的百分比，对话框如图 12-11 所示。

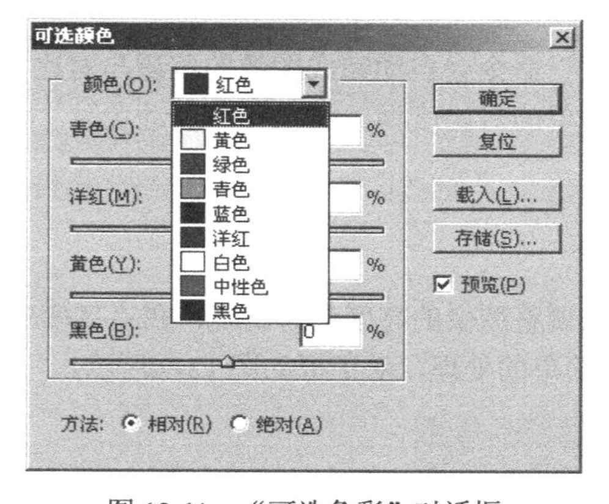

图 12-11　“可选色彩”对话框

在“可选颜色”对话框的颜色调整中，除了 RGB 和 CMYK 以外，还多了白色、中性灰、黑色，提供了较大的调整空间，包括黑白场细微层次、色彩的调整。

“可选颜色”是另外一种校色方法，它针对性更强，可以针对图像的某个色系选择颜色调整，其最大优点在于对其他颜色几乎没有影响，所以在调节图片偏色时非常有用，是设计师常用的校色工具。

12.2.6　通道混合器

在比较难于使用其他颜色调节工具时，可以用“通道混合器”命令来调节颜色，并可以根据色彩模式的不同，从每个颜色通道选择颜色百分比，输出到某一通道中，取得高质量的灰度比例图像，对话框如图 12-12 所示。

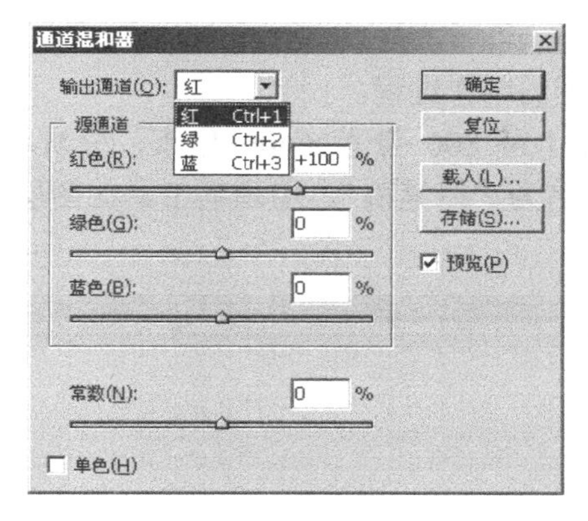

图 12-12　“通道混合器”对话框

12.2.7　变化

该命令调整色彩时不够细腻，一般用于不需要精确调整色彩的场合，如图 12-13 所示，可以调整“阴影”、“中间色调”、“高光”、“饱和度”。但该命令不可以用于索引颜色图像。

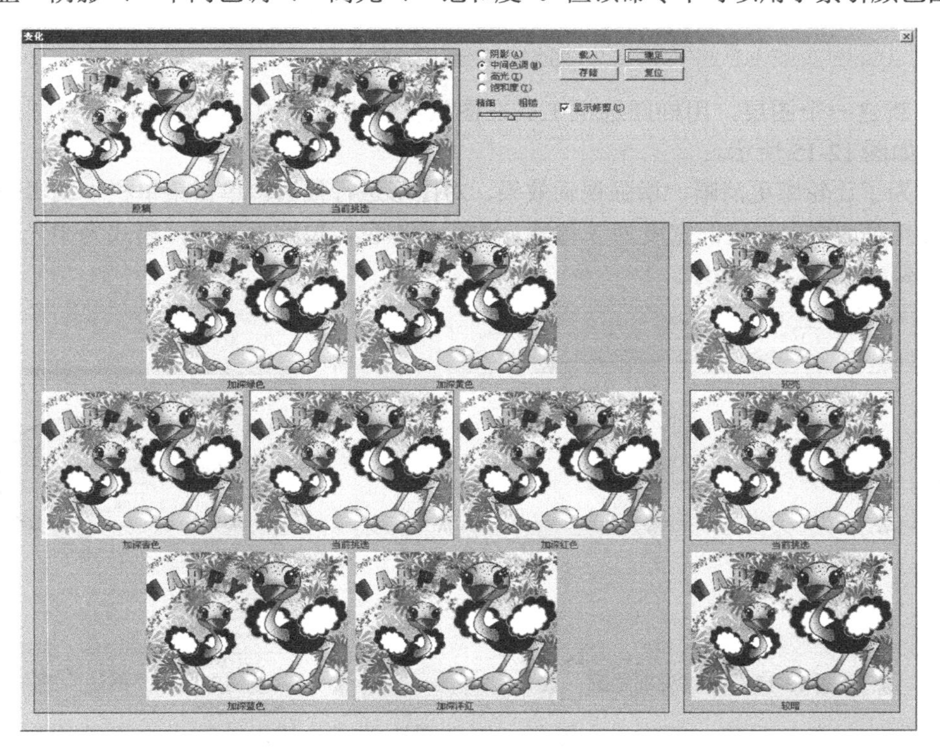

图 12-13　“变化”对话框

拖移“精细”和“粗糙”滑块可以确定每次调整的量。移动滑块一格相当于双倍调整图像对应的选项效果。每次单击其中的某个缩略图时，其他缩略图都会相应地发生变化。其中心缩略图始终反映当前的选择。

12.3　实例解析

下面介绍一下鸵鸟卡通图的制作过程。

（1）新建文件，设置尺寸为 800 像素×600 像素，分辨率为 300 像素，色彩模式为 RGB。新建一个图层，重命名为“铅笔稿”。用画笔工具在图层上勾勒出要画物体的大体形状，如图 12-14 所示。

图 12-14　草图绘制

（2）新建一个图层，用椭圆选框工具在图层上画出鸵鸟的头部轮廓，选择颜色进行填充，效果如图 12-15 所示。

（3）为了让轮廓更清晰，增强视觉效果，对图形进行描边。单击菜单栏“编辑→描边”命令，在其对话框中设定：宽度为 3 像素，颜色为黑色，位置为居外，模式为柔光，不透明度为 100%，如图 12-16 所示。

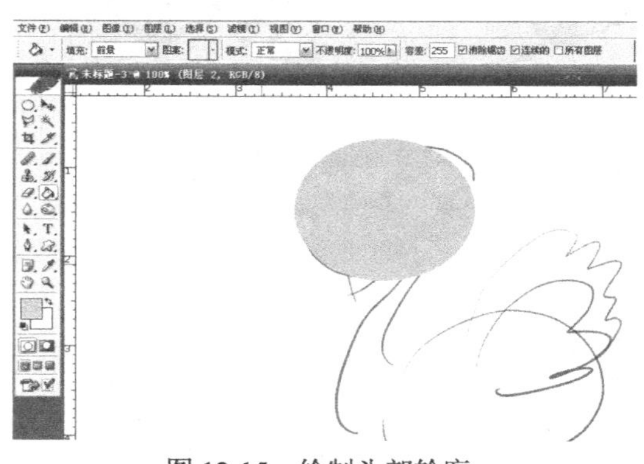

图 12-15　绘制头部轮廓

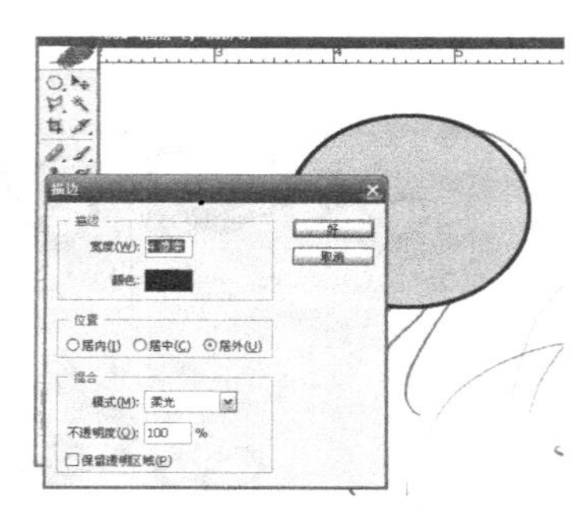

图 12-16　“描边”效果

（4）绘制鸵鸟的眼睛。新建一个图层，用椭圆选框工具依次绘制大小不等的两个椭圆，选择深浅不同的颜色填充，如图 12-17 所示。

（5）将大小不等的椭圆叠加在一起，并通过图层面板合并链接图层，用画笔在两种颜色中间画出白色圆点，表现出眼睛的反光，如图 12-18 所示。然后把眼睛用选择工具选中，移动到头部恰当的位置上进行调整。

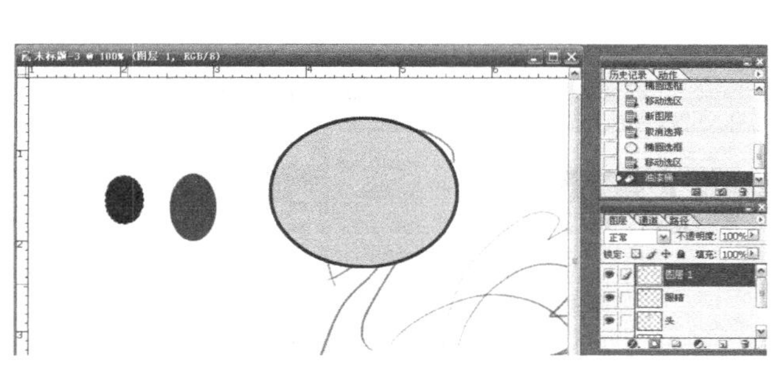

图 12-17　绘制眼睛

图 12-18　绘制眼睛的反光

（6）新建图层，用钢笔路径勾画出相连的斜三角形，如图 12-19 所示。然后调整图层顺序，使代表睫毛的黑色三角形调到眼睛图层后面，然后再次合并链接图层，如图 12-20 所示。

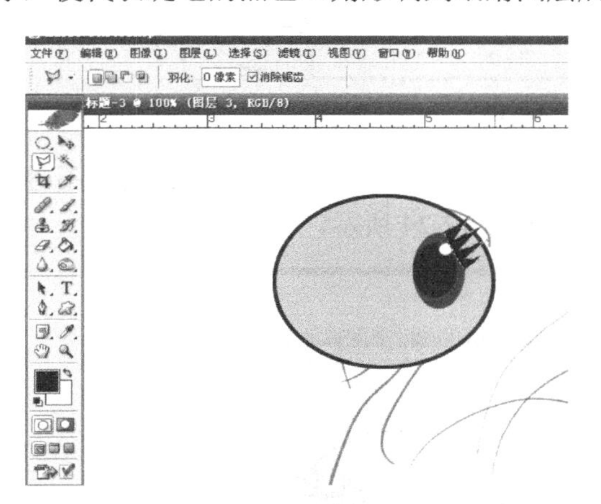

图 12-19　绘制斜三角形

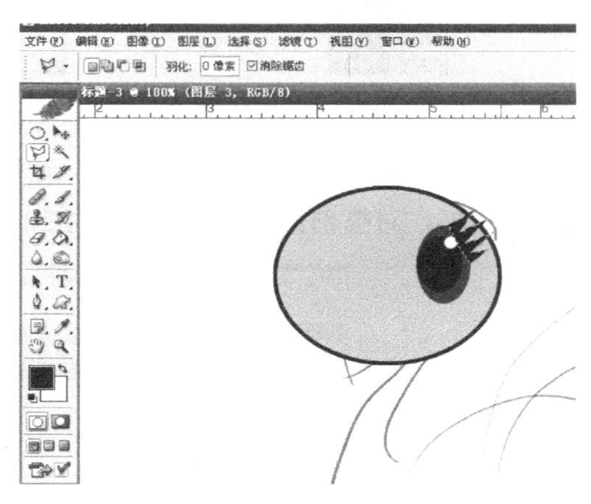

图 12-20　调整图层顺序

（7）从工具栏中选取减淡工具，范围设定为高光，强度设为 30%。用减淡工具在眼睛棕色的部分反复涂抹几次，使颜色减淡表现出眼睛的清澈通亮，如图 12-21 所示。

（8）按住 Alt 键拖动眼睛图层复制一个图层，单击菜单“编辑→变换→水平翻转”命令，然后选择“斜切”命令调整大小与倾斜度，令眼睛与头部相贴合，如图 12-22 所示。

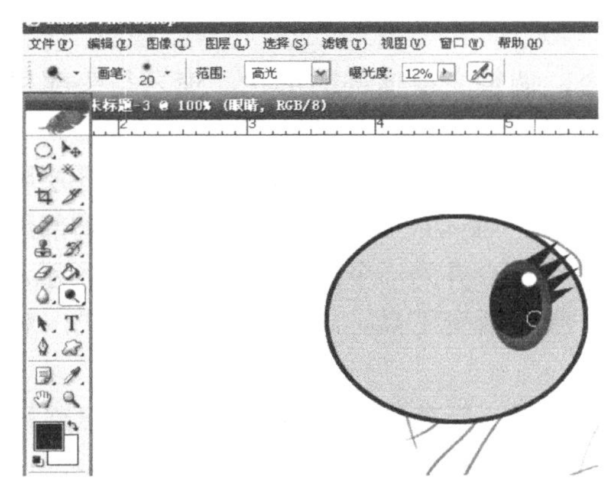

图 12-21　表现眼睛的清澈通亮

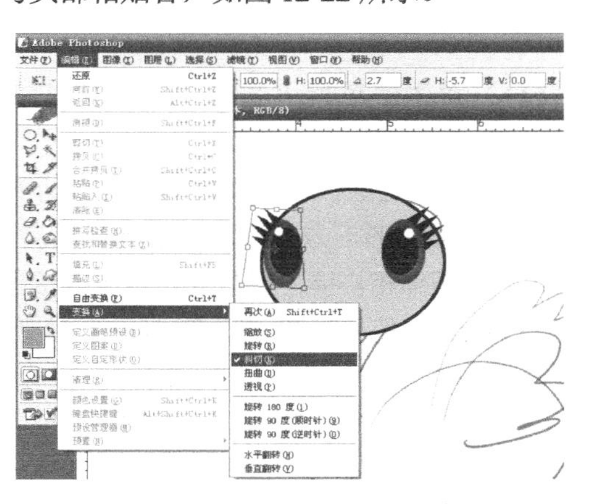

图 12-22　调整另一只眼睛

（9）继续绘制鸵鸟的嘴部。激活在工具栏中的钢笔路径工具。新建一个图层，绘制出嘴的形状，激活工具栏中的渐变工具，采用线性渐变形式将图形填色，从而表现出嘴部的高光和立体感，效果如图 12-23 所示。

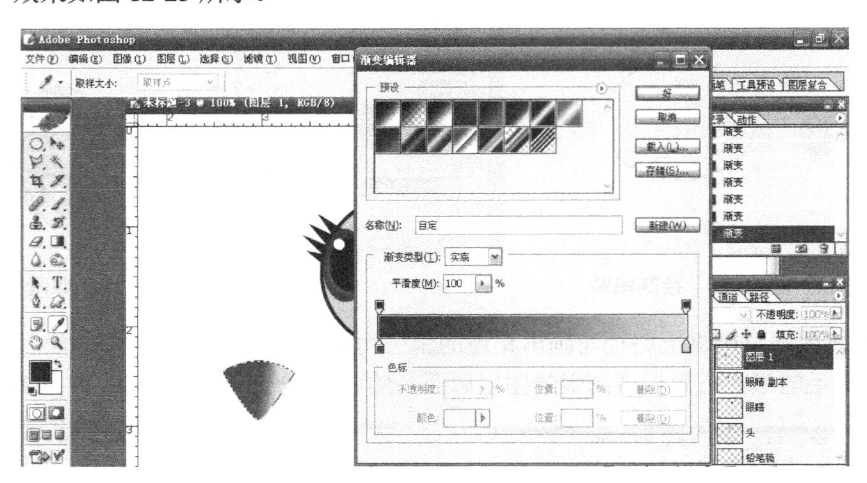

图 12-23 编辑渐变形式

（10）单击菜单栏“编辑→描边”，宽度设为 4 像素，位置为居外，模式为柔光，不透明度设为 100%，对嘴部图形进行描边，增加视觉效果如图 12-24 所示。

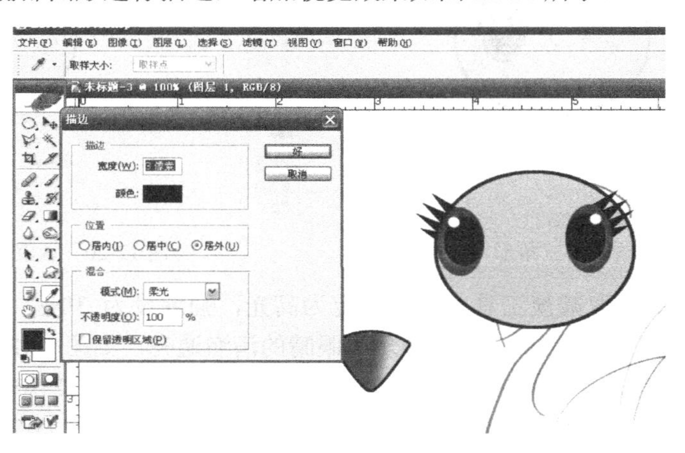

图 12-24 描边效果

（11）单击菜单栏“编辑→变换→斜切”命令，调整变换嘴部的形状，使之与头部相贴合，如图 12-25 所示。

（12）在图层面板中，按住 Alt 键拖动嘴部图形，复制出另外一个嘴部图形，调整图层顺序使其在原嘴部图形下方，作为鸵鸟的下嘴唇。同样采用“斜切”命令，调整新复制的嘴部形状让它和整个嘴部相协调。然后通过合并链接图层，将嘴部合并为一个图层，如图 12-26 所示。

（13）为了使所绘制的动物形象更具立体感，激活渐变工具，选择径向渐变形式，对头部进行颜色渐变的处理，效果如图 12-27 所示。

（14）绘制鸵鸟的眉毛，让它的表情更加生动可爱。新建图层，选择钢笔勾画出路径，按住 Ctrl 键进行弧度的调节，然后在路径面板中单击“描边路径”，在弹出对话框中，选择“模拟压力”选项，这样线条才会有粗细变化，如图 12-28 所示。

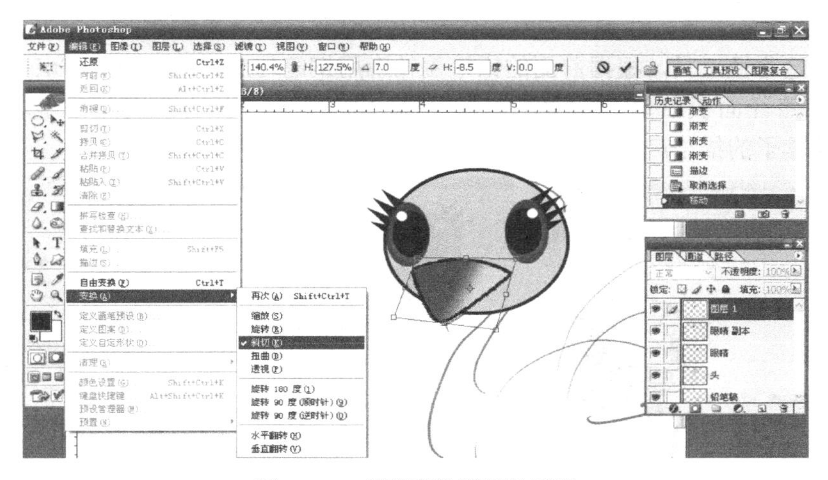

图 12-25　调整变换嘴部的形状

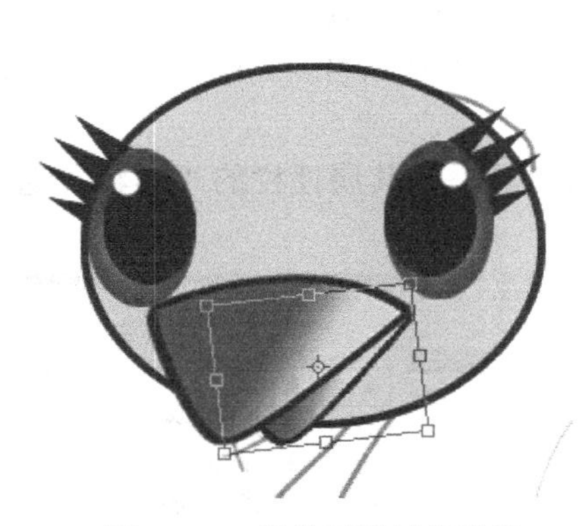

图 12-26　调整下嘴唇的形状

图 12-27　填充渐变色

（15）新建一个图层，用椭圆选择工具根据大小拉出椭圆选框，选取红颜色并填充。单击菜单“编辑→描边”命令，在弹出对话框中设置宽度为 3 像素，颜色为黑色，模式柔光，单击“好”按钮，效果如图 12-29 所示。

图 12-28　设置描边画笔

图 12-29　“描边”对话框

（16）在图层面板中，按住 Alt 键拖动已经做好的红晕图，复制出一个新图层，单击菜单“编辑→变换→水平翻转/斜切”命令，调整新红晕的方向和大小，使新的红晕与原件相呼应并贴合头部，效果如图 12-30 所示。

（17）激活毛笔工具，在鸵鸟的额头绘制几笔羽毛。接下来绘制脖子。新建图层，激活工具箱中的钢笔路径工具，根据前面的铅笔稿轮廓用钢笔勾出路径，按住 Ctrl 键调整钢笔路径的弧度。在路径面板中单击右键，选择“描边路径”。在弹出的对话框中取消“模拟压力”选项，使脖子的描边产生粗细一致的线条，如图 12-31 所示。

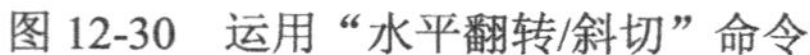

图 12-30　运用“水平翻转/斜切”命令

图 12-31　设置描边画笔

（18）激活工具栏中的魔术棒工具，选中脖子透明区域，单击右键选择“反选”。激活渐变工具，对脖子内部进行填充，如图 12-32 所示。用椭圆选框工具画出鸵鸟的身体，填充色为黑色，调整图层顺序使身体层位于脖子层下方。

（19）绘制鸵鸟的翅膀。激活工具栏中的自定义形状工具，在其属性栏的“形状”选项中选择“云彩”效果，如图 12-33 所示。

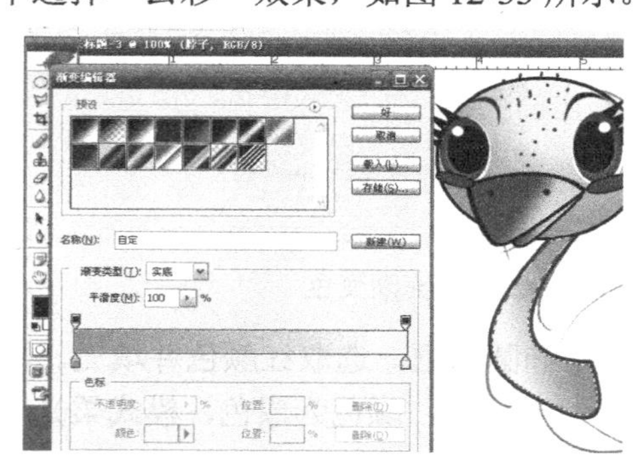

图 12-32　填充脖子效果

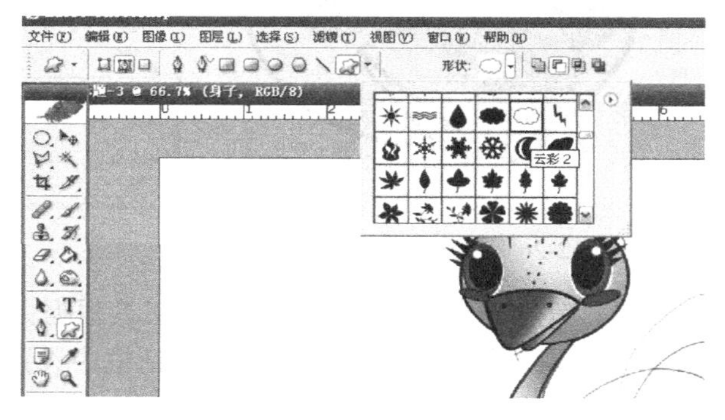

图 12-33　设置图案

（20）选用自定义图案中像云朵状的图形，新建一个图层，绘制所需大小的图案，如图 12-34 所示。

（21）单击路径面板下的“将路径作为选区载入”按钮，将图案转化为可编辑的选区，选择颜色进行填充，边缘色应选择比较明亮的金黄色，中间则填白色。填充后将图层移动到身体适当位置，并进一步调整，效果如图 12-35 所示。

（22）在图层面板中，按住 Alt 键拖动白翅膀图层复制出一个白翅膀。通过调整图层顺序让它隐于身体和脖子之后，再利用“水平翻转和缩放/旋转”命令，进一步调整翅膀的位置。最后，按相同的步骤制作出外层的黑色羽毛，效果如图 12-36 所示。

（23）将作出的黑色羽毛描边，颜色同白羽一样为金色线条，并将其复制。这样就拥有了一对黑色羽毛，通过变换命令调整它们的位置与大小。注意这样的图层顺序才能体现出鸵鸟羽毛的层次感。最后再用画笔工具把原先腿部的铅笔稿做进一步的整理，为下一步打好基础，效果如图 12-37 所示。

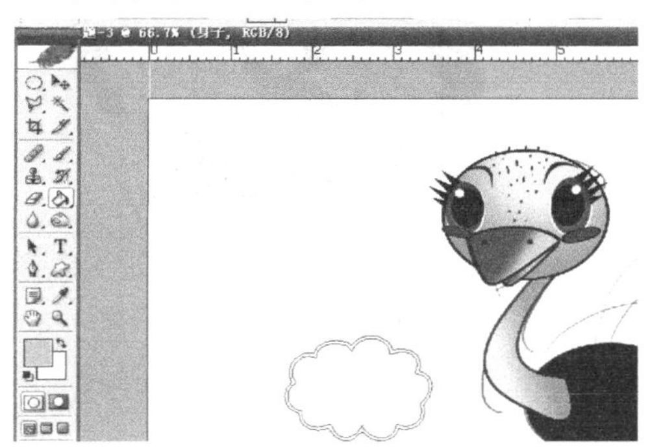

图 12-34　绘制图案

图 12-35　填充图案

图 12-36　复制图案

图 12-37　复制并调整图案

（24）新建一个图层，用钢笔沿着所画的铅笔稿轮廓勾出路径，按住 Ctrl 键调整钢笔路径的弧度。单击路径面板下的“将路径作为选区载入”按钮，将图案转化为可编辑的选区，然后进行描边并选择颜色渐变进行填充，如图 12-38 所示。

（25）图中感觉整个腿部颜色太灰，因此添加比较鲜亮的颜色。先用魔棒工具选中脚部轮廓，然后在渐变编辑器编辑橘黄的渐变效果并进行填充，如图 12-39 所示。

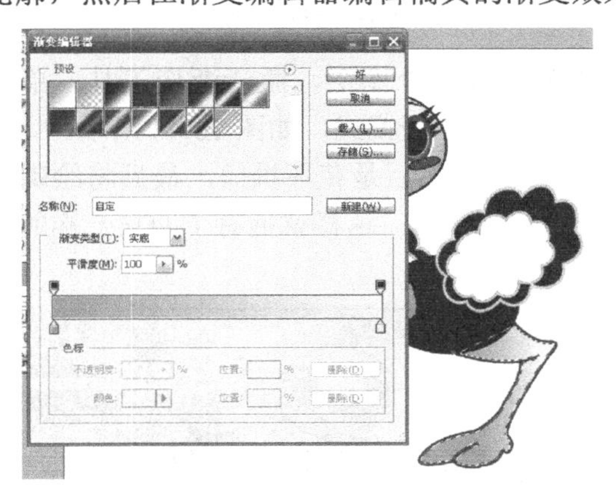

图 12-38　编辑渐变色

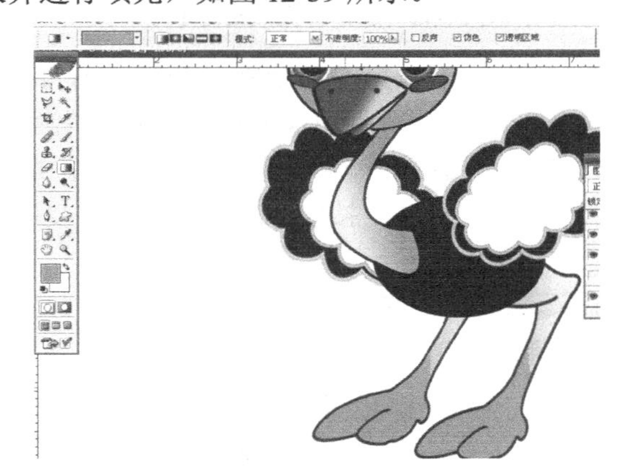

图 12-39　填充渐变色

（26）对脚趾纹路进行修饰。激活工具栏中的钢笔路径工具，绘制弧形，调整路径并对所画弧线线段进行描边处理，如图 12-40 所示。

（27）为了让鸵鸟的脚部更具立体感，激活工具栏中的颜色减淡工具，进行高光处理。范围设定为高光，强度设定为 25%，在脚部鼓起的部分来回画几下，直至达到所需的效果，如图 12-41 所示。

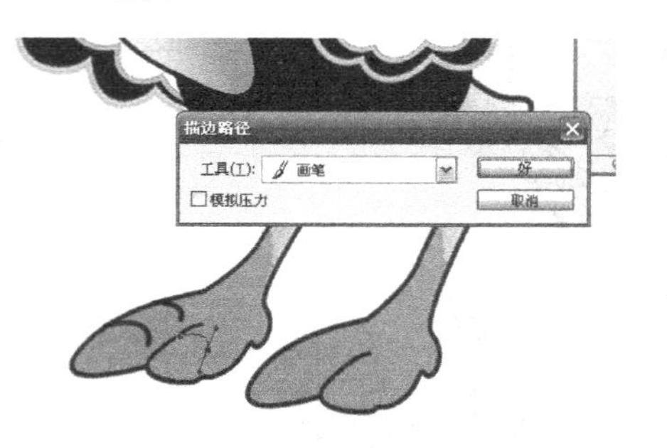

图 12-40　设置描边画笔

图 12-41　高光处理效果

（28）纯白色的背景看起来有些单调，激活画笔工具，在其属性栏中选择“特殊效果画笔”，对原来的默认画笔进行替换，如图 12-42 所示设置。

（29）选用一种外形为大花型的画笔，颜色设为大红色，这款笔刷的特点是会围绕所画路径周围出现多种图案，并会根据所定颜色随机进行深浅变化。新建一个背景图层，然后用已选定的笔刷画一道弧线，一个漂亮的花型拱门就出来了，如图 12-43 所示。

图 12-42　选择特殊效果画笔

图 12-43　绘制图案

（30）接下来为鸵鸟绘制一个彩色的背景。首先新建一个图层，激活渐变工具，单击“渐变编辑器”，分别选浅蓝和浅橘黄编辑渐变，选择线性渐变模式，如图 12-44 所示。

（31）调整图层顺序，将新作的彩色背景放在最下方，然后是花环拱门，最后将绘制鸵鸟的所有图层合并。按住 Alt 键拖动图层复制出一个鸵鸟副本，这样就拥有了两只一样的鸵鸟，如图 12-45 所示。

图 12-44　绘制彩色背景

图 12-45　复制鸵鸟

（32）再次调整图层顺序，将原始的铅笔稿图层删除。在花环拱门的图层上调整透明度为 65%左右，在鸵鸟复制图层，通过“水平翻转”命令改变方向，再按比例缩小，得到一大一小两只鸵鸟，效果如图 12-46 所示。

图 12-46　调整鸵鸟

（33）新建一个图层，激活椭圆选框工具，画出鸵鸟蛋大小的选区，激活渐变工具，在渐变编辑器中编辑颜色，以径向渐变形式给鸵鸟蛋上色，如图 12-47 所示。

图 12-47　编辑渐变色

（34）按住 Alt 键拖动鸟蛋层，复制出多个同样的鸵鸟蛋，再次调整图形位置疏密关系，两脚间蛋的图层位置放在鸵鸟层之上，多出的部分用橡皮擦除，露出外脚趾，表现出层次关系。最后用减淡工具在蛋上增加高光，如图 12-48 所示。

图 12-48　绘制鸟蛋

（35）激活文字工具，输入大写的“HAPPY”，字的大小为 30 点，颜色设为红色，如图 12-49 所示。

（36）在文字属性栏中单击“创建变形文本”按钮，弹出对话框如图 12-50 所示。选择“扇形”，单击“好”按钮。

图 12-49　输入文字

图 12-50　创建变形文本

（37）在文字图层面板上单击右键，在弹出的对话框中选择“删格化图层”，激活魔术棒电机文字；单击右键，选择“相似”，如图 12-51 所示（按住 Ctrl 键单击文字层），选中全部字体上的红颜色。

（38）激活渐变工具，在渐变编辑器中编辑七彩的颜色，填充在选区中，最后将文字描黑边，效果如图 12-52 所示。

图 12-51　选择红色文字

图 12-52　将文字填充渐变色并描边

（39）回到背景层，将透明度做进一步调整，把透明度调到 40%左右，如图 12-53 所示。

图 12-53　调整透明度

（40）选择蝴蝶状的特殊效果画笔，如图 12-54 所示。选择明亮的颜色，画两道波浪般的笔触，和 HAPPY 的字体形状相呼应，让彩蝶们飞过画面汇集于右上角，为整个画面增加一些动感，效果如图 12-55 所示。

图 12-54　选择蝴蝶状画笔

图 12-55　绘制蝴蝶

12.4　相关知识链接

1．卡通形象设计的创作方法

无论是进行写实性卡通还是浪漫性卡通创作，都必须从形象的结构入手。在进行人物创作时，只有熟悉和了解了人体结构、比例、特征、动态规律，做到胸有成竹，才能笔下有神。在进行动物画创作时，同样要了解和熟悉各种动物的肌肉结构和形体特征才能适当地夸张变形，创造出好的卡通形象来，如图 12-56 所示。

图 12-56　人物变形

2．变平淡为神奇

变平淡为神奇要表现在奇趣上而不是离奇上。还要变繁为简，使形象简练而不简单，单纯而不单调。变形夸张重在提炼、取舍、排斥繁琐，使设计出来的形象看似简单而又严谨，动态粗犷而节奏富有韵律，如图 12-57 所示。

图 12-57　变形夸张

3. 以物写情

无论是创作人物卡通还是动物卡通作品，最关键的是要传神，要感情投入。设计寻源可以向民间传统艺术学习和借鉴，如流传在我国民间的布老虎的造型设计，那虎头虎脑充满稚气的形象，谁见了都会爱不释手。可是它跟现实中凶猛的真老虎有着截然不同的性格，而是借老虎的威武来保护孩子的成长。这是自然形象升华为情感形态的艺术形象，是作者内在感情的体现，同时也说明一个道理，美不仅需要慧眼去发现，更需要用心用情去灌注，如图 12-58 所示。

图 12-58　传神的眼睛造型

习题 12

一、填空题

1. 全选的快捷键是__________，取消选区的快捷键是__________，反选的快捷键是________。

2. 在 RGB 图像通道中有__________通道、__________通道、__________通道，在 CMYK 图像中有__________通道、__________通道、__________通道、__________通道。

3. 使用“曲线”工具，在具体调节曲线形状时，Photoshop 提供了两种调整工具__________和__________。

4. 要想为某个图层添加图层蒙版，选择想增加蒙版的图层，然后单击图层调板底部的

________图标或选择________菜单命令，就可以创建一个显示整个图层的蒙版。如果需要关闭图层蒙版，按住________键后，用鼠标左键单击图层调板中的图层蒙版缩览图或选取________菜单命令。

5. 在背景图层中，按【Delete】键，选区中的图像即被删除，选区由________填充。

二、简答题

1. 怎样将文字边缘填充颜色或填充渐变色；
2. 如何使一个图片和另一个图片很好地融合在一起，且看不出拼接图像的边缘；

三、操作题

临摹图 12-59 和图 12-60 所示卡通图像。

图 12-59

图 12-60

读者意见反馈表

书名：Photoshop CS2 中文版案例教程　　**主编：**崔建成　　**策划编辑：**关雅莉

谢谢您关注本书！烦请填写该表。您的意见对我们出版优秀教材、服务教学，十分重要。如果您认为本书有助于您的教学工作，请您认真地填写表格并寄回。**我们将定期给您发送我社相关教材的出版资讯或目录，或者寄送相关样书。**

个人资料

姓名________年龄____联系电话____________（办）__________（宅）____________（手机）

学校________________________________专业____________职称/职务__________________

通信地址________________________________邮编__________E-mail____________________

您校开设课程的情况为：

本校是否开设相关专业的课程　□是，课程名称为________________________________　□否

您所讲授的课程是____课时________________

所用教材__________________________________出版单位____________________印刷册数______

本书可否作为您校的教材？

□是，会用于________________________________课程教学　　□否

影响您选定教材的因素（可复选）：

□内容　□作者　□封面设计　□教材页码　□价格　□出版社

□是否获奖　□上级要求　□广告　□其他________________________________

您对本书质量满意的方面有（可复选）：

□内容　□封面设计　□价格　□版式设计　□其他____________________

您希望本书在哪些方面加以改进？

□内容　□篇幅结构　□封面设计　□增加配套教材　□价格

可详细填写：____

____

您还希望得到哪些专业方向教材的出版信息？

____

谢谢您的配合，请将该反馈表寄至以下地址。如果需要了解更详细的信息或有著作计划，请与我们直接联系。

通信地址：北京市万寿路 173 信箱　中等职业教育分社　　**邮编：**100036

http://www.hxedu.com.cn　　E-mail:ve@phei.com.cn　　**电话：**010-88254475；88254591

反侵权盗版声明

举报电话：（010）88254396；（010）88258888
传　　真：（010）88254397
E-mail：　dbqq@phei.com.cn
通信地址：北京市万寿路 173 信箱
　　　　　电子工业出版社总编办公室
邮　　编：100036